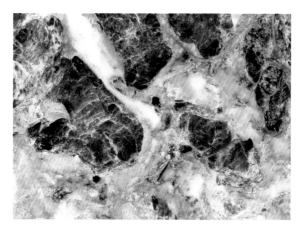

大花绿　绿色蛇纹石

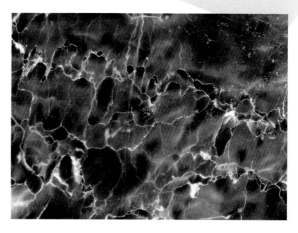

灰岩　杭灰　缝合线构造

角砾岩　五彩石　砾状结构

摩洛哥凯撒黑　生物成因构造

木纹石　层理构造

碎斑岩　云灰石　碎斑结构

花岗岩

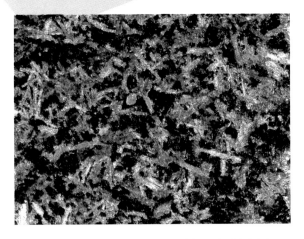

红柱石角岩　树挂冰花　斑状结构

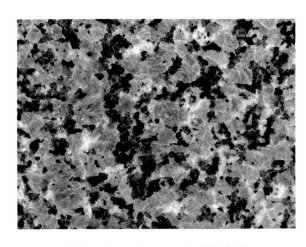

粉红麻　全晶质粗粒结构

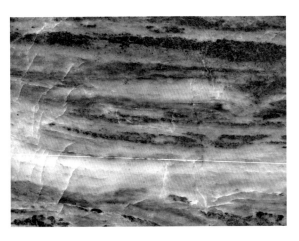

石英岩　条带状构造

红紫晶　全晶质等粒中粒结构

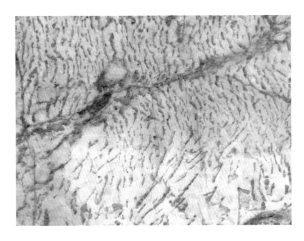

花岗石　文象结构

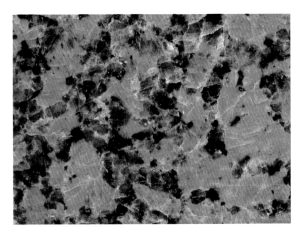

花岗石　全晶质不等粒结构

饰面石材加工基础

李湘祁　林　辉　编著

中国建材工业出版社

图书在版编目（CIP）数据

饰面石材加工基础/李湘祁，林辉编著. —北京：
中国建材工业出版社，2016.12
ISBN 978-7-5160-1712-8

Ⅰ.①饰… Ⅱ.①李… ②林… Ⅲ.①建筑材料-装
饰材料-石料-加工工艺 Ⅳ.①TU521.2

中国版本图书馆 CIP 数据核字（2016）第 277681 号

内 容 简 介

本书内容涵盖石材形成、开采、加工与使用全过程，系统介绍了石材的地质学基础，石材基本性能，石材开采与加工的原理、工艺与方法，石材加工工具的性能与使用技术，石材缺陷及其修复方法等，阐明了石材成分、结构构造与石材的使用性能、装饰性能、加工性能之间的关系。

本书在讲述过程中注重原理与工艺并重，内容紧凑，知识体系完整，图文并茂，可作为材料类相关专业的高校教材，也可供石材开采、加工、安装与贸易的相关工程技术人员参考借鉴。

饰面石材加工基础

李湘祁 林 辉 编著

出版发行：中国建材工业出版社
地　　址：北京市海淀区三里河路 1 号
邮　　编：100044
经　　销：全国各地新华书店
印　　刷：北京雁林吉兆印刷有限公司
开　　本：787mm×1092mm　　1/16
印　　张：13
字　　数：300 千字
版　　次：2016 年 12 月第 1 版
印　　次：2016 年 12 月第 1 次
定　　价：38.80 元

本社网址：www.jccbs.com　　微信公众号：zgjcgycbs
本书如出现印装质量问题，由我社市场营销部负责调换。联系电话：(010) 88386906

前　言

人类利用石材的历史源远流长，早在1万年前的新石器时代，人类就已开始使用经过打磨、加工的石器作为生产工具和生活用具。人类开采天然石材用作建筑材料也有几千年的历史，例如古埃及的胡夫金字塔建于距今约4700年前，由230万块巨石堆砌而成。世界各地不同时代的以石材为主体的典型建筑如雅典的宙斯神庙、古埃及亚历山大灯塔、古巴比伦空中花园、梵蒂冈的大教堂，以及我国河北的赵州桥、云南大理的千寻塔、南京的中山陵等充分体现了人类在开采、加工、利用石材资源上的悠久历史和辉煌成就。现代石材除保留原有建筑材料的基本用途外，更广泛的用途是作为具有艺术价值和经济价值的装饰材料。一方面，世界市场对装饰石材产品需求的日益增加推动了我国石材产业的蓬勃发展；另一方面，石材加工业的现代化发展也使得建筑中石材的使用性能与装饰性能高度融合，石材的"美丽"被展现得淋漓尽致！

自20世纪90年代末以来，我国石材产量、消费量、进出口贸易量一直稳居世界前列。石材行业的快速发展需要大量专业技术人才的支撑，因此福州大学材料科学与工程学院从1998年开始，就开设了《石材工艺学》和《石材优化与贸易》两门专业选修课程。本书在这两门课程讲义的基础上，结合目前石材开采、加工技术与设备的最新发展，补充与更新了相关的工艺内容。全书分为7章，第1章介绍了石材相关的矿物学、岩石学及构造地质学基础知识，概述了石材矿床类型与成矿规律；第2章主要介绍了石材的分类、石材的物理化学性能、结构构造与石材性能之间的关系；第3章介绍了饰面石材矿床勘查与评价的要点以及石材开采工艺与方法；第4章主要介绍了饰面石材锯、磨、切加工设备的结构、技术性能与加工原理；第5章主要介绍了石材薄板与大板生产中的锯、磨、切加工工艺；第6章对金刚石锯切工具、金刚石铣磨工具、钢砂和锯条、磨料与磨具的基本性能及选用原则做了较系统的介绍；第7章讲述了天然石材的缺陷种类及其主要修复方法，包括石材的粘结、石材的清洗与石材的染色。本书内容涉及石材形成、开采、加工、优化与使用过程，力图用最少的篇幅向读者展现饰面石材生产加工的内容全貌。本书既可作为材料及相关专业学生的入门教材，也可作为石材业内人士的参考用书。

本书在编写过程中参考了一些已出版的文献资料，在此向作者表示感谢！福州天石源超硬材料工具有限公司提供了部分设备图片及技术性能参数，在此表示感谢！

由于编者水平有限，加之时间匆忙，本书难免存在缺漏与不当之处，真诚希望专家、读者批评指正。

作者

2016 年 11 月于福州大学

目　　录

第1章　石材地质学基础

地球是具有圈层构造的星球，由内到外分别为地核、地幔和地壳。地球的平均半径约为 6371km，与人类活动最为密切相关的是地壳，其厚度仅为 5～70km，其中大陆地区厚度较大，平均约为 33km；大洋地区厚度较小，平均约为 7km；整体的平均厚度约为 16km。

地壳是由岩石组成的。根据成因可以把天然岩石分为三大类：火成岩、沉积岩、变质岩。在种类繁多的岩石中，通常把具有一定块度、强度和稳定性的，不需要经过加工或者只需要机械加工便能利用的岩石称为天然石材。天然石材的物化性能及其开采、加工、使用性能与岩石的结构构造、矿物组成密切相关，所以了解相关的矿物学、岩石学及构造地质学基础知识有助于从根本上理解石材的物理、化学性能及其开采、加工特性。

1.1　矿物学基础

矿物是由地质作用或宇宙作用所形成的、具有一定的化学成分和内部结构、在一定的物理化学条件下相对稳定的天然的单质或化合物，它们是岩石和矿石的基本组成单位，是地壳中自然存在的各种元素所形成的自然物体，其中以自然化合物为主。

1.1.1　矿物的形态

矿物的形态是矿物的重要外表特征。它取决于矿物的化学成分与内部结构，同时也受形成矿物时的环境条件所影响，所以矿物的形态不但是矿物重要的鉴定特征，也是分析矿物形成环境条件的重要依据。

根据矿物在三度空间发育的相对比例可将矿物单体的形态大致分为三类。

1. 粒状矿物

矿物单体在三度空间的发育程度基本相等时的形态称为粒状。石榴石、磁铁矿、黄铁矿等矿物的晶体常具这种形态。

2. 片状矿物

矿物单体在二度空间较为发育，而在第三度方向上不甚发育。当晶体较薄时称为片状，如云母、辉钼矿等；当矿物单体厚度较大时可称为板状，如斜长石、重晶石等；对于细小弯曲的片状矿物也可以描述为鳞片状，如绢云母。

3. 柱状矿物

矿物单体沿一向延长较为发育的称为柱状矿物，如石英、角闪石、电气石等矿物。当矿物单体更加细长时可描述为针状、毛发状等，如石棉、孔雀石、阳起石等。

1.1.2 矿物的光学性质

1. 矿物的颜色

矿物的颜色是矿物对白光中不同波长的可见光选择性吸收的结果，对透明矿物而言，它的颜色是所透过光波的颜色，对不透明矿物而言，它的颜色主要取决于其表面反射光波的颜色。当矿物对白光中不同波长的可见光均匀吸收时，若光波被全部吸收，则矿物呈黑色，若被部分吸收，呈灰色，若基本不吸收，呈无色或白色。

颜色是矿物的重要光学性质之一，不少矿物的特殊颜色可以作为矿物的一种鉴定特征。矿物的颜色根据其致色原因分为以下几类：

1）自色

矿物因其晶体结构中的组成元素的离子在可见光的激发下发生电子跃迁或能量转移而产生的颜色称为矿物的自色。自色为矿物本身所具有的颜色，很稳定，基本不受外界条件的影响。决定矿物颜色的因素主要有以下几种：

（1）矿物所含的过渡金属元素或稀土元素的电子跃迁。如 Fe^{3+} 使绿帘石、钙铁榴石呈褐色、褐绿色。

（2）矿物晶体结构中相邻离子间通过吸收外来能量而产生电荷转移。例如蓝宝石的蓝色与 $Fe^{3+}—Ti^{4+}$ 之间的电荷转移有关。

（3）晶格缺陷造成的电子转移。有些新开采出来的岩石，遇阳光照射会发生系列颜色变化，这与岩石中存在的矿物晶体缺陷对光吸收形成了色心有关。如纯净的水晶是无色透明的，若含 Fe^{3+} 离子，水晶带浅黄色，在高能辐射下形成 $[FeO_4]^{4-}$ 色心，产生紫晶的颜色。

（4）能带间电子的转移。许多金属或硫化物矿物的颜色与电子吸收能量越过禁带到达导带有关。

2）它色

矿物由于其中的外来机械混合物（如带色的杂质、包裹体等）而呈现的颜色称为它色。

3）假色

有些矿物的颜色是干涉、衍射、折射等物理光学作用造成的结果，称为假色。例如拉长石由于晶体内部层状出溶结构引起光的干涉而呈现蓝色、绿色等变彩效应。挪威"珍珠蓝"、乌克兰的"蓝钻"都是这样一类含大量拉长石的石材。

2. 矿物的光泽

光泽是矿物表面对可见光的反射能力，根据可见光在矿物的晶面、解理面或磨光面上反射率 R 的大小，矿物的光泽分四个等级：

（1）金属光泽：$R>25\%$，似平滑金属磨光面的反光。

（2）半金属光泽：$R=25\%\sim19\%$，似未经磨光的金属表面的反光。

（3）金刚光泽：$R=19\%\sim10\%$，似金刚石般的反光。

（4）玻璃光泽：$R=10\%\sim4\%$，呈普通平板玻璃表面的反光。

此外，在矿物不平坦的表面或矿物集合体的表面还常见以下几种特殊变异光泽：

（1）油脂光泽：某些解理不发育的浅色透明矿物的不平坦断口上因反射光发生散射而呈现出如同油脂般的光泽，例如石英断口的光泽，还有许多玉石的光泽属此类。

（2）树脂光泽：某些具金刚光泽的黄、褐或棕色透明矿物的不平坦断口上的似松香般的光泽，如琥珀。

（3）蜡状光泽：某些透明矿物的隐晶质或非晶质致密块体上的似蜡烛表面的光泽，如蛋白石、石髓、叶蜡石。

（4）沥青光泽：解理不发育的半透明或不透明黑色矿物的不平坦断口上的乌亮沥青状光泽。

（5）珍珠光泽：具有完全解理的透明矿物，由于光线通过几层解理面的连续反射和互相干涉，呈现与珍珠相似的光泽。典型的如白云母的珍珠光泽，其他还有片状石膏等。

（6）丝绢光泽：具有平行纤维状集合体的矿物因反射光相互干扰而产生的像丝绢一样的光泽，如石棉、纤维状石膏的光泽。

3. 矿物的透明度

矿物的透明度是矿物允许可见光透过矿物的程度，它取决于矿物对光的吸收率。金属矿物的吸收率高，一般都不透明；非金属矿物的吸收率低，一般都是透明的。矿物的透明度可简单地分为以下 3 种：

（1）透明矿物：矿物碎片边缘能清晰地透见他物，如水晶、冰洲石等。

（2）半透明矿物：矿物碎片边缘具有模糊的透光现象，如辰砂、闪锌矿等。

（3）不透明矿物：矿物碎片边缘也不透明，如黄铁矿、磁铁矿、石墨等。

1.1.3　矿物的力学性质

矿物的力学性质是指矿物在外力（如敲打、挤压、拉引、刻划等）作用下所表现出来的性质。

1. 矿物的解理和断口

矿物晶体受应力作用而超过弹性限度时，沿一定结晶方向破裂成一系列光滑平面的性质称为解理，这些光滑的平面称为解理面。解理反映出晶体的异向性和对称性，只在晶体中发生。例如方解石为三方晶系，当受到外力敲打时，方解石沿一定方向裂开成菱面体，解理面完好、光滑。

不同的矿物解理的发育程度也不相同，根据解理的发育程度，通常将其分为 5 级：

（1）极完全解理：极易分裂成薄片，解理面平整光滑，如云母、辉钼矿。

（2）完全解理：容易分裂成薄片，解理面较平整光滑，如方解石、萤石。

（3）中等解理：不易分裂成平整光滑的解理面，但仍可见到小面积、断续状或阶梯状的解理面，如辉石、角闪石。

（4）不完全解理：解理面偶尔出现，多数断面上难以见到，如绿柱石、磷灰石。

（5）极不完全解理：一般情况下难以见到解理，如石英。

矿物内部若不存在由晶体结构所控制的弱结合面网，在应力作用下矿物晶体将沿任意方向破裂成不平整的断面，称为断口。例如石英无解理，受力后其破裂面凹凸不平，形似贝壳。断口在晶体和非晶体上均可发生。

2. 矿物的硬度

硬度是指矿物抵抗外来机械作用（如刻划、压入或研磨等）的能力。

在肉眼鉴定矿物时多采用莫氏硬度表示矿物的相对硬度。通过矿物与 10 种标准硬度矿物间的相互刻划对比来测定，该方法是由德国矿物学家莫尔制定的，所以也称为莫氏硬度。选用的这 10 种标准硬度矿物构成摩氏硬度计，按其软硬程度排列成 10 级，如表 1-1 所示。

表 1-1　摩氏硬度计

硬度等级	1	2	3	4	5	6	7	8	9	10
标准硬度矿物	滑石	石膏	方解石	萤石	磷灰石	正长石	石英	黄玉	刚玉	金刚石

以上 10 种标准硬度矿物的硬度等级只表示硬度的相对大小，各级之间硬度的实际差异不是均等的。硬度高的物质能在硬度低的物质上留下划痕，反之则不能。使用摩氏硬度计测定矿物硬度时，将待测矿物与标准硬度矿物相互刻划，如某一矿物能被石英所刻划，但又能刻划正长石，则该矿物的硬度在 6 与 7 之间，可写成 6～7。

3. 矿物的密度

矿物的密度是指矿物单位体积的质量，其大小主要取决于矿物的化学成分与内部结构，此外，矿物形成时的温度、压力等条件也会影响其密度。密度一般随铁、锰、钛含量增加而增大，大多数矿物的相对密度为 $2.5～4.0 g/cm^3$，如石英为 $2.65 g/cm^3$，斜长石为 $2.61～2.76 g/cm^3$ 等。

1.1.4　石材中常见矿物的鉴别

石材中常见的矿物有石英、钾长石、斜长石、辉石、角闪石、黑云母、橄榄石、方解石、白云石、蛇纹石、石榴石等。根据矿物的形态和物理性质（如颜色、光泽、解理、断口、硬度）等最直观的特征，或再辅以很简单的化学试验，可以对石材中的矿物进行肉眼鉴定，从而大致判别石材类型及其加工难易程度。

1. 石英族

包括 SiO_2 的一系列同质多象变体，其中以常温、常压下稳定的 α-石英最为常见。

1）α-石英（SiO_2）：低温石英

（1）鉴定特征：常呈柱状晶体，六方柱面上具横纹。通常为无色、乳白色、灰白色，因含杂质、色心或细分散包裹体而呈各种颜色；玻璃光泽，贝壳状断口呈油脂光泽；透明或半透明；无解理；莫氏硬度 7，相对密度 $2.65 g/cm^3$。

（2）成因产状：α-石英分布广泛，是三大岩类的主要造岩矿物，为花岗伟晶岩脉和大多数热液岩脉的主要矿物成分。

2）β-石英（SiO_2）：高温石英

（1）鉴定特征：呈特征的六方双锥晶形（六方柱发育差），颗粒较小，晶体多呈短柱状，表面粗糙。灰白色，乳白色，玻璃光泽，断口油脂光泽。

（2）成因产状：常呈分散粒状的斑晶，产于酸性喷出岩（如流纹岩）中，常压下，低于 573℃ 即转变为 α-石英，但仍保留六方双锥晶形。

2. 长石

长石族矿物是地壳中分布最广的矿物，约占地壳总质量的 50%，是大多数火成岩、变质岩以及某些沉积岩主要或重要的造岩矿物。长石主要是为 Na、K、Ca 的铝硅酸盐，其基本成分为：

(1) 钾长石：化学式为 K $[AlSi_3O_8]$，代号为 Or；

(2) 钠长石：化学式为 Na $[AlSi_3O_8]$，代号为 Ab；

(3) 钙长石：化学式为 Ca $[Al_2Si_2O_8]$，代号为 An。

自然界中的长石均由上述 3 种长石以不同比例组合而成，其中 Ab 和 An 之间在各种温度下都能以任意比例相互混溶形成稳定的矿物晶体；An 与 Or 之间即使在高温下也只能是有限的混溶；Or 与 Ab 只有在较高的温度下才能形成一定比例的稳定混溶。根据长石的成分可以将长石分为正长石和斜长石两个亚族。

(1) 正长石亚族包括由钾长石（Or）和钠长石（Ab）组成的各种长石，这些长石的阳离子为 K^+ 和 Na^+，所以统称为碱性长石。此类长石包括透长石、正长石、微斜长石。

鉴定特征：正长石常呈短柱状或厚板状；浅肉红色、白色；透明、玻璃光泽；硬度 6；有两组呈 90° 相交的完全解理；相对密度 $2.57g/cm^3$。

(2) 斜长石亚族根据 An 的百分含量由低到高划分为钠长石、奥长石、中长石、拉长石、培长石与钙长石 6 种。此外，按组分的由低到高，又分为酸性斜长石、中性斜长石和基性斜长石。

鉴定特征：斜长石为透明矿物，板状晶形，玻璃光泽，常呈灰色、白色，偶见肉红色，随 An 含量的增加颜色由浅变深，相对密度 $2.61\sim2.76g/cm^3$，有两组交角近于 85° 的解理，解理面上肉眼可见明暗相间的密集的聚片双晶纹和环带构造，在特定方向观察，有时可见带有蓝、紫等色彩的变色。

3. 橄榄石 $(Mg, Fe)_2[SiO_4]$

(1) 鉴定特征：粒状；黄绿色至墨绿色，随含铁量的增加颜色加深；透明；玻璃光泽；不完全解理性；硬度 $6.5\sim7$，相对密度 $3.22\sim4.39g/cm^3$。

(2) 成因产状：形成与深部岩浆作用有关，是超基性岩及基性岩的主要造岩矿物，也有接触变质和区域变质成因。

4. 辉石族

辉石族的矿物种类较多，根据矿物的晶体结构可分为斜方辉石亚族与单斜辉石亚族。其中属于斜方辉石亚族的主要矿物有紫苏辉石、古铜辉石、顽火辉石等；属于斜方辉石的主要矿物有普通辉石、透辉石、霓石等。

辉石族矿物是具有链状结构的硅酸盐矿物，所以常呈柱状晶形，横断面为近正方形的八边形，解理中等至完全，夹角 87°，硬度 $5\sim7$，玻璃光泽，颜色随阳离子的种类和含量而异，含 Fe 多者色较深。在作为石材的常见岩石中主要有以下类型：

1) 普通辉石 $Ca(Mg, Fe^{2+}, Fe^{3+}, Ti, Al)[(Si, Al)_2O_6]$

(1) 鉴定特征：绿黑色、褐黑色或黑色，玻璃光泽。晶体常为短柱状，横断面近正八边形，集合体呈粒状或块状。柱面 {110} 解理完全或中等，夹角为 87°和 93°。硬度 5.5～6，相对密度 3.23～3.52g/cm³。

（2）成因产状：为基性、超基性岩的主要造岩矿物，也见于变质岩中，与橄榄石、斜长石等共生。

2）透辉石-钙铁辉石 $Ca(Mg, Fe)Si_2O_6$

（1）鉴定特征：短柱状晶体，横断面呈正方形或八边形。呈白色、浅绿色、灰绿至深绿色、墨绿色、褐色或褐黑色，玻璃光泽，硬度 5.5～6.5，相对密度 3.22～3.56g/cm³，解理中等至完全，夹角 87°。

（2）成因产状：透辉石-钙铁辉石为矽卡岩的特征矿物，与石榴子石、符山石等共生。透辉石也是基性和超基性岩的常见矿物；富 Ca 沉积岩经区域变质作用以及硅质白云岩经热变质作用也可形成。

3）霓石 $NaFe(Si_2O_6)$

（1）鉴定特征：长柱状或针状晶体，暗绿色至绿黑色；透明；玻璃光泽；硬度 5.5～6，相对密度 3.40～3.60g/cm³。

（2）成因产状：主要产于碱性火成岩中，是碱性岩中的典型矿物，常与正长石、霞石共生。

5. 角闪石族

与辉石族矿物相似，角闪石族矿物也可分为斜方角闪石亚族和单斜角闪石亚族，其成分上的差异也与辉石族相似。

角闪石族的矿物也具有链状硅酸盐矿物的形态特征，呈柱状晶形，且柱体较辉石更长，横断面呈近六边形；两组解理等级略高于辉石，夹角为 56°，硬度 5～6，玻璃光泽，颜色随阳离子的种类和含量，尤其因 Fe 的含量而异，主要有以下类型：

1）普通角闪石 $NaCa_2(Mg, Fe, Al)_5[(Si, Al)_4O_{11}]_2(OH)_2$

（1）鉴定特征：晶体呈较长的柱状或针状，横断面呈假六边形或菱形；常带不同色调的绿色，深绿至黑绿色，玻璃光泽，硬度 5.5～6，相对密度 3.1～3.3g/cm³。

（2）成因产状：为各种中酸性岩浆岩（如闪长岩、正长岩、花岗岩）的主要造岩矿物之一，也是角闪岩相区域变质岩（如角闪岩、角闪片岩、角闪片麻岩）的主要组成矿物之一。

2）透闪石-阳起石 $Ca_2Mg_5[Si_4O_{11}]_2(OH)_2$-$Ca_2(Mg, Fe)_5[Si_4O_{11}]_2(OH)_2$

（1）鉴定特征：透闪石可含少量 Fe，当 FeO 含量在 6%～13% 时，称阳起石。透闪石常呈白色或灰白色；阳起石为浅绿色至墨绿色，颜色因 Fe 含量多少而异。其晶体常呈长柱状或针状，集合体呈细长柱状、针状、放射状、纤维状或粒状、块状，具玻璃光泽，纤维状者具丝绢光泽，硬度 5～6，透闪石相对密度 3.02～3.4g/cm³，阳起石相对密度 3.1～3.3g/cm³。

（2）成因产状：接触变质矿物，经常发育于石灰岩、白云岩与火成岩的接触带中，也常见于区域变质成因的结晶片岩中。

6. 云母族

云母族矿物属层状硅酸盐矿物，矿物呈片状，具有极完全解理。根据层间阳离子的不同分为不同的亚族和种。

1) 白云母 $KAl_2[AlSi_3O_{10}](OH)_2$

（1）鉴定特征：晶体呈假六方板状、短柱状或片状。细小鳞片状，白云母因呈丝绢光泽而称为绢云母。白云母一般无色透明，含杂质者微具浅黄、浅绿等色，呈玻璃光泽，解理面上呈珍珠光泽，硬度 2.5～3，相对密度 2.76～3.10g/cm^3，平行底面的解理极完全，薄片具弹性。

（2）成因与产状：各种地质作用均可形成，常产于中酸性岩浆岩、伟晶岩、片岩、片麻岩中，常与石英、长石共生。

2) 黑云母 $K(Mg,Fe)_3[AlSi_3O_{10}](OH,F)_2$

（1）鉴定特征：晶体呈假六方板状、短柱状，通常为片状或鳞片状集合体，黑色、绿黑色，玻璃光泽，解理面上珍珠光泽，透明至半透明，硬度 2.5～3，相对密度 3.02～3.12g/cm^3，平行底面的解理极完全，薄片具弹性。

（2）成因产状：主要是中、酸性和碱性岩浆岩及伟晶岩、区域变质岩（片麻岩、片岩）的重要造岩矿物之一。黑云母经热液作用蚀变为绿泥石、白云母和绢云母等其他矿物。

7. 石榴石族

石榴石族矿物的化学式为 $A_3B_2(SiO_4)_3$，A 代表二价的 Mg^{2+}、Fe^{2+}、Mn^{2+}、Ca^{2+}等阳离子，B 代表三价的 Al^{3+}、Fe^{3+}、Cr^{3+}、V^{3+}等阳离子。按照阳离子间的类质同象关系，可以将石榴石族矿物分为两个系列：

（1）铝榴石系列：包括镁铝榴石、铁铝榴石、锰铝榴石；

（2）钙榴石系列：包括钙铝榴石、钙铁榴石、钙铬榴石。

自然界中的石榴石总可以从成分上归入两系中的一系。本族矿物具有相同的形态，相似而过渡的性质。

（1）鉴定特征：本族矿物除钙铬榴石呈翠绿色外，其余的多呈红至深红、红褐至褐黑色；玻璃光泽，断口油脂光泽，性脆，无解理，硬度 7～7.5，相对密度 3.53～4.32g/cm^3。

（2）成因产状：钙铁榴石或钙铝榴石通常产于富 Ca 岩石（如矽卡岩），接触交代成因。铁铝榴石产于富 Al 岩石，普遍见于各种片岩及片麻岩中，区域变质成因，此外在岩浆岩和伟晶岩中也常见。

8. 绿泥石

化学式为 $X_m[Y_4O_{10}](OH)_8$，X ＝ Mg、Fe、Al、Mn、Li 等，m＝5～6；Y ＝ Si、Al 及少量 Ti、Cr、Fe。

（1）鉴定特征：晶体呈假六方板状，常呈鳞片状集合体，也见鲕状、致密块状集合体，颜色因成分而异：富 Mg 者呈浅蓝绿色；含 Fe 高者呈深绿至黑绿色；含 Mn 者呈橙红、浅褐色；含 Cr 者为浅紫至玫瑰色，通常呈灰绿至蓝绿色。玻璃光泽，解理面上珍珠光泽，具有平行底面的完全解理，薄片具挠性，硬度 2～3，相对密度 2.48～3.60g/cm^3。

（2）成因产状：为辉石、角闪石或黑云母等富 Mg、Fe 的矿物经低温热液蚀变的产物；也可是富 Mg、Fe 的基性岩浆岩及黏土质的原岩经低级区域变质作用形成；鲕绿泥石主要产于沉积岩中。

9. 蛇纹石 $Mg_6[Si_4O_{10}](OH)_8$

（1）鉴定特征：一般呈显微叶片状、显微鳞片状、致密块状或凝胶状隐晶质集合体。呈纤维状的纤蛇纹石称蛇纹石石棉或温石棉，呈深绿、黑绿、黄绿色，也有呈白色、灰色、浅黄、蓝绿色，常有青、绿色斑纹，似蛇皮状。常见的块状呈油脂或蜡状光泽，纤维状者呈丝绢光泽，硬度 2.5～3.5，密度 2.2～3.6g/cm³。

（2）成因产状：主要由富 Mg 的超基性岩、基性岩及白云岩等经热液蚀变而形成。

10. 电气石 $Na(Mg，Fe，Mn，Li，Al)_3Al_6[Si_6O_{18}][BO_3]_3(OH，F)_4$

（1）鉴定特征：柱状（或针状）晶体，两端具不同的三方单锥晶面，柱面常有纵纹，横断面呈球面三角形。其颜色随成分而异：富含 Fe^{2+} 者，呈黑色，称黑电气石；富含 Li^+、Cs^+、Mn^{2+} 者，呈玫瑰红色、绿色、浅蓝色，统称彩色电气石；富含 Mg^{2+} 者，常呈黄色、褐色；富含 Cr^{3+} 者，呈深绿色。带色的电气石，围绕 c 轴由中心向外呈色带分布，c 轴两端的颜色也不相同，具玻璃光泽，无解理，硬度 7～7.5。

（2）成因产状：典型的气成热液矿物，主要产于花岗伟晶岩及气成热液矿脉或其蚀变围岩中，与白云母、石英、黄玉等共生，也见于矽卡岩及沉积岩中。

11. 方解石 $Ca[CO_3]$

（1）鉴定特征：常见菱面体、六方柱等晶形，集合体常呈晶簇状、片状、粒状、块状等；无色或白色，有时被 Fe、Mn、Cu 等元素染成浅黄、浅红、紫、褐黑色；玻璃光泽。完全解理，解理面平行菱面体；硬度 3，相对密度 2.71g/cm³，随 Fe^{2+}、Mn^{2+} 的增加而增大。块体加冷稀 HCl 剧烈起泡。

（2）成因产状：分布广泛，具有各种不同成因。主要系沉积作用形成，沉积而成的鲕状灰岩中含大量生物化石。也见于热液矿脉及变质岩中，是石灰岩、大理岩的主要矿物成分。

12. 白云石 $CaMg[CO_3]_2$

（1）鉴定特征：常呈菱面体，晶面常弯曲成马鞍状。集合体呈粒状、致密块状。无色、白色或灰白色，含 Fe^{2+} 者微带黄褐或褐色，含 Mn 者呈浅红色，具玻璃光泽，具有三组完全解理，解理面常弯曲。硬度 3.5～4，相对密度 2.85g/cm³。块体加冷稀 HCl 起泡不剧烈，加热则剧烈起泡。

（2）成因产状：在沉积岩中分布广泛，主要见于浅海相沉积物中；也可由热液交代和变质作用形成。白云石是组成白云岩与白云质灰岩的主要矿物。

1.2 岩石学基础

岩石是地质作用的产物，是一种或几种矿物的集合体。它具有一定结构和构造，根据岩石的成因可以把岩石分为三大类：岩浆岩（或称火成岩）、沉积岩、变质岩。岩浆岩由岩浆冷凝固结而成；沉积岩是由地壳风化产物、生物作用产物、火山碎屑物等，在外力作用下经搬运、沉积、固结而成；变质岩是由岩浆岩、沉积岩经变质作用转化而成的岩石。

岩石的组成、结构、构造、产状及分布等基本特性，是石材开发利用的依据，同时也是确定石材矿床开采技术的基础。

1.2.1　岩浆岩

地壳深处的熔融状态的岩浆由于地壳的变动沿着地壳的薄弱带上升，并在地下或喷出地表后逐渐冷却凝固，形成了岩浆岩。根据岩浆冷却凝固的深度，把岩浆岩分为深成岩（＞3km）、浅成岩（地表以下至地上 3km）和喷出岩。岩浆的冷凝深度与时间决定了岩石的结构，通常情况下岩浆的冷凝深度越大，冷凝时间越长，岩石中矿物的结晶程度越高，晶体越粗大。凡是由岩浆岩形成的石材在石材行业中都称为花岗石。

1. 岩浆岩的化学成分与矿物成分

1）岩浆岩的化学成分

地球化学资料表明岩浆岩中几乎含有地壳中的所有元素，含量最多的是 O、Si、Al、Fe、Mg、Ca、Na、K、Ti 等元素，这些元素称为造岩元素，总量占岩浆岩总质量的 98％以上；其次为 P、H、N、C、Mn 等。O 的含量最高，占岩浆岩总质量的 46％以上，所以岩浆岩的化学成分常以氧化物的百分比表示。在这些氧化物中 SiO_2 含量最高，也是最重要的一种氧化物，它是反映岩浆性质和直接影响岩浆岩矿物成分变化的主要因素。岩浆岩中各种氧化物含量的消长存在着有规律的变化：

（1）随着 SiO_2 含量的增加，FeO 和 MgO 逐渐减少，而 K_2O 和 Na_2O 逐渐增加；

（2）CaO 和 Al_2O_3 在纯橄榄岩中含量很低，但在辉石岩、辉长岩中又随 SiO_2 含量的增加而增加，而后随着 SiO_2 含量的增加逐渐降低。

2）岩浆岩的矿物成分

自然界的矿物很多，但组成岩浆岩的常见的矿物只有十多种，这些矿物称为主要造岩矿物，这些矿物在岩浆岩的主要岩类中的平均含量如表 1-2 所示。

表 1-2　岩浆岩主要岩类中主要造岩矿物平均含量（根据 Larsen，1964 简化）　（％）

矿物种类＼岩类	花岗岩	正长岩	花岗闪长岩	石英闪长岩	闪长岩	辉长岩	橄榄辉长岩	辉绿岩	纯橄榄岩
石　英	25	—	21	20	2	—	—	—	—
钾长石	40	72	15	6	3	—	—	—	—
斜长石	26	12	46	56	64	65	63	62	—
黑云母	5	2	3	4	5	1	—	1	—
角闪石	1	7	13	8	12	3	—	1	—
辉　石	—	4	—	4	11	20	21	29	—
橄榄石						7	12	3	95

主要造岩矿物按照化学成分可分为两类：

（1）硅铝矿物：此类矿物 SiO_2 和 Al_2O_3 含量较高，不含铁、镁，如石英、长石类及副长石类，这些矿物颜色均较浅，所以又叫浅色矿物。

（2）铁镁矿物：此类矿物 FeO 与 MgO 含量较高，SiO_2 含量较低，如橄榄石、辉石类、角闪石类及黑云母类等，这些矿物颜色一般较深，多为黑色或暗绿色，所以又叫暗色矿物。岩浆岩中暗色矿物的含量（体积百分数）通常称色率，又称颜色指数。根据岩浆岩中的色率可大致推知岩石的化学性质，并可判断它们大概是属于哪一类岩石。

岩石的颜色、相对密度与矿物的种类、含量有关。含铁镁矿物较多的，颜色暗、相对密度大；含硅铝矿较多的，颜色浅、相对密度小。

3）岩浆岩的化学成分及矿物的共生组合规律

岩浆岩中矿物的共生组合是有规律的，它取决于 SiO_2 含量。

当 SiO_2 含量较多时，它除了与各种金属氧化物结合成各种硅酸盐矿物外，剩余的 SiO_2 则结晶为石英。石英是岩浆岩中 SiO_2 过饱和的指示矿物。

当 SiO_2 含量不足时，岩石中就可能出现镁橄榄岩、霞石、白榴石等 SiO_2 不饱和矿物，所以岩浆岩中石英不能与镁橄榄岩、霞石、白榴石等共生。

当 SiO_2 含量充足时，岩浆岩中可能出现辉石、角闪石、斜长石、钾长石等 SiO_2 饱和矿物。

2. 岩浆岩的结构和构造

岩浆岩的结构是指岩石各组成部分（包括矿物和玻璃质）的结晶程度、颗粒大小、形态、自形程度及其相互关系。

岩浆岩的构造是指岩石中不同矿物集合体之间或矿物集合体与其他组成部分之间的排列、充填方式等。

岩浆岩的结构与构造体现了岩石形成时的物理化学条件和地质特征，是区分和鉴定岩浆岩的重要标志之一，也使得花岗岩类饰面石材具有绚丽多彩的花纹图案。

1）岩浆岩的结构

岩浆岩的结构类型可以从以下几方面来认识和描述：

（1）岩浆岩的结晶程度

根据岩石中结晶矿物和非结晶物质（玻璃质）两部分的相对含量，可以将岩石结构分成 3 类。

① 全晶质结构

岩石全部由晶质矿物组成，多见于深成侵入岩中，由岩浆上升过程中缓慢冷凝结晶而成，如花岗岩、辉长岩。

② 玻璃质结构

岩石几乎全部由未结晶的玻璃组成，是岩浆迅速上升到地表或近地表时，温度快速下降，岩浆中各种组分来不及作有规律的排列（结晶）即已冷凝，因而形成玻璃质，如珍珠岩、黑曜岩。

③ 半晶质结构

岩石由部分晶体和部分玻璃质组成，多见于喷出岩和浅成岩体边部，如安山岩、流纹岩。

（2）矿物颗粒的大小

指岩浆岩中矿物颗粒的绝对大小和相对大小。

① 颗粒的绝对大小

肉眼观察时，根据岩石中矿物颗粒的大小，将岩石结构分为显晶质结构与隐晶质结构两种。

肉眼观察时基本上能分辨矿物颗粒的结构称为显晶质结构。显晶质结构按矿物颗粒绝对大小又分为：粗粒结构（晶粒直径＞5mm）、中粒结构（晶粒直径 2～5mm）、细粒结构（晶粒直径 2～0.2mm）、微粒结构（晶粒直径＜0.2mm）。如果矿物的粒径＞10mm，可称为巨晶或伟晶结构。

矿物颗粒很细，肉眼无法分辨出矿物颗粒者，称为隐晶质结构。如果在显微镜下可以看清矿物颗粒者，称显微晶质结构；如果镜下只有偏光反映，而无法分辨矿物颗粒者，称显微隐晶质结构。具有隐晶质结构的岩石外貌呈致密块状。

② 颗粒的相对大小

根据矿物颗粒的相对大小可分为 3 种结构类型：

a. 等粒结构：岩石中同种主要矿物颗粒大小大致相等，常见于侵入岩；

b. 不等粒结构：岩石中主要矿物颗粒大小不等，常见于侵入岩体边部或浅成岩体；

c. 斑状及似斑状结构：组成岩石的矿物颗粒大小相差悬殊，大的颗粒分布在小的颗粒中。大的称为斑晶，小的称为基质，其中没有中等大小的颗粒，这点可与不等粒结构相区别。如果基质为隐晶质及玻璃质，则称斑状结构；如果基质为显晶质，则称似斑状结构。具有斑状、似斑状结构的岩石通常可加工出具有特殊的粗大花纹的石材，具有良好的装饰性。

（3）矿物的自形程度

矿物的自形程度是指矿物晶体发育的完善程度。根据组成矿物的自形程度分为：

a. 自形晶结构：组成岩石的矿物晶粒具有完整的晶面；

b. 半自形晶结构：组成岩石的矿物晶体发育不完整，部分晶面轮廓不规则；

c. 它形晶结构：组成岩石的矿物晶体不具完整的晶面，晶体形状不规则。

（4）岩石中矿物颗粒间的相互关系

① 交生结构

两种矿物互相穿插有规律地生长在一起，如：

a. 文象结构：许多石英往往呈一定的外形（如棱角形、楔形等），有规律地镶嵌在钾长石中，形似楔形文字。

b. 条纹结构：钾长石和斜长石有规律地交生。它可以是固溶体分解而成，也可以是交代成因的。斜长石在钾长石中呈条纹，称正条纹长石，反之称反条纹长石。

c. 蠕虫结构：许多细小的、形似蠕虫状的石英穿插生长在长石中。

② 反应边结构

早生成的矿物与熔浆发生反应，当这种反应不彻底时，在早生成的矿物外圈，形成另一种成分完全不同的新矿物，完全或局部包围早结晶的矿物，这种结构称反应边结构。如橄榄石的辉石反应边，单斜辉石的角闪石反应边。

③ 环带结构

与反应边结构类似，不同的是反应生成矿物与被反应矿物同属一类矿物，仅端元成分及光性方位有差异，因而呈现环带状特征。

④ 包含结构

较大的矿物颗粒中包含有许多较小的矿物颗粒，称为包含嵌晶结构。如果大的辉石或橄榄石中包含许多自形柱状的斜长石晶体，称嵌晶含长结构。

⑤ 填隙（间）结构

斜长石微晶所组成的间隙内，充填有辉石等暗色矿物，以及隐晶质、玻璃质等。

2）岩浆岩的构造

岩浆岩的构造是指岩石中不同矿物集合体之间或与岩石其他组成部分（如玻璃质）之间的排列方式及充填方式所表现出来的岩石特征。

（1）块状构造

组成岩石的矿物在整块岩石中分布均匀、无一定方向，岩石各部分在成分或结构上都是一样的，通常是岩浆岩中最常见的构造。具有块状构造的岩石加工成的石材花纹协调一致，均一性、可拼性较好。

（2）斑杂构造

在岩石的不同部分，其矿物成分或结构构造差别很大，因此整个岩石看起来是不均一的，斑斑块块，杂乱无章。斑杂结构的形成原因很多，岩浆不均一分异产生的析离体或岩浆对围岩、捕虏体的不均匀、不完全的同化混染作用都可形成这种构造。斑杂构造在中-酸性侵入体中常见。具有斑杂构造的岩石加工成的石材色斑、色线较多，石材表观协调性、均一性差，成材率低。

（3）条带构造

岩石中不同成分、不同结构或不同含量的矿物集合体相互交替、彼此平行排列形成不同颜色、不同花纹的条带状构造。条带构造可使装饰石材具有特殊的花纹，但也影响石材的可拼性。

（4）气孔构造和杏仁构造

这是喷出岩中常见的构造，主要见于熔岩层之顶部。岩浆喷出地表后，由于压力突然降低，岩浆中的气体呈气泡逸出，岩浆冷凝后在岩石中保留了气孔的形态，称为气孔构造。有的岩石气孔很多，以至岩石呈泡沫状块体，甚至能漂浮在水面，被称为浮岩。气孔的拉长方向，指示着岩流流动的方向。当气孔被岩浆期后矿物所充填，则形成杏仁构造。

（5）流纹构造

流纹构造常见于酸性喷出岩中。喷出地表的岩浆在其流动时，由于成分不均匀而呈现不同颜色的条纹，或者其中的气孔被拉长呈定向排列，这种在喷出岩中保留的岩浆在地表流动的痕迹，称为流纹构造。

3. 岩浆岩的产状

岩浆岩的产状主要是指岩体的形态、大小及其与围岩的接触关系、岩体形成时所处的深度和构造环境，以及岩浆上升及活动方式等等。按照岩浆活动的方式不同，可将岩浆岩的产状分为侵入岩的产状和喷出岩的产状，但两者之间并无截然的界线。

1）喷出岩的产状

喷出岩的产状主要与岩浆的性质及其上升到地表的方式有关。

（1）熔岩流

黏度小的基性熔岩岩浆溢出地表后冷凝形成宽阔平缓的舌状或狭长的带状展布的熔岩，称为熔岩流。

（2）火山锥

火山锥为火山喷发的熔岩流和火山碎屑物在火山口周围堆积而成的锥状体，其顶部中央为圆形的漏斗状火山口。

（3）熔岩穹

黏度大、挥发分少的中酸性、碱性岩浆由火山口溢出或被挤出而成厚度大、产状陡的岩穹（也称岩钟）。

2）侵入岩的产状

侵入岩的产状主要是指侵入体产出的形态，包括侵入体的形态、大小及其与围岩的关系以及侵入时的构造环境等等。若岩浆沿围岩的层理或片理等空隙贯入，则形成整合侵入体，侵入体的接触面基本上平行于围岩层理或片理。

（1）岩盆：岩浆侵入岩层之间，形成中央下凹的盆状侵入体。

（2）岩盖：岩浆侵入岩层之间，形成上凸下平的中间厚、边缘薄的穹隆状侵入体。

（3）岩床（岩席）：岩浆侵入岩层之间，形成厚薄均匀的与地层整合的板状侵入体。

（4）岩墙：是岩浆沿断裂贯入，形成的厚度比较稳定的、近于直立的板状侵入体。

（5）岩脉：一般指规模比较小，形态不规则，厚度小且变化大，有分叉及复合现象的脉络状岩体。

（6）岩株：是一种常见的不整合的规模较大的侵入体，平面上近于圆形或不规则等轴形，与围岩接触面较陡，似树干状延伸，又称岩干，出露面积小于 $100km^2$。岩株边部常有一些不规则的岩枝、岩瘤。

（7）岩基：属巨型侵入体，面积大于 $100km^2$，平面上通常呈长圆形，与围岩呈不规则接触。主要由花岗岩类岩体组成。

4. 岩浆岩的分类

岩浆岩的种类很多，它们之间存在着物质成分、结构构造、矿物组合、产状、成因等方面的差异，但它们之间又都是地球演化和岩浆活动的产物，所以它们之间又存在着互相关联、逐渐过渡、逐渐变化的规律。岩浆岩分类的方案很多，以下根据岩浆岩的化学成分、矿物成分、产状、结构构造进行分类，如表 1-3 所示。

表 1-3 岩浆岩分类表

系列	钙碱性				碱性
岩类	超基性岩	基性岩	中性岩		酸性岩	碱性岩
SiO_2 含量	<45%	45%～52%	52%～65%		>65%	52%～65%
石英含量	无	无或很少	5%		>20%	无
长石种类及含量	一般无长石	斜长石为主	斜长石为主	钾长石为主	斜长石>钾长石	钾长石为主，含似长石

系列		钙碱性				碱性
暗色矿物及含量		橄榄石辉石>90%	辉石为主，可含角闪石、黑云母、橄榄石<90%	角闪石为主，黑云母、辉石次之15%～40%	角闪石为主，黑云母、辉石次之15%～40%	黑云母为主，角闪石次之15%～40%	碱性角闪石和碱性辉石<40%
喷出岩	斑状或隐晶质、玻璃质结构；气孔、杏仁、流纹构造	苦橄岩科马提岩	玄武岩	安山岩	粗面岩	流纹岩	响岩
浅成岩	细粒、斑状或隐晶质结构	苦橄玢岩金伯利岩	辉绿岩	闪长玢岩	正长斑岩	花岗斑岩	霞石正长斑岩
深成岩	全晶质、中粗粒、似斑状结构	橄榄岩辉岩	辉长岩	闪长岩	正长岩	花岗岩	霞石正长岩

1）岩浆岩的分类依据

（1）岩浆岩的化学成分

岩浆岩的化学成分是岩浆岩分类的重要依据。岩浆岩的化学成分常以氧化物形式表示，主要有 SiO_2、Al_2O_3、Fe_2O_3、FeO、MgO、CaO、K_2O、Na_2O 和 H_2O，其中 SiO_2 的含量最多，约占 2/3。一般以 SiO_2 的含量把岩浆岩分为四大类：超基性岩类（SiO_2<45%）、基性岩类（SiO_2 为 45%～52%）、中性岩类（SiO_2 为 52%～65%）、酸性岩类（SiO_2>65%）。每一类又按碱度的变化即 K_2O+Na_2O 的含量进一步分为钙碱系列和碱性系列。碱性系列的岩石习惯上也称为碱性岩。

（2）岩浆岩的矿物成分

岩浆岩的矿物成分和矿物含量是分类命名的基础。岩浆岩中化学成分的变化与岩浆岩中矿物成分的变化相对应，主要体现在石英的含量、暗色矿物的种类与含量、长石的种类与含量的差异上。

（3）岩浆岩的产状与结构构造

岩浆岩的产状是决定岩浆岩结构特征的重要因素。相同的化学成分和矿物成分在不同的地质环境中形成的岩浆岩具有不同的结构构造。所以岩浆岩的产状、结构也是重要的分类依据。

2）岩浆岩的主要类型

（1）超基性岩类（橄榄岩-苦橄岩类）

该类岩石在化学成分上 SiO_2 含量很低（<45%），Na_2O 和 K_2O 含量极少，一般均小于 1%。CaO 和 Al_2O_3 含量也很少，而富含 MgO 和 FeO。因此，在矿物成分上铁镁矿物占绝对优势，主要为橄榄石、辉石，其次为角闪石、黑云母。不含石英，不含或很少含斜长石（0～10%）。超基性岩类岩石颜色很深，相对密度一般都在 $3.0g/cm^3$ 以上，常呈块状构造。此类岩石在地表分布面积很少，按出露面积计，约占整个岩浆岩的0.4%。超基性岩中的矿物在化学性质上很不稳定，在热液作用下容易发生蛇纹石化、

碳酸盐化、绿泥石化等次生变化。

超基性喷出岩自然界罕见。超基性侵入岩在地表出露很有限，按出露面积计约占整个岩浆岩的 0.4%。按其主要矿物含量可分为纯橄榄岩、橄榄岩、辉岩和角闪岩。其中橄榄岩是本类岩石中最常见者，主要由橄榄石（40%～90%）和辉石构成，可含少量角闪石、黑云母或斜长石。

（2）基性岩类（辉长岩-玄武岩类）

本类岩石 SiO_2 含量为 45%～52%，Al_2O_3 可达 15%，CaO 含量可达 10%，均比超基性岩高，但 FeO 和 MgO 含量较低，约占 6%。在矿物成分上，铁镁矿物约占 40%，且以辉石为主，其次是橄榄石、角闪石、黑云母。此外，还出现大量的基性斜长石（约占 50%），不含或少含石英。岩石颜色较超基性岩浅，相对密度一般都在 $3.0g/cm^3$ 左右。基性侵入岩的岩体一般都不大，多呈岩盆、岩床或岩盖、岩墙和岩株产出，而其喷出岩（玄武岩）则分布广泛。

① 辉长岩

辉长岩为基性岩类的深成侵入岩，呈灰、灰黑或暗绿等色。主要矿物有辉石和基性斜长石，二者含量近于相等；次要矿物有角闪石、橄榄石。若辉石为单斜辉石就叫辉长岩；若为紫苏辉石就叫苏长岩，但二者肉眼不易鉴别，故可统称为辉长岩。岩石呈灰黑色，多中粒半自形粒状结构，常见块状构造，有时具条带构造，此时可称为条带状辉长岩。辉长岩中的基性斜长石有时呈聚片双晶，双晶纹较宽，有时因次生变化呈灰绿色；辉石多带棕色色调，具近直交的两组解理。

② 辉绿岩

辉绿石是浅成基性入侵岩，为灰绿、深灰等色。矿物成分与辉长岩类似，但结构不同。具有辉绿结构，即自形-半自形的长条形斜长石构成三角形网格状骨架，在骨架空隙中充填着大致等粒的辉石颗粒。岩石常因绿泥石化、钠黝帘石化而呈暗绿色。

辉绿岩是一种分布很广的基性侵入岩，常呈岩墙、岩脉、岩床或岩盘产出，它既可以单独产出，也可以同辉长岩、基性喷出岩共生。

③玄武岩

玄武岩是基性喷出岩的代表岩石，在地表分布很广。其成分与辉长岩相当，多呈现黑色、灰黑色、黑绿色，风化后呈暗红色或黑褐色。常为斑状或隐晶结构，常见的斑晶为橄榄石、辉石、斜长石也可有玻璃质和半晶质结构，致密块状，多具气孔和杏仁构造。在厚层状的玄武岩中经常见有十分发育的柱状节理，形成规则的六边形柱体，柱体垂直于熔岩层的延伸方向。比较著名的玄武岩石材是福建的"福鼎黑"（G 3518）。

（3）中性岩类（闪长岩-安山岩类）

中性岩是在基性岩和酸性岩中间的过渡类型。化学成分特征是 SiO_2 为 52%～65%，铁、镁、钙比基性岩低；Al_2O_3 16%～17%，比基性岩略高；而 Na_2O+K_2O 可达5%～6%，比基性岩明显增多。中性岩类岩石颜色较浅，多呈浅灰色，比重比基性岩要小。

中性岩类侵入岩的典型代表是闪长岩，相应的喷出岩是安山岩。闪长岩既可以向基性岩辉长岩过渡，也可以向酸性岩花岗岩过渡。同样，喷出岩之间也关系密切，安山岩和玄武岩、流纹岩也常常共生在一起。

① 闪长岩

闪长岩是一种全晶质的岩石，常具半自形中细粒结构，块状构造，也可见有斑杂构造。闪长岩中暗色矿物含量为 30％ 左右，主要为普通角闪石，其次为辉石和黑云母；浅色矿物明显增加，可达 70％ 左右，主要为中性斜长石，有时出现少量钾长石和石英。在向基性岩过渡的闪长岩中常有辉石出现；在向酸性过渡的闪长岩中则出现黑云母。闪长岩的命名可以岩石中占多数的暗色矿物命名，辉石闪长岩、黑云母闪长岩等。如果石英含量＞5％时，也可称为石英闪长岩，这是闪长岩向酸性岩过渡的类型。

② 闪长玢岩

闪长玢岩的成分与闪长岩基本相同，是形成于地壳浅处的中性岩，由于冷却快形成斑状结构，斑晶常为斜长石与角闪石，有时也见有辉石或黑云母。岩石常为灰白色，次生变化后多为灰绿色。

③ 安山岩

安山岩的化学成分与矿物成分与闪长岩类似，结晶程度较差，常具半晶质、斑状结构或隐晶质结构，斑晶主要为斜长石、角闪石也见有辉石，黑云母很少见。安山岩多为块状构造，气孔和杏仁构造常见。新鲜的安山岩呈浅灰色至灰色，经次生变化后常呈红褐色、灰褐色、浅紫色、灰绿色等。

安山岩分布很广，分布面积仅次于玄武岩。

（4）酸性岩类（花岗岩-流纹岩类）

酸性侵入岩以花岗岩、花岗闪长岩为代表，相应的喷出岩为流纹岩和英安岩。该类岩石 SiO_2 含量＞65％，一般是 65％～78％；Na_2O 和 K_2O 的含量高，可达 7％～8％；Al_2O_3 在 15％左右，FeO、MgO、CaO 含量一般低于 2％～3％。矿物成分以浅色矿物为主，含量一般＞90％，主要为长石和石英；暗色矿物含量在 10％以下，主要为黑云母和角闪石，因此岩石的颜色较浅，相对密度较小。

① 花岗岩

花岗岩多呈浅肉红色、浅灰色、灰白色等。主要矿物为石英、钾长石和酸性斜长石，其中石英含量 20％以上，碱性长石含量（平均约 40％）大于斜长石含量（平均25％）。暗色矿物常小于 10％，主要为黑云母、角闪石。花岗岩可按暗色矿物种类进一步命名，如黑云母花岗岩、角闪花岗岩等，其中黑云母花岗岩最常见。若暗色矿物很少（＜1％），则称白岗岩。

花岗岩类在自然界分布广泛。花岗岩岩体多呈巨大的岩基、岩株产出，岩体内部岩相带的变化比较明显，许多岩体同中性侵入岩共生而构成中-酸性杂岩体。花岗岩体内部岩相的变化规律一般是：中心（内部）相岩石结构较粗，岩性均一，多为块状构造，是正常的花岗岩；边缘相岩石结构复杂些，出现细粒、斑状结构，构造不均匀，往往有斑杂构造或流动构造，岩石趋向于中性，甚至完全变成中性岩，在边缘相和中心（内部）相之间是过渡相，呈现各种过渡特征。

② 花岗闪长岩

颜色较花岗岩深一些，多呈深灰色或灰绿色。同花岗岩相比，石英含量低些，斜长石含量较多，且多于钾长石，暗色矿物含量略增高。典型花岗闪长岩的矿物组合是：石英约 15%，酸性或中性斜长石>40%，钾长石<20%，暗色矿物约 15%，暗色矿物以角闪石为主，部分为黑云母。同样可按暗色矿物种类命名，如黑云母花岗闪长岩、角闪花岗闪长岩等。

③ 流纹岩

流纹岩是一种喷出岩，成分和花岗岩相当，多呈浅灰、灰白、肉红等色。流纹岩的结晶程度较差，常见斑状结构，斑晶为钾长石、石英，少见到暗色矿物。基质多为致密的隐晶质或玻璃质。流纹构造、气孔构造、杏仁构造也较常见。

④ 英安岩

英安岩是成分类似于花岗闪长岩的喷出岩，是流纹岩向安山岩过渡的一种岩石，与安山岩相比含有较多的石英，暗色矿物更少；与流纹岩相比则斑晶中石英更少，斜长石较多。岩石一般呈土红色、浅紫色或灰色，多为隐晶质、半晶质、斑状结构，也可见有流纹构造。斑晶为斜长石、石英和正长石或透长石。

⑤ 黑曜岩

黑曜岩是一种几乎全为玻璃质的喷出岩，有时含少量石英和透长石斑晶。常为黑色或深褐色，具有贝壳状断口，玻璃光泽，含水量<2%，相对密度较小，一般为 2.13~2.42g/cm^3。

（5）中性碱性岩

本类岩石的 SiO_2 含量同闪长岩近似，但稍偏高，平均约 60%左右。与闪长岩的主要区别是 Na_2O 和 K_2O 含量高，可达 8%~12%左右。Al_2O_3 含量亦高，为 15%~20%，CaO、MgO 含量较低。因而，它在矿物成分上的突出特点是出现大量碱性长石和似长石，不含石英。浅色矿物含量可达 70%以上，暗色矿物也不多，一般<20%，主要为碱性辉石和碱性角闪石以及富铁的黑云母。

中性碱性岩的侵入岩以正长岩为代表，相应的喷出岩为粗面岩。本类岩石自然界产出很少，不足整个岩浆岩分布面积 1%。在产状上正长岩极少单独产出，主要与花岗岩或碱性岩共生。

① 正长岩

正长岩中的浅色矿物主要为钾长石和斜长石，且钾长石含量大于斜长石，不含石英或只含极少石英，暗色矿物主要为角闪石、辉石和黑云母。正长岩多为中粗粒结构，也见有似斑状结构。主要为块状构造，少数可见斑杂构造。

② 碱性正长岩

与普通正常岩不同之处在于其钾、钠含量更高，浅色矿物几乎全为钾钠长石，暗色矿物则为碱性角闪石、碱性辉石。

③ 正长斑岩

这是一种中性浅成岩，成分与正长岩相当，具斑状结构，斑晶主要为钾长石，有时也见有角闪石、黑云母、辉石。斑晶的晶形较好，基质颗粒较细，为细粒至微粒，有时也呈隐晶质。

④ 粗面岩

中性碱性岩的喷出岩，常呈浅灰、灰绿、灰黄、肉红色等。斑状结构，斑晶为长石、角闪石等。基质也由长石和暗色矿物组成，多具隐晶质结构，玻璃质少见。常为块状构造，可出现气孔构造。岩石表面有糙感，故称粗面岩。

中性碱性岩根据矿物成分与结构构造的差异还可细分为碱性粗面岩、粗面安山岩、角斑岩等。

（6）碱性岩类（霞石正长岩-响岩类）

该类岩石 SiO_2 含量为 $52\%\sim65\%$ 左右，与中性岩类相似，但碱质特别高，$K_2O +$ Na_2O 可达 $13.5\%\sim15.6\%$，CaO、MgO 含量较低，约 $1\%\sim2\%$，FeO 含量约 $3\%\sim$ 4%，Al_2O_3 含量也较高，可达 20%。矿物成分主要由碱性长石、碱性暗色矿物和似长石组成，不含石英，属 SiO_2 不饱和岩石。

碱性侵入岩以霞石正长岩为代表，相应的喷出岩为响岩。

① 霞石正长岩

通常为灰白色、灰色、暗灰色。主要矿物为碱性长石和霞石，次要矿物为霓石、霓辉石或钠闪石、黑云母。霞石正长岩含副矿物较多，而且比较复杂，这与该类岩石富含挥发分和稀有放射性元素有关，所以选用该类岩石作为石材应进行放射性比活度检测。

② 霞石正长斑岩

矿物成分与霞石正长岩相同，只是岩石结构上的不同。此类岩石具斑状、似斑状结构，斑晶主要为钾长石，基质主要为细粒至微粒的碱性长石、霞石及少量暗色矿物组成。

1.2.2　沉积岩

沉积岩是在地表或近地表的常温常压条件下，由风化作用、生物作用和火山作用形成的产物，经搬运、沉积、成岩等系列作用形成的层状岩石。沉积岩在陆地上出露的面积约占 75%，最常见的岩类是页岩、砂岩和石灰岩。

1. 沉积岩的化学成分与矿物成分

1）沉积岩的化学成分

沉积岩的原始物质主要来自于岩浆岩，所以其平均化学成分与岩浆岩相近似，但是，由于沉积岩和岩浆岩的形成条件不同，所以在化学成分上又有一些差异：

（1）因为沉积岩主要是在地表氧化条件下形成的，所以在沉积岩中 Fe_2O_3 的含量大于 FeO 的含量，而岩浆岩中 Fe_2O_3 的含量小于 FeO 的含量。

（2）沉积岩中碱金属含量低于岩浆岩，且 K_2O 的含量大于 Na_2O，而岩浆岩中，通常 K_2O 的含量小于 Na_2O。

（3）沉积岩中富含 H_2O 和 CO_2，这显然是因为沉积岩形成于表生条件。

（4）沉积岩富含有机质。

此外，岩浆岩各类岩石的化学成分是逐渐过渡的，而沉积岩由于沉积物在风化、搬运、沉积过程中发生分异作用，各类岩石之间化学成分差别很大，如砂岩以 SiO_2 为主，页岩以 SiO_2、Al_2O_3 为主，石灰岩则以 CaO、CO_2 为主。

2）沉积岩的矿物成分

沉积岩中已发现的矿物有 160 种以上，而组成岩石 90% 以上的矿物不过 20 余种，如石英、长石、云母、黏土矿物、方解石、白云石、菱铁矿、石膏、硬石膏、石盐等。每种沉积岩一般由 1～3 种主要矿物组成，最多不超过 5～6 种。岩浆岩中大量存在的铁镁矿物如橄榄石、辉石、角闪石、黑云母等在沉积岩中很稀少，如表 1-4 所示。

表 1-4　沉积岩、岩浆岩中的常见矿物成分及含量　　　　　　　　　　（%）

矿物	沉积岩	岩浆岩
黏土矿物	14.51	—
白云石、菱铁矿	9.07	—
沉积铁质矿物	4.00	—
方解石	4.25	—
石膏、硬石膏	0.97	—
有机物质	0.78	—
磷酸盐矿物	0.15	—
石英	34.80	20.40
白云母	15.11	3.85
正长石	11.02	14.85
钠长石	4.55	25.6
磁铁矿	0.07	3.15
榍石、钛铁矿	0.02	1.45
辉石	—	12.10
钙长石	—	9.80
黑云母	—	3.86
橄榄石	—	2.65
角闪石	—	1.66

沉积岩中的矿物按成因分为 3 类：陆源碎屑矿物、自生矿物与次生矿物。陆源碎屑矿物是指由母岩中继承下来的呈碎屑状态的矿物，如石英、长石。自生矿物是指沉积岩形成过程中以化学或生物化学方式新生成的矿物，如方解石、白云石。次生矿物是指沉积岩风化后形成的矿物，如海绿石、碎屑长石风化后产生的高岭土等。

2. 沉积岩的结构类型

沉积岩的结构是指组成沉积岩物质（矿物及其他碎屑颗粒等）的形状、大小、所含数量及其相互关系，主要有碎屑结构、泥质结构、晶粒结构和生物结构等。

1）碎屑结构

碎屑结构是由砾、砂等较粗的陆源碎屑物质被胶结而成的结构。按碎屑颗粒大小分为砾状结构（粒径＞2mm）、砂状结构（粒径 2～0.05 mm）、粉砂结构（粒径 0.05～0.005 mm）。

2）泥质结构

泥质结构是由极细小的碎屑（＜0.005mm）和黏土矿物所组成的，比较均一致密，质地较软。

3）结晶结构

结晶结构是由化学作用或生物化学作用从溶液中沉淀的晶粒，或由成岩后生作用重结晶形成的晶粒所构成的岩石结构。其主要发育在石灰岩、白云岩、硅质岩中。

4）生物结构

生物结构由生物遗体或生物碎屑构成，在某些生物成因的灰岩、硅质岩中出现。

3. 沉积岩的构造

沉积岩的构造是指岩石各组成部分的空间分布和排列方式，是沉积岩重要的宏观特征。

1）层理构造

层理是由沉积岩的颜色、成分和结构等在垂直沉积层方向上的变化而显现出来的一种层状构造。层理的形成及其特征与岩石的成分，形成岩石的地理地质环境以及介质运动特征有关。根据层理中各细层的相互关系以及层内碎屑颗粒粒径的粗细变化可以分为下列几种类型：

（1）水平层理

水平层理是由平直且彼此与层面平行的细层所组成的层理，此类层理较为常见。

（2）波状层理

细层呈对称或不对称的波状起伏，细层之间相互叠覆或近似平行，但总的方向平行层面。波状层理常见于砂岩或粉砂岩中。它是由于波浪或潮汐的振荡运动，或单向水流的前进运动而形成的。

（3）斜层理

细层界面向同一方向倾斜并大致平行，与上下层面斜交，上下层面互相平行。它是由单向水流所造成的，多见于河床或滨海三角洲沉积中。

（4）交错层理

交错层理是由多组不同方向的斜层理互相交错重叠而成的，层系界面交切，各层系中细层倾斜方向相反，是由水流的运动方向频繁发生变化所造成的，多见于河流沉积层中。

（5）递变层理（粒序层理）

递变层理是指一种由底部至顶部粒度由粗逐渐变细（称正粒序），或由细逐渐变粗（称逆序粒）的碎屑沉积单元的层理，在砂岩中较为常见。

（6）韵律层理

韵律层理是一种由成分、结构与颜色不同的薄层作有规律的简单重复出现而形成的层理。

（7）块状层理

块状层理是指岩层的单层厚度较大、层内物质均匀、不显示细层构造的层理。在较纯的石灰岩中较为常见。

2）层面构造

沉积岩的层面构造多种多样，具有重要的成因意义。常见的层面构造有波痕、干裂、雨痕、冲刷面、晶痕、流痕、槽模、沟模等。

3）缝合线

缝合线常见于碳酸盐类岩石，其特征是在垂直层面的切面上有呈头盖骨接缝状的锯齿形裂缝，通常与层面一致。其成因与压溶作用（颗粒之间接触处遭受溶解）有关。

4）生物成因构造——化石及生物遗迹

生物由于活动或生长而在沉积物表面或内部遗留下来各种痕迹，形成了各种不同的构造，如古代海陆生物的遗骸、碎片或印模，经过石化作用保存在沉积岩中（化石），古代生物生命活动留下的痕迹，如虫迹、虫孔等。

4. 沉积岩的颜色

沉积岩的颜色按成因分为原生色与次生色，原生色又可分为继承色和自生色。继承色主要取决于碎屑颗粒的颜色，如长石砂岩多呈红色，纯石英砂岩呈白色。自生色取决于沉积过程及成岩过程中形成的自生矿物的颜色，如含绿色自生矿物海绿石的砂岩呈绿色，含碳质的页岩呈黑色。在后生作用阶段或风化过程中，原生组分发生次生变化，由新生成的次生矿物所造成的颜色为次生色。通常情况下，灰色或黑色的岩石富含有机质，形成于还原或强还原环境。红色、紫红色、褐红色、黄棕色的岩石，是由于含有 Fe^{3+} 的氧化物或氢氧化物的缘故，形成于氧化或强氧化的环境。绿色岩石是由于其中含有 Fe^{2+} 和 Fe^{3+} 致色的绿色硅酸盐矿物（如海绿石、鲕绿泥石），形成于弱氧化或弱还原的环境。紫色沉积岩与氧化铁或氧化锰有关。含硬石膏、天青石、蓝铜矿时，沉积岩呈蓝色、青色。

5. 沉积岩的类型

按成因与成分，沉积岩可以分为两类，即碎屑岩类、化学岩和生物化学岩类。

1）碎屑岩类

碎屑岩类主要由碎屑物质组成的岩石，按成因与成分又可分为陆源碎屑岩与火山碎屑岩。

（1）陆源碎屑岩

陆源碎屑岩主要是由陆地岩石风化、剥蚀产生的各种碎屑颗粒（矿物碎屑及岩石碎屑）经搬运、沉积、成岩作用后组成的碎屑岩。根据碎屑颗粒的大小，陆源碎屑岩可分为砾岩、砂岩和粉砂岩三类。

陆源碎屑岩具有碎屑结构，由碎屑颗粒、填隙物以及孔隙三部分组成，其中碎屑物的含量在 50% 以上。矿物碎屑主要有石英、长石、云母等，岩石碎屑是母岩直接破碎后的岩石碎块。填充在碎屑颗粒之间的填隙物由杂基和胶结物组成。杂基是和粗大碎屑一起沉积下来的细粒填隙组分，属于机械沉积，杂基粒度一般小于 0.03mm。胶结物是填于碎屑颗粒之间的化学沉淀物（如碳酸钙、铁的氧化物和氢氧化物等），对碎屑颗粒起到胶结作用。

根据碎屑岩中碎屑颗粒的大小，本类岩石又可分为：

砾岩类——碎屑直径在 2mm 以上；

砂岩类——碎屑直径在 2～0.05mm 之间；

粉砂岩类——碎屑直径在 0.05～0.005mm 之间；

黏土岩类——碎屑直径小于 0.005mm。

（2）火山碎屑岩

火山碎屑岩是由火山喷发的碎屑堆积物经压实、固结后形成的岩石，主要由火山碎屑物与胶结物两部分组成。火山碎屑物有岩屑、晶屑和玻屑，胶结物主要是火山灰。

根据火山碎屑粒度可以分为：

火山集块岩：主要由粗火山碎屑（＞64mm）如熔岩碎块等（占50％以上），固结而成的岩石。

火山角砾岩：主要由粒径为2～64 mm的熔岩碎块或角砾（含量50％以上），固结而成的岩石，也可以含其他岩石的角砾，角砾多数具棱角，分选差，大小不等。

凝灰岩：是主要由粒径小于2mm的火山灰（岩屑、晶屑、玻屑）及火山碎屑等（含量50％以上）固结而成的岩石。

2）化学岩及生物化学岩类

这类岩石是母岩的风化、剥蚀产物中可溶解物质和胶体物质通过化学作用的方式沉积而成的岩石和通过生物化学作用或生物生理活动使某种物质聚集而成的岩石，前者属于化学岩，后者属于生物化学岩。

这类岩石成分常较单一，具有结晶粒状结构、隐晶质结构、鲕状结构、豆状结构或具有生物结构、生物碎屑结构等。

（1）碎屑灰岩类：以方解石为主要组分的岩石，有灰、灰白、灰黑、黑、浅红、浅黄等颜色，性脆，硬度不大，小刀能刻动，滴盐酸剧烈起泡。

（2）竹叶状灰岩（砾屑灰岩）：是一种典型的内碎屑灰岩，是沉积于水盆地底部的未完全固结或已固结的碳酸盐沉积物，经水流或波浪作用破碎、搬运、磨蚀而成的碎屑，再经沉积形成的岩石。

（3）生物碎屑灰岩：是由各种生物碎屑被碳酸钙胶结而成的灰岩。

（4）鲕状、豆状、球粒、团块状灰岩：分别指碎屑的形态与大小不同的碎屑灰岩，其中鲕粒、豆粒、球粒的含量应＞50％。

（5）蒸发盐岩类

以钾、钠、钙、镁等卤化物及硫酸盐矿物为主要组分的纯化学沉积岩，又称盐类岩。

3）硅质岩

硅质岩是由化学作用、生物作用和某些火山作用所形成的含SiO_2达70％～90％的岩石，主要由隐晶质和微晶质的自生硅质矿物（蛋白石、玉髓和石英）所组成，此外还常见黏土矿物、碳酸盐矿物及氧化铁等。硅质岩致密坚硬，抗风化能力强。

硅质岩主要有硅藻土、海绵岩和放射虫硅质岩、碧玉岩、燧石岩等，其中碧玉岩、燧石岩通常可作为石材利用。碧玉岩主要由石英和玉髓组成，可含少量生物遗体。致密坚硬，贝壳状断口，因含氧化铁而呈现多种颜色，常为红色、绿色、灰黄色，此外常有不规则的斑点和条带。燧石岩主要由微晶质石英和玉髓组成，常混有黏土矿物、碳酸盐矿物、有机质或少量生物遗体，常见灰色和黑色，也有呈白色、绿色、红色、黄色等，致密坚硬。

1.2.3 变质岩

原岩基本上在固体状态下，受到温度、压力和化学活动性流体的作用，发生成分、结构、构造的变化，使一种岩石转变成另一种新的岩石，这种新的岩石称为变质岩。

1. 变质岩的成分

变质岩的成分与原岩密切相关，同时也与变质作用的特点有关。对于无交代作用的变质岩，其化学成分几乎与原岩相同，若变质作用过程中发生了交代作用，则其化学成分可以发生很大变化。

变质岩的矿物组成比岩浆岩、沉积岩复杂，且在变质过程中可产生一系列变质岩特有的矿物，在变质岩中不仅可以见到岩浆岩和沉积岩中常见的矿物，如石英、云母、长石、方解石、白云石外，还可以见到变质岩中特有的矿物，如：绿泥石、绢云母、十字石、石榴子石、蓝晶石、红柱石、夕线石、硅灰石、透闪石、透辉石、蛇纹石等。

2. 变质岩的结构与构造

1）变质岩的结构

（1）变余结构

变余结构是指变质作用不彻底而留下了原来岩石的一些结构，比如沉积形成的砂砾岩，变质后还保留着砾石和砂粒的外形。

（2）变晶结构

岩石在固态状态下，因变质作用使原来的矿物发生重结晶或变质结晶所形成的结构称为变晶结构。根据变质岩中矿物晶形的完整程度和形状，分为鳞片变晶结构、纤维变晶结构、斑状变晶结构和粒状变晶结构。鳞片变晶结构中变晶矿物呈片状，沿一定方向排列形成鳞片变晶结构。纤维变晶结构是纤维状、柱状变晶呈定向排列，形成片理；粒状变晶结构是由长石、石英等粒状矿物组成的结构，这些矿物颗粒自形程度和形态不同，彼此紧密排列、镶嵌而成。斑状变晶结构与岩浆岩的斑状结构相似，结晶能力较强的矿物成为自形的变斑晶，结晶能力较弱的矿物为变基质。

（3）交代结构

在变质作用中，由于化学活动流体与原岩之间的物质成分交流，使原岩中的矿物被溶解并被新生的矿物所替代，由此而形成的结构称为交代结构。如果交代作用进行得不完全，就会留下原生矿物的残余；如果交代彻底，被交代的原生矿物只能留有假象，矿物本身已经完全变成另一种成分了，例如橄榄石的蛇纹石化、石榴石的绿泥石化。

（4）碎裂结构

原岩受力破坏而产生的结构。根据破碎程度可细分为角砾状结构、碎裂结构、碎斑结构、糜棱结构。

2）变质岩的构造

（1）变余构造

岩石经变质后仍残留有原岩部分构造特征称为变余构造，如：变余层理构造、变余气孔构造等。

（2）变成构造

经变质作用形成的构造称为变成构造。常见的类型主要有：

① 块状构造：岩石中的矿物分布均匀、结构均一、排列无序。

② 板状构造：泥质岩或硅质岩受应力作用产生的一系列平行排列的破裂面使岩石呈板状剥离。岩石外观呈平板状，沿板面方向容易开裂。岩石轻微重结晶，在平整而光

滑的板面上有微弱的丝绢光泽。

③ 千枚状构造：岩石中各组分已基本重结晶，细鳞片状矿物（绢云母、绿泥石等）呈定向排列，片理面呈强烈的绢丝光泽。岩石变质程度不深、重结晶程度不高。

④ 片状构造：岩石含较多的呈定向排列的片状、粒状矿物。它是岩石在定向压力下产生的变形、转动重结晶而成的。矿物全部重结晶。

⑤ 条带状构造与片麻状构造：片状、柱状与粒状矿物分别集中而连续地定向排列，粒状矿物被拉长或压扁，因粒状、片状、柱状矿物的颜色和形态不同而呈现出条带，称为条带构造。若岩石主要由较粗的粒状矿物（如长石、石英）组成，但又有一定数量的片、柱状矿物（如角闪石、黑云母、白云母）在粒状矿物中定向排列和不均匀分布，形成断续的条带状构造则称为片麻岩构造。

⑥ 眼球状构造：在具定向构造的岩石中，刚性的矿物颗粒呈透镜状、扁豆状单晶或集合体沿定向构造平行排列。

3. 变质作用与变质岩类型

1) 接触变质作用

按触变质作用是伴随岩浆活动而发生的一种地质现象。岩浆侵入围岩在接触带上岩石受岩浆带来的热及挥发分的影响而发生变质结晶和重结晶；有时还伴随交代作用的发生，导致形成新岩石的成分、结构、构造的变化。越接近岩浆岩体的围岩的温度越高，远离岩浆岩体，温度逐渐降低，因而由近到远依次出现变质程度不同、具有不同矿物共生组合的岩石，它们以岩浆岩体为中心成环带状分布，通常规模不大、宽度有限。根据变质过程中有无交代作用发生，可分为热接触变质作用和接触交代变质作用。

（1）热接触变质作用

岩石受热引起矿物重结晶、脱水、脱炭以及物质重组合，形成新矿物，但岩石中总的化学成分未发生明显改变。代表性岩石如下：

① 角岩：页岩、泥岩、粉砂质泥岩等经热接触变质作用形成常具显微粒状变晶结构。

角岩具有细粒状变晶结构和块状构造的中高温热接触变质岩，原岩通常为泥、砂岩、火山岩等。主要矿物成分是石英、长石、角闪石、云母、辉石等，有时可含少量红柱石、堇青石、石榴石等特征变质矿物，这些矿物为自形的变斑晶。角岩致密坚硬，常为深色，有时为浅色，可根据其中的特征变质矿物进一步命名，如红柱石角岩、堇青石角岩。

② 大理岩：石灰岩、白云岩等碳酸盐类岩石经热接触变质作用发生重结晶，颗粒变粗形成大理岩或白云质大理岩。当原岩中含有 SiO_2、Al_2O_3 等成分时，还可能生成含硅灰石、透闪石、钙铝榴石、镁橄榄石等矿物的大理石。

③ 石英岩：由石英砂岩受热变质而成，常具粒状变晶结构、变余碎屑结构、块状构造。

热接触变质岩的变质程度与侵入岩体的距离有关，因此变质程度不同的岩石常围绕侵入体呈环带状分布。

（2）接触交代变质作用

引起接触交代变质作用的因素主要是温度和岩浆中的化学活动组分，由于存在着岩浆与围岩中的组分交换，岩石的化学成分发生变化，新生矿物大量出现，岩石的结构构造发生显著变化，形成的典型岩石为矽卡岩。

矽卡岩主要分布在岩浆岩与围岩的接触带及其附近。主要矿物有石榴子石、符山石、方柱石、绿帘石、透闪石、透辉石、阳起石、硅灰石、方解石等，岩石常具等粒或不等粒变晶结构、块状构造。

2）气液变质作用

热的气体和溶液（气水热液）作用于原岩，使原岩的化学成分、矿物成分、结构、构造发生变化形成新的岩石，称为气液变质岩。

（1）蛇纹岩：蛇纹岩是由镁质超基性岩或白云岩经气成热液变质作用，原岩中的橄榄石、辉石或白云石发生蛇纹石化所形成的。岩石一般呈暗灰绿色、黑绿色或黄绿色，色泽不均匀；有时成斑驳花纹，风化后颜色变浅，可呈灰白色。常见为隐晶质结构，致密块状或带状、角砾状等构造。

（2）青盘岩：青盘岩是中基性浅成岩、喷出岩和火山碎屑岩在中-低温热液作用下经交代作用所形成。由于在安山质火山岩中最为发育，因此又叫变安山岩。青盘岩一般呈灰绿色至暗绿色。隐晶质，但往往具变余斑状结构及变余火山碎屑结构，块状、斑杂状、角砾状构造。矿物成分较复杂，主要有阳起石、绿帘石、绿泥石、钠长石、碳酸盐矿物等。

（3）云英岩：云英岩是由酸性侵入岩受高温汽化热液交代作用蚀变所形成的岩石。云英岩一般颜色浅，呈浅灰、浅绿色。粒状变晶结构或鳞片粒状变晶结构，块状构造。主要矿物成分是石英、云母，其次为黄玉、电气石、萤石、绿柱石、锡石、石榴石等。

3）动力变质作用

由于地壳运动所产生的构造应力使岩石发生变形、破碎甚至重结晶等作用。动力变质作用主要发生在构造变动强烈的挤压带、剪切带和断裂带附近。由动力变质作用形成的动力变质岩，随动力变质作用的增强形成角砾岩、碎裂岩、碎斑岩、糜棱岩、千糜岩、假熔岩等动力变质岩。在这类岩石中可明显地看到原岩受力破碎变形后的角砾，随着作用力的增强，破碎角砾的变形增大，在定向应力的作用下岩石碎粒可被压扁拉长，片状、柱状矿物可呈定向排列，从而形成片理化带。

动力变质岩中的岩石、矿物虽然经过破碎、变形但由于重结晶作用强烈，许多动力变质岩仍然致密坚硬，由于其特殊的碎裂、碎斑结构和定向排列构造所形成的特殊花纹使得此类岩石仍然有可能选用为石材。

4）区域变质作用

区域变质作用是在大范围内发生的由温度、压力、化学活动性流体综合作用所引起的变质作用，其影响范围可达数千至数万平方公里以上，影响深度可达 20km 以上，温度变化在 $200\sim800℃$，压力变化在 $200\sim1500MPa$，除了静压力外，定向压力也起着十分重要的作用。

由区域变质作用所形成的岩石叫区域变质岩，是变质岩中分布最广的一类岩石，这类岩石通常伴有强烈的变形，其中的矿物常具定向排列，形成明显的片理和片麻理构造，是一类重要石材的资源。

（1）板岩

板岩是具板状构造的区域变质岩，变质程度很低。原岩主要为泥质岩、泥质粉砂岩或中酸性凝灰岩，原岩的矿物成分基本上没有重结晶。板岩外表呈致密隐晶质状，有时在板理面上有少量的绢云母、绿泥石等新生矿物。通常按其颜色或含杂质的不同加以命名，如黑色炭质板岩、黄绿色粉砂质板岩、灰色凝灰质板岩等。质地坚硬的板岩，可沿板理面剥开成板材，作为盖瓦板、地面板或装饰板材等开发利用。

（2）千枚岩

千枚岩是具有千枚状构造的变质岩。原岩类型与板岩相同，但变质程度略高于板岩，矿物成分基本上已全部重结晶，主要由微小的绢云母、绿泥石、石英、钠长石等新生矿物组成，矿物颗粒粒径多小于 0.1mm。千枚岩具微细粒鳞片变晶结构，岩石的片理面上具明显的丝绢光泽，并常见小皱纹。

（3）片岩

片岩是具有片状构造的变质岩，其分布极为广泛，为中、低级变质岩。片岩多具显晶质的鳞片变晶结构，或基质为鳞片变晶结构的斑状变晶结构。主要由片状矿物（云母、绿泥石、滑石等）、柱状矿物（阳起石、透闪石、角闪石等）和粒状矿物（长石、石英等）组成，有时含石榴石、十字石、红柱石等特征变质矿物的变斑晶。以主要的片状矿物命名，如二云母片岩、绿泥石片岩；也可以主要的柱状矿物命名，如角闪石片岩。

（4）片麻岩

片麻岩是具有片麻状构造的岩石，分布很广泛，主要由粒状矿物（长石、石英等）和少量片状矿物、柱状矿物组成，可含少量矽线石、蓝晶石、堇青石、石榴子石等特征变质矿物，其中石英和长石的含量＞50%，长石多于石英。多为中至粗粒粒状变晶结构，可根据所含长石的种类分为钾长片麻岩和斜长片麻岩两类，然后再根据暗色矿物或特征变质矿物进一步分类命名，如角闪斜长片麻岩、黑云钾长片麻岩等。

（5）斜长角闪岩

斜长角闪岩主要为基性岩和富铁白云质泥灰岩在中-高温的区域变质作用中形成的，主要由角闪石和斜长石组成，其中角闪石等暗色矿物含量≥50%，斜长石含量＜50%，石英很少或无，常见石榴子石、绿帘石、云母和透辉石。岩石具粒状变晶结构，块状构造，或略具定向构造。

（6）变粒岩

变粒岩是一种片理不发育的粒状变晶结构的中等变质程度的区域变质岩，常为细粒粒状变晶结构。矿物成分主要是石英和长石（长石含量＞25%），有时含有黑云母、白云母、角闪石，其总量不超过 30%。当片状、柱状矿物含量较多时，可具弱片麻状构造。深色矿物含量＜10%时称浅粒岩。

（7）麻粒岩

麻粒岩是一种变质程度很深的变质岩。细粒到中粒花岗变晶结构，片麻状或块状构造。矿物成分以长石为主，可含一定数量的石英。铁镁矿物以紫苏辉石为主，角闪石、黑云母极少，可含少量的石榴子石、金红石、夕线石、堇青石、蓝晶石等。

（8）榴辉岩

榴辉岩是主要由辉石和石榴石组成的变质程度很深的区域变质岩。其中的辉石为绿辉石，其特点是呈绿色；石榴子石以镁铝榴石为主，颜色为肉红色。此外，尚含少量石英、角闪石、刚玉、蓝晶石、顽火辉石、金红石、尖晶石等。中粗粒不等粒变晶结构，块状构造，有时也呈斑杂状或片麻状构造。

石英岩、大理岩也可由区域变质作用形成，其岩性特征与前述热接触变质岩类中的石英岩、大理岩相同，只是形成的作用不同，且所含的次要矿物有所差别。

5）混合岩类

混合岩是由混合岩化作用形成的岩石，是一类由变质作用与岩浆作用共同造就的、介于变质岩和岩浆岩之间的过渡性岩类，其中的矿物大多有不同程度的定向排列。在区域变质作用发展过程中，温度和压力增加到一定程度时，势必导致岩石发生部分熔融，并有广泛的流体相出现。与花岗岩相近且富含水的长英质低熔组分首先熔融，残留下的是富含铁镁的难熔组分，由熔融的长英质组分与原岩中的难熔组分相互作用与混合，形成了宏观上不均匀岩石，即混合岩。难熔的组分称为基体，颜色较深，为变质岩。易熔的长英质组分称为脉体，其颜色较浅，相当于岩浆岩。在混合岩化作用较弱的岩石中，可区分出原来变质岩的基体和新生成的脉体。随着混合岩化作用的增强，基体与脉体之间的界线逐渐消失，最后可形成类似花岗质岩石的混合花岗岩。

1.3　地质构造基础

1.3.1　岩层的产状及厚度

岩体的产状是指岩体产出（存在）的状态，包括岩体的大小、形状及其与围岩之间的关系，这是由构造环境的特点所决定的。岩层的产状主要指的是其在三度空间的延伸方位及其倾斜程度。

1. 水平岩层

在广阔而平坦的沉积盆地如海洋、湖泊中形成的沉积岩层的原始产状大多都是水平或近于水平的，水平岩层在空间呈水平状态产出，水平岩层的露头线与地形等高线平行或重合。岩层的出露宽度取决于地面的坡度、岩层的厚度。当岩层厚度一定时，坡度愈缓，出露宽度就愈大；当地面坡度一定时，厚度愈大，出露宽度就愈大。水平岩层的厚度等于岩层顶、底面之间的高差。一般在较大范围内呈基本一致的状态。有时会向旁侧变薄或尖灭，呈楔状或透镜状。

2. 倾斜岩层

当原始水平岩层受到地质构造运动的影响时，岩层产状常发生改变，形成倾斜岩层。它是自然界中最常见的一种岩层产状形式。倾斜岩层常是某种构造的一个组成部分，如大褶皱的一翼或大断裂的一盘。

倾斜岩层的产状均以其走向、倾向和倾角的数据表示，称为岩层产状三要素，如图1-1所示。岩层面与水平面的交线或岩层面上的水平线即该岩层的走向线，其两端所指的方向为岩层的走向，可由两个相差 180°的方位角来表示，如 NE30°与 SW210°。垂直

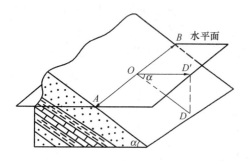

图 1-1　岩层产状要素

AOB—走向线；OD—倾斜线；

OD′—倾斜线的水平投影；

箭头方向—倾向；α—倾角

走向线沿倾斜层面向下方所引直线为岩层倾斜线，倾斜线的水平投影线所指的层面倾斜方向就是岩层的倾向。走向与倾向相差 90°。岩层的倾斜线与其水平投影线之间的夹角即岩层的（真）倾角。所以，岩层的倾角就是垂直岩层走向的剖面上层面（迹线）与水平面（迹线）之间的夹角。

岩层顶面与底面之间的垂直距离，也就是层面法线方向上的距离，称为岩层的真厚度。

倾斜岩层露头宽度是指岩层在地表出露宽度的水平投影，受岩层厚度、地面坡度、坡向及岩层产状等因素的影响。

1.3.2　岩体与围岩的接触关系

1. 侵入接触

侵入接触是岩体侵入围岩的一种接触关系。侵入体与围岩接触带上常出现接触变质现象，在岩体中有围岩的捕掳体（混入岩浆的未融化的围岩碎块），在围岩中有从岩体延伸的岩脉和岩枝。当岩体与围岩为侵入接触时，岩体形成晚于围岩。

2. 沉积接触

沉积接触是指岩体形成后经地壳运动出露地表，遭受风化剥蚀后，地壳下沉，原先的岩体之上又被新的沉积岩层所覆盖的接触关系。其特点是岩体与其上覆围岩的接触带无热液蚀变现象，无冷凝边；岩体顶部常有不整合的侵蚀面和古风化壳等风化侵蚀现象；岩体内的原生构造或岩脉往往被接触面切割；上覆沉积岩的底部常含有下伏岩体的岩屑、砾石或矿物碎屑。沉积接触关系说明侵入岩体形成时代早于上覆地层。

3. 断层接触

断层接触是指侵入体与围岩之间呈断层关系，侵入体与围岩之间的界面就是断层面，这种接触带就是断层带。在接触带上有断裂现象，如擦痕、碎裂岩甚至糜棱岩带等。若岩体与围岩呈断层接触，则岩体的形成时代应早于断层发生时代。

1.3.3　褶皱构造

褶皱是指岩石在构造应力作用下发生的弯曲变形。它在层状岩层中表现得最为明显，是地壳上最常见的一种地质构造形式，规模差别很大，小到手标本，大到几百公里的范围都可以出现。

1. 褶皱类型

褶皱分为向上拱曲的背斜和向下凹陷的向斜两类。水平岩层受力发生弯曲刚形成褶皱时通常是背斜成山、向斜成谷，后来由于背斜顶部受到张力作用，顶部岩石因张裂而疏松，受侵蚀的速度快，而向斜槽部受压应力作用物质岩石受挤压而结构紧密，被侵蚀的速度要慢一些，经过长期的地质作用，受侵蚀的差异性可能导致背斜形成谷地，向斜形成山岭。

2. 褶皱组成要素

组成褶皱的各部分要素如图 1-2 所示，描述如下：

（1）核：褶皱弯曲的核心部位称作核。

（2）翼部：褶皱核部两侧的岩层称作翼部。

（3）转折端：褶皱两翼岩层互相过渡的弯曲部分是褶皱的转折端。

（4）枢纽：褶皱的同一层面上的各最大弯曲点的连线叫枢纽，它可以是直线，也可以是曲线或折线，可以是水平线或倾斜线。

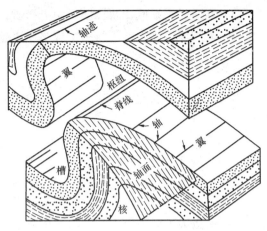

图 1-2　褶皱要素示意图

（5）褶皱轴面：连接褶皱各层的枢纽构成的面称为褶皱轴面，可以是平面，一般用走向、倾向和倾角三要素来描述。

（6）轴迹：轴面与包括底面在内的任何平面的交线均为轴迹。

（7）脊线与槽线：背斜中同一层面上弯曲的最高点的连线称为脊线；向斜中同一层面上弯曲的最低点的连线称为槽线。

（8）褶轴：是指与枢纽平行的一条直线。该直线平行自身移动的轨迹形成一个与褶皱层面完全一致的面；

（9）倾伏和侧伏：都是测量构造线空间位置的要素。倾伏是一条构造线在该线所在直立平面上与水平面之间的夹角；

（10）侧伏角：构造线在它所在平面上与该面平面交线之间的夹角。

3. 褶皱对石材矿山的影响

1）褶皱不同部位对石材完整性和强度的影响

褶皱形成后，在褶皱的不同部位，应力的大小与性质不同，导致岩层产生不同程度变形与破裂。在石材矿山中，褶皱不同部位的石材的完整性和强度差别很大，在选择石材开采点时应注意以下点：

（1）核部：受挤压最强烈，岩石最破碎，不宜选作砂岩、板岩类石材的开采点。大理岩与灰岩应视其破裂面愈合情况慎重选用，有时虽然原岩破碎成碎裂岩，但后期胶结愈合良好，仍可成为优良品种。例如，湖北的云灰石、内蒙古奈曼旗的五彩玉大理石矿山就是位于褶皱的核部。

（2）翼部：受挤压较弱，岩石较完整，块度大。距离核部越远，岩石块度越大，所以褶皱翼部是石材矿山的首选地点。

（3）转折端：是岩石受拉伸破裂最强烈的地方，虽然这种破裂影响深度有限，但也不宜选作石材采场的首采地点，若必须在这种位置设采场，则应根据褶皱的规模大小、受挤压的强烈程度分析这种破裂的影响深度。通常情况下岩层倾角越大，说明受挤压越强。

2）褶皱各部位岩层厚度的变化规律

通常褶皱转折端厚，两翼薄。两个褶皱相邻的过渡部分岩层厚度最薄。开采层状石材矿体，岩层厚度越大，荒料率、成材率也越高。

1.3.4 断裂构造

断裂构造又称断裂，是指岩石受构造应力作用产生的破裂。断裂构造主要包括节理和断层。

1. 节理

节理是岩石中的裂隙，是岩石中最常见的一种构造现象。岩石受应力作用发生破裂，但没有沿破裂面发生明显的位移，这种裂面称为节理。

节理是一种面状构造，其产状也可用走向、倾向和倾角进行描述。

节理按成因可分为原生节理与次生节理两类。原生节理是指岩石形成过程中形成的裂隙，如玄武岩中的柱状节理，次生节理是岩石形成以后产生的节理。

节理按应力来源可分为在外力地质作用（如风、水、生物等作用）下形成的非构造节理与受地壳构造应力作用形成的构造节理两种。其中构造节理按应力特点又可分为张节理与剪节理两类。

1）张节理

在垂直于主张应力方向上发生张裂而形成的节理，叫张节理。张节理大多发育在脆性岩石中，尤其在褶皱转折端等张拉应力集中的部位最为发育，它主要有以下特征：

（1）裂口是张开的，剖面呈上宽下窄的楔形，常被后期物质或岩脉填充；

（2）节理面粗糙不平，一般无滑动擦痕和摩擦镜面；

（3）产状不稳定，沿其走向和倾向都延伸不远即行尖灭；

（4）在砾岩或砂岩中发育的张节理常常绕过砾石、结核或粗砂粒，其张裂面明显凹凸不平或弯曲；

（5）张节理追踪"X"型剪节理发育，呈锯齿状。

（6）在共轭剪切带中形成的张节理，常呈两组雁列形式排列。

2）剪节理

岩石受剪应力作用发生剪切破裂而形成的节理，叫剪节理，它一般在与最大主应力呈 45°夹角的平面上产生，且共轭出现，呈"X"状交叉，构成"X"型剪节理。它具有以下特征：

（1）剪节理的裂口是闭合的，节理面平直而光滑，常见有滑动擦痕和摩擦镜面；

（2）剪节理的产状稳定，沿其走向和倾向可延伸很远；

（3）在砾岩或砂岩中发育的剪节理常切穿砾石、砂粒、结核和岩脉，而不改变其方向；

（4）剪节理的发育密度较大，节理间距小而且具有等间距性，在软弱薄层岩石中常常密集成带出现。

与张节理相比，剪节理由于产状稳定、延伸距离更长，对岩石的整体性破坏更大，会降低石材矿山的荒料率。

节理往往与褶皱紧密相伴。当水平岩层受到水平方向的侧向挤压力时，岩石破裂，在层面上出现两组剪切节理及 X 节理（共轭节理），如果继续受力，则会沿着压力方向产生一组张节理。岩层在水平压力继续作用下,开始弯曲形成褶皱,在褶皱转折端产生张节理,在翼部产生剪节理;平行于枢纽方向产生张节理,斜交于枢纽方向产生剪节理。

2. 断层

断层是岩石受力发生破裂,破裂面两侧的岩石顺破裂面发生明显位移的现象。岩层断裂错开的面称断层面,被断层面分开的发生位移的岩块称作断盘。若断层面是倾斜的,则在断层面上部的断块称作上盘,断层面下部的断块称作下盘。根据两盘的相对滑动方向,相对上升的一盘称作上升盘,相对下降的一盘称作下降盘。断层长度变化很大,从几厘米至上千公里不等,两盘之间的位移量也可有很大的变化。在断层带上往往岩石破碎,易被风化侵蚀。

根据断层两盘相对运动的特点,断层的基本类型有:

1) 正断层

沿断层面上盘相对下降,下盘相对上升的断层。正断层主要受到地壳水平张力和重力的作用形成的。

2) 逆断层

沿断面上盘相对上升,下盘相对下降的断层。逆断层主要是由地壳的水平应力的挤压形成的。

3) 平移断层

上下两盘只做相对的水平位移,这种断层主要由水平剪切作用造成的。

此外,还可根据断层走向与所切岩层走向的方位关系分为:走向断层(断层走向与岩层走向基本一致)、倾向断层(断层走向与岩层走向基本直交)、斜向断层(断层走向与岩层走向基本斜交)、顺层断层(断层面与岩层层理等原生地质界面基本一致)。断层两盘之间的相对位移常被叫做断层落差和平错。落差反映垂直位移,而平错反映水平位移。

1.4　石材矿床类型与成矿规律

1.4.1　石材矿床类型

石材矿床可以根据岩石的成因类型进行分类,也可以按照石材的颜色进行分类。

石材矿床的成因类型是从石材矿床的形成规律探讨各类石材矿床的特点,对于石材矿床的勘探与评价具有特殊的意义。因为不同类型的岩石具有不同的矿物成分和结构、构造,它们的颜色和花纹也会有较大的差异。同时,岩石类型不同,它们的矿体形状、规模大小、颜色花纹的变化规律也不一样。根据石材矿床的岩石类型,可以大致地判断矿床的规模、矿体形状、花色的变化规律。例如,辉长岩矿床的矿物成分以暗色矿物为主,所以这类石材的颜色多为黑色或灰黑色。辉长岩型石材矿床单个矿体的规模一般都较小,此类矿床的分布多受断裂构造的影响,因此矿体的分布常呈一定的线状排列。例如,山西浑源县的黑色辉长岩矿体即是一系列呈雁行排列的脉状岩体,岩体呈近平行排列,岩脉宽几米至二十几米,延长可达 $1 \sim 2km$。类似的矿床如内蒙古的"丰镇黑"也具同样的特征。又如玄武岩矿床,由于玄武岩是一种喷出岩,常呈面状产出并且具有柱状节理，这是玄武岩的常见的特征。玄武岩具有柱状节理的特征就决定了此类矿体的荒料块度较小，柱状节理的存在也造成了这类石材在开采上的特殊性。而（花岗岩）花岗石矿床的矿体一般呈岩基产出，规模较大、花色稳定、荒料的块度大，可建成大型的石材矿山，例如福建的"安溪红"矿山、厦门的"海仓白"矿山、山东青岛的"崂山灰"矿山等都是这一类型的石材矿床。而矽卡岩型矿床因其具有特殊的矽卡岩矿物，所以常具绚丽的颜色和花纹而成为高档次的石材，但此类矿床因其形成于灰岩与花岗岩的接触带上，与花岗岩侵入时所带来的热能以及灰岩与花岗岩之间的成分交代有关，因此矿床的规模、形态、物质分布等都受到二者的影响，所以矽卡岩型石材矿床中矿物的种类、大小、形态变化大，矿床规模较小，例如山西的"夜玫瑰"即属此类矿床。

与饰面石材有关的矿床类型很多，据不完全统计可以分为 10 个大类，41 个亚类。其中，根据花岗石矿床的成因类型可分为 6 个大类，25 个亚类；大理石矿床可分为 2 个大类，9 个亚类；板石矿床可分为 2 个大类，7 个亚类，各类矿床的基本特征如表 1-5 所示。从中可以看出，不同成因类型的石材矿床不但规模大小不一，石材的颜色花纹的协调性和一致性差异也十分明显。

表 1-5　石材矿床的成因类型

石材矿床	矿床成因类型		矿床特征		矿床实例
	岩石类型	石材矿床类型	规模	颜色、花纹	
花岗石矿床	岩浆岩	碱性岩	霞石正长岩和霓霞正长岩花岗石矿床	中等	协调一致	辽宁凤城杜鹃红
		酸性岩	白岗岩花岗石矿床 花岗岩花岗石矿床 天河石花岗岩花岗石矿床 钾长花岗岩花岗石矿床 花岗斑岩花岗石矿床 二长花岗岩花岗石矿床 流纹岩花岗石矿床	多为大型矿山	协调一致	江西宜春白珍珠 福建厦门海沧白 新疆天山蓝 广西枫叶红 江西贵溪仙人红 福建永定红 福安石泡流纹岩
		中性岩	正长岩花岗石矿床 正长斑岩花岗石矿床 中酸性火山岩花岗石矿床 花岗闪长岩花岗石矿床 安山玢岩花岗石矿床 闪长岩花岗石矿床	多为较大型矿山		福建虎贝红 安徽芙蓉红 福建福安白云璧 山东泰安泰山花 河南偃师菊花青 山东荣城黑
		基性岩	玄武岩花岗石矿床 辉绿岩花岗石矿床 辉长岩花岗石矿床 拉长岩花岗石矿床 斜长岩花岗石矿床 奥长煌斑岩花岗石矿床	规模不大，大型矿山较少见	较协调一致	福建福鼎黑、 河北万年青 山西黑、济南青 挪威蓝珍珠 四川豹皮花 芬兰啡钻
		超基性岩	橄榄岩和辉石岩花岗石矿床	较小		浙江嵊县墨玉
	变质岩		混合花岗岩花岗石矿床	较大	变化很大	河南幻彩红
			花岗片麻岩花岗石矿床	较大	变化较大	河南石榴红
			热接触变质岩（角岩）花岗石矿床	较小	变化较大	福建华安九龙璧
			交代变质岩（矽卡岩）花岗石矿床			山西夜玫瑰

续表

石材矿床	矿床成因类型		矿床特征		矿床实例
	岩石类型	石材矿床类型	规模	颜色、花纹	
大理石矿床	沉积岩 碳酸盐岩	特殊结构构造的石灰岩大理石矿床 含化石的石灰岩大理石矿床	较小	变化较大 受层面控制	河北获鹿紫豆瓣 云南昆明白海棠
		灰岩大理石矿床	大		邵阳黑、杭灰
		石灰华大理石矿床	小	变化较大	罗马洞石
	变质岩 镁质碳酸盐岩	大理岩大理石矿床 白云质大理岩大理石矿床 白云岩大理石矿床	大	协调一致	云南大理苍白玉 贵阳后槽残雪 北京房山汉白玉
		蛇纹石大理石大理石矿床 矽卡岩大理石矿床	较小	变化大	台湾大花绿 辽宁东沟丹东绿
板石矿床	沉积岩	钙质页岩板石矿床 粉砂岩板石矿床 石英砂岩板石矿床 薄层粉晶灰岩板石矿床	较小	协调一致	湖北房县黑板石 湖北宜昌黑板石 山西黎城红板石 河北易县黑板石
	变质岩	板岩板石矿床 千枚岩板石矿床 变粒岩板石矿床	较大	协调一致	江西星子岭黑板石 北京辛庄绿板石 河南林县银晶板石

1.4.2 成矿规律

石材矿床的形成、分布与地壳的演化过程以及岩石所处的构造位置密切相关。在矿床的类型和时空分布规律上有以下几方面的特点:

(1) 优质的红色系列的花岗石矿床一般与含钾高的花岗岩或混合花岗岩有关。这类岩石通常都具有形成时代早、钾长石含量高、黑云母含量少的特点,多与地质构造带密切相关,常形成于缝合带附近或断裂带旁侧。在地壳的这种构造部位附近,由于地壳板块的碰撞、挤压,使得早先形成的岩石发生强烈的钾化或混合岩化,形成枣红色、艳红色系列的花岗石矿床。例如,我国四川雅安地区出产的"中国红""荥经红""石棉红""高宝顶""桃源红"等红色系列的花岗岩就分布于这一地区的龙门山—大雪山—锦屏山地缝合带附近,是我国红色系列花岗石的集中产地。又如,山东平邑的"将军红"和山西灵丘的"贵妃红"也都是分布在这一类构造附近的红色花岗石矿床的典型实例。这一类红色花岗岩由于形成时间较早,且受地质构造的影响,因此岩石的节理发育、裂隙较多,岩石的块度也较小,但是由于它们具有深红、暗红的色调,因此多成为较为名贵的石材品种。

另一类红色系列的花岗岩形成的时间较晚,受地质构造或地壳运动的影响较小,钾化作用也不强烈,或许只是含有钾长石而使岩石呈现淡红色、肉红色等。这一类花岗岩中的一部分由于其晶格缺陷或含有特殊的致色成分而呈现较为鲜艳的红色。例如广东的

"惠东红"、山东的"石岛红"、福建的"桃花红""永定红"等花岗石矿床都是这一类型石材矿床的典型例子。这一类型的石材矿床往往规模较大、颜色也较稳定，常成为一个地区的主要石材品种。

（2）黑色系列的花岗石矿床。这一类矿床包括纯黑色、灰黑色、黑色带细小白点系列的花岗岩。在岩石类型上这一类的岩石多属基性岩或超基性岩，以辉长岩、辉橄岩、玄武岩、辉绿岩、辉石岩、角闪岩等为代表。这类岩石的分布多受断裂构造的控制。最典型的例子是分布于内蒙古丰镇、凉城等地北东向雁行排列的许多黑色辉长岩岩墙构成的黑色系列花岗石矿体——"丰镇黑"。

这一类矿体因受断裂构造的影响块度较小，单个矿体的规模也较小。

另一类黑色花岗岩矿床是产于岩浆岩与泥岩、泥质粉砂岩的接触带附近，由于热接触变质作用而形成的角岩类岩石，例如董青石角岩就是一种纯黑的、优质的黑色花岗岩。安徽繁昌的"墨玉"、福建永安的"双洋黑"就是这一类石材矿床。

（3）纯白色系列的花岗石矿床。这种矿床不但在我国少见，在世界上其他国家也非常稀少。在石材矿床的成因类型上，这一类矿床属于白岗岩花岗石矿床。在岩浆岩中白岗岩只占6%，由于不少白岗岩中含有少量的暗色矿物而难以成为白色的石材矿床。有些白岗岩虽然不含暗色矿物，但由于岩石中所含的石英透明度太高，光线被吸收而呈暗色，也影响到岩石的白色外观效果而成不了矿床，例如江西石城的白岗岩。目前已经开发的白色花岗石矿床主要是江西宜春的"珍珠白"。白色花岗石矿床多与铌、钽等稀有金属矿共生，给石材矿床的开采带来一定的困难。

（4）灰白色系列花岗石矿床的分布最为广泛。这类矿床包括了浅灰白色、黑底白花、白底黑花、灰白底带浅红、浅褐色等品种。这一类矿床通常形成时代较晚、受构造运动的影响较小，而且多呈岩基状产出，因此矿体往往保存良好、矿体规模大、荒料块度大。这一类花岗石矿床在福建、广东、山东一带有广泛的分布。

（5）蓝绿色系列花岗石矿床较为少见。在造岩矿物中蓝绿色的矿物比较稀少，因此这一类的石材也很少见，且多为名贵的石材，例如著名的"巴西蓝""芬兰蓝""蝴蝶绿""翡翠蓝"等。从目前已经开发的石材矿床来看，它们的颜色主要来自于特殊的带色矿物，例如天河石、方钠石、绿泥石、绿帘石、石榴子石、透闪石、石英等矿物，典型的矿床如新疆的"天山蓝宝"、宜昌的"三峡绿""满天星"、山西的"蝴蝶蓝""翡翠蓝"等。

较大规模的此类矿床有的与碱性岩体有关，例如我国的"米易绿""承德绿"、挪威的"蓝珍珠"、巴西的"墨绿麻"等；有的与基性、超基性岩有关，例如河北的"万年青""森林绿"等；有的与矽卡岩有关，例如湖南茶陵的"孔雀绿"；有的与变质岩有关，例如山西大同附近的"蝴蝶蓝""翡翠蓝"就是产于花岗片麻岩中的优质蓝色花岗岩。

（6）黄色系列的花岗石矿床也较少见。由于造岩矿物中黄色矿物非常稀少，因此目前尚未发现由黄色矿物的相对集中而形成的黄色花岗石矿床。现已开发的黄色花岗石矿床的颜色主要是一种由于风化作用所形成的次生色，主要是花岗石中所含的含铁矿物由于风化作用分解形成带锈黄色的氢氧化铁而使岩石呈黄色。由于铁质的浸染致色是不均匀的因此这种石材的色差较大，经常存在明显的色线，而且色差较大。同时由于这类矿床是由于局部的风化作用而造成的，从地表往下随着风化作用影响的减弱，岩石的黄色色调也逐渐减弱，因此这类矿床的开采深度都不大。较为典型的黄色花岗石矿床有福建南安的"锈石"。

另一类黄色花岗石矿床与地质构造运动有关，是由于地壳的岩石在受到一定的应力作用时，其中的含铁矿物在一定的温度、压力的作用下发生分解溶蚀，而浸染其他矿物使其致色的。例如福建漳浦的"虎皮黄"、巴西的"金钻麻""金彩麻"、美国的"加州金麻"等，都是这一类矿床的典型例子。

（7）热接触变质岩花岗石矿床往往形成一些特殊的石材品种。这类矿床的形成通常是由于早先形成的泥岩、粉砂岩、页岩、灰岩等受到高温岩浆所带来的热能的影响，使得岩石的组分发生变化形成新的岩石矿物。因此这一类石材矿床的分布明显地受到热源分布的影响，即受到侵入的岩浆的影响和接触带的影响。形成花岗石矿床的热接触变质岩通常是角岩和矽卡岩。典型的大规模矿床如福建华安的"华安玉"（或称"九龙璧"）、安徽的"墨玉"——菫青石角岩，山西的"夜玫瑰"等都是这一类矿床。

（8）生物灰岩和特殊结构构造的灰岩系列大理石矿床的石材因为具有美丽多彩的花纹而成为名贵的石材品种。生物灰岩大理石矿床是由各种含生物化石的灰岩形成的。例如安徽的"红皖螺"的矿层就是叠层石藻礁灰岩组成的；云南昆明的"白海棠"就是一种含贝壳类化石的灰岩；湖北利川的"腾龙玉"是由珊瑚、海绵、苔藓虫、层孔虫化石的生物灰岩。由于生物化石的形成和保存需要特殊的环境条件，因此这一类石材的分布就比较稀少，在开采与加工的过程中要特别注意，以便使得石材的美丽花纹图案能得到充分的体现。

特殊结构构造的大理石矿床中最典型的是华北地区由竹叶状灰岩构成的紫豆瓣大理石矿床。竹叶状灰岩是一种由钙质沉积物被破碎成扁圆状砾石再由钙质胶结而成的灰岩。另一种被称为木纹石的大理石的纹理的形成机理与钟乳石的形成机理一样。由于这类石材的形成条件较为特殊，因此它们的存在与分布都较为稀少，矿床的规模也不大。

（9）白、黑、灰、褐、紫、黄等颜色的大理石矿床主要由白云岩、灰岩和由这些岩石经变质作用后形成的大理岩所构成。不含杂质的灰岩、白云岩、大理岩是纯白色的，由于所含杂质的不同而呈现不同的颜色。纯白而细粒的最为名贵，如"汉白玉""宝兴白"，颗粒较粗者就等而次之，如"小雪花""大雪花"。纯黑的大理石大多是由于含有炭质或有机质，也十分珍贵，较为著名的如"邵阳黑""双峰黑"等。纯黑的大理石含有纯白的方解石细脉时，也可以成为珍贵的品种，例如湖北通山的"黑白根"。

（10）绿色大理石矿床主要由蛇纹石和镁橄榄石矽卡岩构成，在颜色上包括了浅绿色、黄绿色、深绿色、墨绿色等各种色调的大理石矿床。这类矿床多与变质作用和地质构造有关，常分布在地缝合带附近的变质岩系中，成矿时期较早。绿色的大理石也是国际石材市场上较受欢迎的品种。我国绿色大理石的品种较多，在国际市场上享有较高的声誉，典型的如我国台湾花莲的"大花绿"、湖北通山的"大花绿"、枣阳的"绿宝"、辽宁的"丹东绿"、山东的"莱阳绿"、河南的"鲁山绿"等。

我国的大理石资源十分丰富，已经开发的品种就近千种。我国的云南、广西、湖南、浙江、江苏、河南、贵州等地都盛产大理石。

（11）板石矿床主要产于浅变质岩系中，主要由板岩、千枚岩、变粒岩所组成。我国的板岩资源分布很广，已经开发的板岩矿床主要分布在陕西、湖北、河北、江西等地。

第2章 石 材 概 述

2.1 天然石材的分类

随着石材品种的开发和在更多领域中的使用，越来越多不同岩石类型、不同用途、不同品种的石材被开发利用。目前各个行业对石材的分类不尽相同，例如，建筑行业按石材的用途把石材分为建筑石材、装饰石材、地铺石材、饰面石材等；加工行业有的则根据石材的加工性能将石材分为硬石材和软石材。根据国家标准《天然石材术语》（GB/T 13890）的分类方法，天然石材按材质主要分为大理石、花岗石、石灰石、砂岩与板石，如表2-1所示。

表2-1 天然石材分类表

石材类型	岩石类型	实 例
石灰石	灰岩	杭灰 、墨玉 、红皖螺 、黑白根
大理石	白云岩 大理岩 蛇纹石化镁橄榄石矽卡岩	苍白玉 、雪花白 汉白玉 、艾叶青 、孔雀绿 、奶油黄 大花绿 、丹东绿 、香蕉黄
花岗石	花岗岩、白岗岩 闪长岩、安山岩 辉长岩、拉长岩、玄武岩 角闪岩、辉石岩 混合岩、片麻岩、角岩	崂山灰、白珍珠、锈石、厦门白 泰安绿、荣城黑、博白黑、芝麻黑 山西黑、济南青、蓝钻、福鼎黑 京墨玉、哈密翠 贵妃红、将军红、幻彩红、九龙璧
板石	板岩、千枚岩、变粒岩 页岩、粉砂岩、灰岩	巴东黑板石、辛庄红板石、林县银晶板石 房县黑板石、宜昌黑板石、黎城红板石
砂岩	砂岩、粉砂岩、凝灰岩	丽石砂岩、澳洲砂岩、木纹砂岩、黄砂岩

大理石被定义为"以大理岩为代表的一类石材，包括结晶的碳酸盐类岩石和质地较软的其他变质岩类石材"，石灰石被定义为"由方解石、白云石或两者混合化学沉积形成的石灰华类石材"。从岩石学的角度来看，这里所说的大理石包括了岩石学中所指的大理岩、白云岩、蛇纹岩、镁橄榄矽卡岩等碳酸盐类沉积岩和与其有关的变质岩类的石材，而石灰石是沉积岩。这两类石材的矿物组成与化学组成是很相近的，石材的硬度一般较小，属于软石材类。

花岗石是指具有装饰功能和可加工性能的、以花岗岩为代表的各种岩浆岩类和与之有关的变质岩类的石材，包含了岩石学中所指的花岗岩、流纹岩、闪长岩、辉长岩、玄武岩、角闪岩、正长岩、片麻岩、混合岩、角岩等各类岩石。此类石材通常质地较硬，属硬石材类。

板石是指具有良好的劈裂性及一定强度的板状构造的岩石，通常岩石学中所指的板岩、千枚岩、页岩、变粒岩都可以作为板石，板石作为一种装饰石材也应当具有一定的装饰性能。

砂岩是指矿物成分以石英和长石为主，含有岩屑和其他副矿物的机械沉积岩类石材。

2.2　天然石材的命名

石材行业中各生产厂矿分别以石材的产地、颜色、结构构造、花纹特征等加以不同的排列组合来命名其品种，常见的有以下几种命名法：

（1）以"花纹形象"命名，如：晚霞、秋景、夜雪、海浪花、云里梅、豹皮花、木纹石等。

（2）以"花纹形象＋颜色"命名，如：艾叶青、虎皮黄、紫豆瓣、白海棠、荷叶绿、白珍珠等。

（3）以"颜色"命名，这种命名方法多见于对大理石的命名，如：桃红、咖啡、奶油等。

（4）以"地名＋颜色"命名，如：杭灰、莱阳绿、山西黑、贵州米黄、三峡红、宝兴白等。

（5）以"地名＋花纹"命名，如：五莲花、长清花、红皖螺等。

石材命名中的多样性给石材行业的管理、生产、贸易都带来一定的不便，为了促进国内外商贸活动的开展，国家建材局制定了国家标准《天然石材统一编号》（GB/T 17670），规定了石材品种命名与编号的方法。石材品种的统一编号划分为5大类，即花岗石（G）、大理石（M）、石灰石（L）、砂岩（Q）、板石（S），统一使用四位数编码，每个石材品种的四位数编码是唯一的，编码的前两位是地区编码，增加了台湾和港澳地区，后两位品种顺序编码由十进制数改为十六进制数，即数字 0～9 和字母 A、B、C、D、E、F，增加了产地地名，如：辽宁凤城杜鹃红 G2101，古田桃花红 G3567，房山汉白玉 M1101。

2.3　石材的成分、结构与构造

石材的花色品种的差异主要取决于石材的颜色、成分、结构与构造。石材的成分、结构与构造实际上指的是石材所属岩石的成分、结构与构造。岩石是一种或几种矿物的集合体。大多数矿物是结晶质的，具有比较固定的化学成分和内部结构，从而表现出一定的几何形态和物理、化学性质。矿物的结晶程度、颗粒大小、形态以及矿物之间的相互关系所表现出来的特点就是岩石的结构。岩石中不同矿物集合体及其他组成部分的空间分布和排列方式所表现出来的特征形成了岩石的构造。矿物的颜色决定了石材的颜色，岩石的结构构造形成了石材的花纹。由于组成岩石的矿物成分与结构构造的差异，使得石材的品种也多种多样。

2.3.1 花岗石的成分、结构与构造

1. 岩浆岩成因的花岗石石材

1）岩石矿物成分与石材颜色的关系

石材行业中的花岗石包括了岩石学上的岩浆岩以及原岩为岩浆岩的变质岩类的石材。岩浆岩中最常见矿物有石英、钾长石、斜长石、黑云母、角闪石、辉石、橄榄石等，这些矿物被称为岩浆岩的造岩矿物。其中的石英和长石的化学成分主要为 SiO_2 和 Al_2O_3，不含 Fe、Mg 成分，颜色较浅，叫硅铝矿物或浅色矿物，这类矿物的相对密度较小，硬度较高，而黑云母、角闪石、辉石、橄榄石，都含 Fe、Mg 成分，这些矿物都呈黑色或暗绿色，所以这几种矿物也叫铁镁矿物或暗色矿物，它们的相对密度较大、硬度较低。所以暗色石材相对密度要高于浅色的石材，例如"山西黑""福鼎黑"的相对密度可达 $3.0g/cm^3$ 左右，而福建的"芝麻白""罗源红"等灰白色和浅红色的石材相对密度只有 $2.6 \sim 2.65g/cm^3$。

长石在花岗石石材中的含量通常较高，因此花岗石类石材的基本色调主要取决于长石的种类与数量，例如闪长岩和辉长岩中都含有 60% 以上的斜长石，辉长岩中的斜长石主要是基性斜长石，颜色较深；而闪长岩中的斜长石主要是中性斜长石，颜色稍浅。"山西黑"在岩石学中属辉绿-辉长岩，其矿物成分主要为辉石和基性斜长石，这两种矿物都呈黑色，所以质量较好的"山西黑"具有纯黑的颜色。当"山西黑"中的部分斜长石为中性斜长石时，"山西黑"则出现白斑或呈灰黑色。又如福建的"芝麻白""桃花红"在岩石学上都属花岗岩，但是"桃花红"中钾长石含量高达 70%，岩石呈红色；而"芝麻白"中的长石主要为酸性斜长石，钾长石的含量仅 25% 左右，岩石呈灰白色。挪威的"蓝珍珠"之所以闪烁着蓝色的光彩，是因为它含有 65% ~ 70% 的拉长石。

2）岩石结构、构造与石材花纹的关系

石材的装饰效果之所以不同于其他的装饰材料，在很大程度是因为组成石材的各种矿物多是结晶质的，在不同的方向上具有不同的折射率，因此具有良好的层次感与立体感。岩石的结晶程度越高光泽度也越高，石材的花纹也越具立体感。例如，玄武岩与辉长岩都属基性岩，它们的化学成分相同，但是辉长岩形成于地表下较深的地方，岩浆冷却缓慢，矿物结晶程度高，属全晶质结构；而玄武岩形成于地表或近地表处，岩浆冷却快，有时成分来不及结晶就固结了，所以玄武岩的结晶程度较低，多属半晶质结构。辉长岩类的"印度黑"与玄武岩类的"福鼎黑"在材质与装饰效果上的差异就是由此产生的。

根据岩石中矿物颗粒的大小，可以把岩石的结构分为：粗粒结构（粒径＞5mm）、中粒结构（粒径 5~2mm）、细粒结构（粒径 2~0.2mm）、微粒结构（粒径＜0.2mm）。如果矿物的粒径＞10mm，可称为巨晶或伟晶结构，此类岩石较少被选作石材。矿物颗粒的大小及结晶程度取决于结晶条件。岩浆的冷凝深度越大，冷凝时间越长，岩石中矿物的结晶程度越高，晶体越粗大，所形成的石材大多是粗花的，具有较好的装饰性能，特别适合于建筑物的外墙或大立面装饰使用，例如巴西的"金钻"、广东的"惠东红"、

挪威的"蓝珍珠"、广西的"枫叶红"、福建的"三明花";而对于纯黑的石材,则颗粒越细装饰性能越好,例如"山西黑""丰镇黑"属于此类。

根据岩石中矿物颗粒的相对大小,可以划分等粒结构、不等粒结构和斑状结构三种结构类型。这三种结构类型的花岗石都很常见,例如福建晋江的"巴厝白"(G3503)、山东的"济南青"、河北的"承德绿"等石材具有等粒结构,江西上饶的"贵溪仙人红"和云南的"梅花玉"具有不等粒结构。通常具有斑状结构的岩石,多具有良好的装饰性能,例如芬兰的"红钻"和"啡钻"、印度的"宝石蓝"、加拿大的"宝利康"、巴西的"圣罗兰"、河南偃师的"菊花石"、山西的"蝴蝶蓝"等都具有这类结构。

此外,文象结构、条纹结构在花岗石石材中也可见到,例如巴西的"布鲁多红"就是具有文象结构的石材。岩浆岩的一些条带构造、流纹构造、气孔构造等也可在花岗石石材中形成特殊的花纹,例如富 SiO_2 的酸性岩浆在较快的冷凝过程中,由于气体逸出、冷却收缩而产生球状空腔,这些空腔有的可被后期的石英、玉髓等矿物所充填,形成了珍珠构造与石泡构造,福安的"石泡流纹岩"和"泰国龙珠"即属此类构造。

2. 变质岩成因的花岗石石材

1) 岩石矿物成分与石材颜色的关系

变质岩成因的花岗石石材中常见方柱石、方钠石、阳起石、蓝闪石、红柱石、堇青石、石榴石等变质岩特有矿物。这些特有的矿物使得与变质岩有关的石材具有特殊的色彩,例如,安徽的"墨石"主要由堇青石组成;宜昌的"满天星"则因为含方钠石而呈蓝色;葡萄牙的"树挂冰花"因含有红柱石而呈树枝状;巴西的"紫点金麻"因含石榴石而带紫点;山西的"夜玫瑰"和"代县金梦"含有阳起石和石榴石而金光四射且具有紫红色斑点。

2) 岩石结构、构造与石材花纹的关系

变质岩的种类繁多,其结构构造也多种多样,所以与变质岩有关的石材大多具有特殊的花纹,加上变质岩中特殊矿物所带来的特殊色彩,使得与变质岩有关的石材大多成为花色品种特殊的高档石材。例如,河南的"石榴红""芝麻红"、新疆的"哈密芝麻翠""天山白麻"以及美国"白麻"等都属于区域变质岩,岩石的片状、片麻状构造形成了石材的花纹。混合岩化作用通常会形成许多优质花岗石石材品种。混合岩含浅色的长英质组分与深色的富铁镁组分,混合岩化过程中,外来长英质组分物质沿着片状、片麻状岩石注入时形成眼球状或透镜状的团块,断续分布,常有定向排列,眼球多为碱性长石组成,大小不一,有时晶形较好,呈卵形、长方形;有时眼球为长英质的长石、石英集合体所组成,当此眼球含量增多时,可成串珠状断续连接,并逐步过渡为条带状构造。属于眼球状混合岩的比较典型的石材有越南的"龙眼石"、广西的"海浪花"、印度的"午夜玫瑰"等,河南的"太行红"和"西施红"、印度的"六国红"等均为条带状混合岩,巴西的"梵尔赛棕"、印度的"海洋绿"和"将军红"为肠状混合岩。

2.3.2　大理石的成分、结构与构造

1. 岩石矿物成分与石材颜色的关系

大理石石材大多由化学沉积作用形成或由此变质而成,从岩石类型上来说,有沉积

岩和变质岩两类。沉积成因的大理石主要含方解石、白云石，如北京的汉白玉、河南的松香黄属于此类岩石。变质成因的大理石除含方解石、白云石等碳酸盐类矿物外，还含一定量绿帘石、透闪石、透辉石、蛇纹石、硅灰石、镁橄榄石等硅酸盐变质矿物，例如"大花绿"含蛇纹石，湖北的"绿宝"就含有透辉石和蛇纹石，"东方白"中含有硅灰石，"丹东绿"含镁橄榄石，这些矿物的颜色决定了大理石石材的颜色。

2. 岩石结构、构造与石材花纹的关系

大理石石材所具有的绚丽多彩的花纹通常由沉积岩特殊的结构、构造所形成。大理石石材中常见的沉积岩构造有以下几种：

（1）层理。这是沉积岩中最常见的构造，它通过岩石中的成分、结构、颜色等在垂直方向上的变化而显示的一种特征，例如著名的云南"丽石砂岩"和印度的"彩虹砂岩"中类似木纹的花纹就是一种层理（斜层理）。

（2）缝合线。这是一种化学成因的构造，它不影响石材的强度。在灰岩、大理石中极为常见，缝合线平行于岩层和层理，所以在不容易发现层理的地方可以根据缝合线的方向来确定岩层的延伸方向。在垂直于层理的切面上缝合线呈现头盖骨接合缝式的锯齿状缝隙，例如浙江杭州的"杭灰"和西班牙的"啡网纹"就是一种缝合线十分发育的灰岩，江苏宜兴的"红奶油""青奶油"也是一种含缝合线经变质愈合后的大理石。

（3）叠层构造。这是一种生物成因的构造，由藻类分泌物粘结碎屑物质而成的一种具有平直状、波状、环状的纹层状构造，例如贵州的"贞丰木纹石"和河南的"菊花石"都是含这种构造的大理石。

此外，由石灰岩、白云岩变质而成大理岩石材中还可常见碎裂结构、角砾状构造。原岩受力破碎变形形成角砾，角砾被细碎屑充填胶结或部分外来物质胶结。例如河南的"云灰石"是一种碎裂但未明显变形的碎裂岩，而湖北的"经络红"则是破裂后变形了的角砾岩。这一类石材几乎都是大理石，因为破裂后的岩石需要重新胶结才能形成完整的石材，大理石比花岗石更容易重结晶而固结，所以这类石材多见于大理石。

表 2-2 是我国部分石材品种的颜色、成分、结构与构造，从中可以看到同样的岩石、矿物由于岩石结构构造上的差异可以有不同的石材品种，而不同的岩石类型、不同的矿物成分可形成不同的石材品种。

表 2-2　我国部分石材的颜色、成分、结构与构造

石材品种	颜色	岩石种类	主要矿物成分	结构	构造	产地
汉白玉	白色	白云石大理岩	白云石、方解石	细粒	块状	北京房山
雪花白	白色	白云石大理岩	白云石、方解石	中细粒	块状	山东掖县
雪花	白色	白云石大理岩	白云石、方解石	粗粒	块状	山东曲阳
秋景	棕色	灰质大理岩	方解石	粗粒	条带状	辽宁铁山
白海棠	灰白色	生物碎屑灰岩	方解石	残余生物结构		昆明
贵妃红	红色	片麻状花岗岩	长石、石英、黑云母	花岗变晶结构	片麻状	山西灵丘
将军红	红色	混合花岗岩	长石、石英、黑云母	花岗变晶结构	片麻状	山东
山西黑	黑色	辉长岩	辉石、斜长石	细粒、辉长	块状	山西

石材品种	颜色	岩石种类	主要矿物成分	结构	构造	产地
福鼎黑	黑色	玄武岩	辉石、斜长石	斑状	块状	福建福鼎
芝麻黑	灰黑色	闪长岩	角闪石、斜长石	中粒	—	福建莆田
连城花	灰白色	花岗斑岩	长石、石英、斜长石	斑状	—	福建连城
白云壁	紫红色	流纹岩	长石、石英、斜长石	斑状	流纹	福建福安
西丽红	淡红色	花岗岩	石英、长石	粗粒	—	广东深圳
白珍珠	白色	白岗岩	长石、石英	中粒	—	江西宜春
丹东绿	淡绿色	蛇纹石化镁橄榄石矽卡岩	方解石、镁橄榄石、蛇纹石	片状、粒状变晶结构	—	辽宁丹东

2.3.3　石材中的有害矿物

在组成石材的矿物中有些矿物对于石材的加工性能或使用性能会产生不良的影响，通常把这一类矿物称为石材中的有害矿物。例如，大理石中的有害矿物一般为：铁的硫化物、石英、燧石、石墨、云母、绿泥石、滑石、盐类矿物等。石英和燧石属于高硬度的矿物，而大理石中的矿物主要是方解石、白云石等低硬度的矿物；当石材中的矿物硬度相差太大时，将给石材的开采与加工带来困难。黄铁矿、磁黄铁矿等铁的硫化物抗氧化能力较差，容易氧化生成蜂巢状或土状的褐铁矿和亚硫酸、褐铁矿。亚硫酸对大理石有腐蚀性，降低大理石的强度、耐久性和光泽度；褐铁矿与亚硫酸反应生成的亚硫酸铁会污染石材，影响石材的装饰性；盐类矿物溶蚀后会留下孔洞和凹坑；石墨、云母、蛭石等片状矿物在锯切、磨抛过程中容易剥落而形成凹坑，这些都影响石材的装饰性。铁的硫化物和片状矿物也是花岗石中的有害成分，其影响与大理石中的这些矿物的危害原理是一样的。花岗石中含有的黄铁矿也可能因风化而形成凹坑，风化产物也会污染石材，所以黄铁矿在花岗岩中也是有害矿物。黑云母是花岗岩中的常见矿物，当黑云母颗粒较大时也会因锯切、磨抛产生剥离形成凹坑。所以大颗粒的黑云母也会影响花岗岩的装饰性。花岗岩中还可能含有捕房体、析离体等成分、结构、颜色与周围岩石不一致的部分，这些部分在石材中将成为色斑、色线等影响石材装饰性的有害成分。花岗岩中的捕房体、析离体较多时，不但影响石材的装饰性能，还会降低石材的成材率。

2.4　石材的物理化学性能

在对石材矿山进行地质评价时，需要对岩石进行一些必要的物化性能测试，以了解石材的质量、使用性能，判断其加工的难易程度。

石材的物理、化学性能主要体现在石材的颜色、光泽、硬度、耐磨性、机械强度、相对密度、吸水率、孔隙率、耐酸性、耐碱性以及石材的放射性等方面。石材的这些性能对于石材的加工性能和使用性能有着较为直接的影响。

2.4.1　颜色与光泽

石材所呈现出的绚丽多彩的颜色是石材中各种矿物对不同波长的可见光选择性吸收或反射的结果。光泽是石材表面对可见光的反射能力。石材的颜色与光泽与其所含的矿物成分、结构构造以及加工工艺密切相关。

花岗石的基本组成矿物有石英、长石、辉石、角闪石、黑云母等。长石在花岗石中的含量较大，所以花岗石的颜色主要决定于长石的颜色和数量。不同品种的长石呈现不同的颜色。钾长石、正长石多呈肉红色、浅红色，所以当岩石中含有较多的钾长石时，常呈红色，例如广西的"枫叶红"、山西的"贵妃红"、印度的"印度红"等。一般中酸性斜长石呈灰白色，所以这一类斜长石居多的石材多呈灰白色，例如福建的"泉州白"和"厦门白"。而基性斜长石颜色较深，所以黑色石材中所含的长石如果为基性斜长石则石材将呈纯黑色，有很高的光泽度和优良的装饰效果；反之，如果黑色石材中所含的长石为中性斜长石，则石材的板面上将出现许多细小的白点，使石材呈现灰黑色，所以长石的种类对石材的装饰效果影响极大。在众多的长石家族中特别值得一提的是拉长石，它是斜长石的一种，主要产于基性岩中。由于拉长石对光线的特殊的折射作用，当转动含拉长石的石材时，拉长石的晶体将呈现蓝、绿、紫、金黄等色彩，从而使此类石材具有优良的装饰效果。例如我国山东的"蓝闪星"、陕西的"大黑冰花"、挪威的"蓝珍珠"、乌克兰的"蓝钻"等都是含拉长石的名贵石材品种。应当注意的是有些含钾长石的红色花岗石在阳光的照射下会逐渐褪色，或是在较高的温度下也发生褪色现象，例如福建的"永定红""桃花红"、广东的"惠东红""大白花"等品种都有这种现象发生。花岗石褪变色的原因大多是由于长石的晶格缺陷引起的，这种致色原因也叫"色心"致色。由"色心"致色引起的花岗石褪变色现象在石材的改色中也可以得到利用，例如颜色较深的福建的 G3568（宁德丁香紫）在经过日晒后可以变成更受欢迎的浅紫色；带青蓝色调的 G4439（普宁大白花）经过日晒可以去掉青蓝色调，变得更白了，而且这种变化是稳定的。所以在使用这类石材时应充分考虑其使用的环境条件，以免发生褪变色现象，影响装饰效果。

石材的光泽可以用光泽度来表示。石材的光泽度取决于组成石材的矿物的颜色、结构、结晶程度、透明度等因素，同时也取决于石材的加工效果。透明度取决于石材矿物的颜色、结晶程度。通常浅色的、结晶程度高的石材光泽度高，反之则低。

岩石的颜色、光泽度、透明度三者之间有着密切的相互关系。组成石材的矿物颗粒越细、颜色越深、透明度越差，则光泽度越高。反之浅色的、透明度高的、结晶程度差的石材光泽度低。例如"山西黑""丰镇黑""济南青"等石材的光泽度都可达 95 甚至 100 以上，而江西的"白珍珠"的光泽度却难以达到 75。

石材的光泽度还取决于石材的加工效果，同样的石材可以有不同的光泽度，这往往与加工的设备、工具及加工工艺有关。

2.4.2　硬度

石材的硬度是指石材抵抗其他物体机械侵入的能力。它与石材的矿物成分、结构、构造有关。通常石英的含量越高、结晶越完好、颗粒越粗大的石材，其硬度越高。

按照测试方法的不同，石材的硬度可分为相对硬度和绝对硬度。相对硬度是由矿物学家莫尔制定的，所以也称之为莫氏硬度。选用 10 种矿物为标准，按其相对硬度的大小分为 10 级。硬度高的物质能在硬度低的物质上留下划痕，反之则不能。小刀的莫氏硬度约为 4.5，方解石莫氏硬度为 3，正长石、石英的莫氏硬度分别 6 和 7，所以小刀可以在大理石上留下划痕，但不能刻划花岗石，这样可以简便地区分花岗石石材与大理石石材。莫氏硬度不具有绝对值的比对性，因此在分析石材的可加工性中很少应用。绝对硬度是利用硬度计进行测定的。我国石材工业一般使用肖氏硬度计进行石材的硬度测定，用符号 HS 表示。通常大理石的肖氏硬度在 HS 35～55 之间，花岗石的肖氏硬度在 HS 60～90 之间。

石材的硬度与石材的抗压强度有很好的相关性。同时硬度较大的石材其耐磨性较好，磨光后光泽度高而且经久不变，但加工难度也较大。

2.4.3 强度

石材的强度是指石材抵抗外力作用的能力。它包括石材的抗压、抗折和抗拉强度。石材的强度主要取决于岩石的种类、矿物成分、结构、构造、含水率、风化程度以及微裂隙的发育程度等因素。石材是一种各向异性的材料，同一块石材的不同方向上各种强度的测定结果是不相同的。一般情况下岩石的抗压强度很大，抗张强度只有它的 1/10～1/20，是典型的脆性材料，这是石材区别于金属材料的重要特点。国家标准《天然大理石建筑板材》（GB/T 19766—2005）和《天然花岗石建筑板材》（GB/T 18601－2009）分别规定了大理石的干燥压缩强度不小于 20.0MPa，弯曲强度不小于 7.0MPa；花岗石的干燥压缩强度不小于 100.0MPa，弯曲强度不小于 8.0MPa。

2.4.4 耐磨性

石材的耐磨性是指石材抵抗磨损的能力，它反映了石材研磨抛光的难易程度，是石材可加工性的重要指标。石材的耐磨性以耐磨率（M）来表示，国家标准《天然饰面石材试验方法　第 4 部分：耐磨性试验方法》（GB/T 9966.4—2001）规定石材的耐磨率等于一定截面积大小的试样在一定压力下经一定次数的研磨后，试样所失去的质量（G）与试样截面积（A）之比，可表示为：$M=G/A$。耐磨率也是衡量石材使用性能优劣的重要指标。耐磨率低的石材虽然研磨抛光较难，但是磨抛后它的光泽度可以保持较长的时间而不易被磨损。

2.4.5 体积密度

石材的体积密度主要取决于石材的矿物成分与孔隙度。通常情况下，暗色矿物含量高的石材体积密度较大。例如"山西黑"的体积密度约为 3.0g/cm³，玄武岩的体积密度约为 2.8～2.9g/cm³。建材行业标准《天然花岗石荒料》（JC/T 204—2011）和《天然大理石荒料》（JC/T 202—2011）规定花岗石体积密度不小于 2.56g/cm³，方解石大理石体积密度不小于 2.60g/cm³，白云石大理石体积密度不小于 2.80g/cm³，蛇纹石大理石体积密度不小于 2.56g/cm³。

2.4.6 吸水率

石材吸收水分的性质称为吸水性，吸收水分的多少以吸水率来表示。石材的吸水性主要取决于石材的孔隙率和孔隙的特征。一般石材的孔隙率越大吸水率也越大。但对于封闭式的孔隙，因为水不能互相贯通，所以虽然孔隙率较大，吸水率却不一定高。因此只有当石材中互相贯通的孔隙较多时，石材的吸水率才较大。

吸水率对石材的使用性能和耐久性的影响较大。石材的吸水率越大就越容易被污染，从而使石材失去原有的绚丽色彩。吸水率还与石材的抗冻性能和抗风化性能有关，吸水率大的石材其抗冻性能和抗风化性能差，石材的耐久性也差。建材行业标准《天然花岗石荒料》和《天然大理石荒料》规定：方解石和白云石大理石的吸水率不大于0.50%，蛇纹石大理石的吸水率不大于 0.60%，一般用途的花岗石的吸水率不大于0.60%。吸水率还影响石材的强度，因为孔隙水的存在将降低石材的强度。

2.4.7 耐酸碱性

石材的耐酸碱性能取决于石材的矿物成分和化学成分。花岗石的矿物成分以硅酸盐为主，因而具有良好的耐酸碱性能，可作为防腐内衬用于各种酸碱反应的设备中。大理石的矿物成分主要是碳酸盐矿物，相比之下大理石的耐酸碱性能就比花岗石差得多，尤其是耐酸性能更差。大理石中矿物成分为方解石的耐酸性能最差，矿物成分为白云石的耐酸性能略好些，而蛇纹石和镁橄榄石矽卡岩大理石的耐酸性较好。

研究石材的物理、力学性能是为了更好地利用石材。评价石材的性能应随用途的不同而有所区别，对于建筑用的石材，主要应考虑其抗压强度、耐久性、抗冻性、耐磨性、硬度等性能；作为饰面石材，除了应考虑其上述要求外，石材的颜色、花纹、光泽度、吸水性等应作为考虑的重要内容；而用于耐酸槽、耐碱槽、反应塔衬里的石材主要应考虑其耐酸碱性能，有时甚至应考虑其矿物成分和化学成分。石材的用途十分广泛，在选用石材时，充分考虑石材的各方面性能才能更好地利用石材。

石材的品种虽然繁多，但其主要的物理性能是随岩石类型的变化而有所不同的，表2-3 列出了几种主要岩石的物理性质，对于不同的石材品种可根据其所属的岩石类型对比参照，但在具体应用时还应根据《天然饰面石材试验方法》（GB/T 9966）要求进行实际检测。

表 2-3 几种主要岩石的物理力学性能

岩石类型	密度 (g/cm³)	孔隙率 (%)	吸水率 (%)	硬度 (HS)	磨损率 (g/m²)	抗压强度 (MPa)	抗折强度 (MPa)
花岗岩	2.55～2.65	0.5～3.65	0.15～1.25	85～100	0.20～0.65	98～320	9.1～39
闪长岩	2.80～2.93	0.7～2.35	0.15～1.10	70～85	0.30～0.80	125～310	14～55
玄武岩	2.80～2.95	0.10～1.50	0.10～0.50	65～90	0.35～0.85	115～340	14～55
辉长岩	2.95～3.03	0.30～2.23	0.10～0.60	65～90	0.35～1.00	120～320	10～50

续表

岩石类型	密度 （g/cm³）	孔隙率 （％）	吸水率 （％）	硬度 （HS）	磨损率 （g/m²）	抗压强度 （MPa）	抗折强度 （MPa）
片麻岩	2.64～3.35	2.64～3.35	0.10～1.00	75～97	0.15～0.95	150～260	8.5～22
正长岩	2.60～2.65	0.30～3.36	0.10～0.95	85～95	0.30～0.75	95～300	9.5～35
大理岩	2.40～3.20	0.60～2.30	0.50～1.50	40～60	—	70～245	4.5～28
灰岩	2.70～2.92	0.26～3.60	0.50～1.50	40～65	—	40～260	3.5～35
板岩	2.70～2.90	0.10～4.20	0.50～2.50	45～60	—	140～210	35～115

2.5　石材的工业技术要求

石材的用途很广，在不同的使用条件下对石材的工业技术要求也不相同。但是无论是哪一种用途的石材，对其最基本的要求都包括两个方面，即：可使用性和可加工性。

2.5.1　石材的可使用性能

石材的物理性能是用好石材的依据。因此在不同的条件下使用石材时，必须结合不同的石材所具备的物理性能来探讨其使用性能。例如用于化工企业中经常接触酸碱的石材就必须选择耐酸碱性能较好的石材；用作建筑物外墙干挂装饰的石材则必须充分考虑其抗折强度；用于铺贴地面的石材除了必须有美丽的颜色和花纹外，还应当有良好的耐磨性能。而广泛被用作装饰材料的石材除了必须有各种所需要的物理性能外，还必须具有良好的装饰性能。对于石材的装饰性能目前并没有明确的评定标准，它取决于人们的审美观点、风俗习惯、传统意识、心理因素等因素的影响，也受地区、民族、文化等因素的影响。作为饰面石材，在装饰性上的要求一般应当包括以下几个方面：

（1）颜色瑰丽、均匀、协调、色调变化自然；

（2）花纹美观、清晰、变化有规律、可拼性好，可以大面积拼接；

（3）光泽度好；

（4）不含有影响装饰性的色斑、色线、孔洞、凹坑等；

（5）可加工性好，可以批量生产。

石材的装饰性是由装饰石材的颜色、花纹和光泽等所反映出来的综合外观效果，是饰面石材的一项重要的技术指标。石材的装饰性能的评价包括石材的颜色、花纹、光泽、可拼性以及外观质量等。优良的装饰性能给人以高贵、华丽、典雅、和谐、庄重等美的感受。

石材的颜色丰富多彩，我国可作为装饰石材的品种繁多，目前除了优良的蓝色品种外，其他颜色的石材品种基本上一应俱全。石材的价格往往随石材颜色的艳丽程度和罕见程度而变化。目前在国内外石材市场上，红、黄、棕、蓝、绿、纯白、纯黑品种的石材是普遍受欢迎的。对于石材的颜色应当注意区别它是由岩石形成时就带来的原生色，还是在岩石形成以后由于风化作用或是其他的地质作用而形成的次生色，因为前者的颜色比较稳定，而后者的颜色相对来说则不太稳定，而且岩石的色差也较大。例如，由于含铁矿物的风化而形成的"锈石"就普遍存在着较为明显的色差，而且耐酸性较差，在酸溶液的作用下往往发生褪变色现象。

石材的花纹与岩石的结构构造关系密切。作为装饰用的石材不仅要求装饰石材要有美丽的花纹，而且要求石材要具有良好的可拼性，即大面积的拼接后石材的花纹能够协调一致、有规律。通常情况下具有斑状、条带状、片麻状、眼球状等结构构造的花岗石常具有绚丽的花纹图案。大理石的花纹一般来说要比花岗石的花纹更加丰富多彩。作为纯白、纯黑、米黄等颜色的单色的装饰石材，细粒的结构可以使石材显得更加细腻；而粗粒、巨粒结构的花岗岩通常更具有美丽的花纹。

光泽也是装饰石材质量的重要指标。石材的光泽除了与矿物的颜色、透明度、结晶程度、粒度等内因有关外，还与加工工艺、加工设备、加工材料有关。

石材外观质量也是影响石材装饰性能的重要因素。影响石材外观质量的通常是石材中的色斑、色线、孔洞、坑窝、裂纹等天然缺陷以及在加工过程中所造成的缺棱、缺角、翘曲、污染等。对于不同等级的装饰石材的外观质量标准，可参见 GB/T 18601标准。

2.5.2 石材的可加工性能

石材的可加工性能包括石材的成材性、可锯性、磨光性和抛光性。

成材性是指从矿床中开采出一定数量的荒料并加工出一定规格要求的板材的可能性。工业上要求石材的成材性愈高愈好。成材性用荒料率 H 和成材率 C 两个指标来衡量。

$$H = \frac{V_2}{V_1} \times 100\% \qquad (2\text{-}1)$$

式中，V_1 为开采出的矿石的总体积（m³）；V_2 为开采得到的荒料体积（m³）。

$$C = \frac{A_2}{A_1} \qquad (2\text{-}2)$$

式中，A_1 为用于锯切的荒料的体积（m³）；A_2 为锯切成可利用的板材的面积（m²）。

成材性能是评价石材矿山有无价值和价值大小的重要指标，也是石材矿山地质工作的一项重要的调查研究内容。通常情况下荒料率与成材率具有正相关性，但有些隐裂隙发育的岩石却可以有比较高的荒料率和较低的成材率。

可锯性是指石材锯切的难易程度和锯切效果。石材的可锯性取决于石材的矿物成分、结构构造、隐裂隙发育程度等因素。岩石致密、结构均匀、隐裂隙少的、细粒的且各种矿物之间硬度相差不大的岩石可锯性好。

石材的磨光、抛光效果也与石材的成分、结构构造有关。矿物成分单一、颗粒细小而均匀、结晶程度高、不含片状矿物的石材磨光、抛光的效果好、磨抛后的光泽度高。

石材被广泛用于建筑工程作为房屋建筑、道路桥梁、水利、堤坝、港口等工程的建筑材料。当石材被用于普通的建筑工程时，主要应根据工程的技术要求、建筑所处的环境位置、自然地理条件来选用块度适宜的、机械强度、体积密度、抗风化能力、吸水率、耐磨率、抗冻性能适合工程要求的石材。

石材还可以被用于化工、机械、电器绝缘、精密仪表、工艺雕刻、碑石用材等不同的用途上。虽然绝大多数的石材都具有优良的耐久性、稳定性、耐磨性、耐酸碱性能，具有高的硬度和低的热膨胀系数、不导电、无磁性等优良的物理性能，但是不同类型的石材在物理、化学性能上仍然具有明显的差异，因此不同的用途对石材的类型和性能要作认真的研究与选择。

第3章　石材的开采

石材开采的目的是从石材矿床即岩体中开采出具有一定规格尺寸的、无裂隙的、规则的长方体石块，这种石块可满足石材、板材加工或其他用途要求，称为荒料。为了取得完整性良好的、形状规整的、无内伤的荒料，必须对矿体进行保护性开采，加上饰面石材对矿石也具有特殊的要求，因此石材的开采与其他矿产资源的开采不同，无论是开采设备，还是开采工艺，都有其特殊性。

此外，石材矿床的种类繁多，各类石材矿床具有不同的地质特点，因此石材开采前还应进行矿床的勘查与评价工作。

3.1　石材矿床的勘查与评价

3.1.1　石材矿床的勘查

石材矿床的勘查是指对矿山现场的地质条件和施工条件等进行实地调查和了解，通过钻探、物探、槽探或简单剥土等方法查明矿体基本特征，探讨矿山开发的基本条件，为后续的开采工作作准备，现对其主要工作内容加以说明。

1. 确定矿体的形态、产状和空间分布

矿体的形态、厚度、延伸情况对矿体开采的难易程度影响极大，也与矿山的开采设计关系密切。以层状矿体为例，图 3-1 示意了灰岩大理石矿体的产状分布与花色品种的空间变化规律的密切关系。垂直产状的矿体的花色品种沿水平方向发生变化，当垂直岩层走向设置台阶时，每一层都包含不同品种的矿石，而且随着开采深度的加大，各不同品种矿石的比例变化不大，例如江苏宜兴白云山奶油系列大理石矿的"青奶油""红奶油""脂奶油"等大理石品种垂直于台阶面依次排列，如图 3-1（a）所示。水平产状矿体的花色品种沿垂直方向发生变化，在沿台阶面推进开采时，矿石的花色品种变化不大，但随着开采深度的加大，矿石的花色品种发生突变。当矿体产状为水平或近水平时，为了开采某一品种的矿石往往要做较大面积的剥离，此类矿山如湖北的黄龙大理石矿，如图 3-1（b）所示。多数层状岩体为倾斜岩层，此类矿体的剥离与开采受地形与岩层产状的影响极大。当岩层的倾向与坡向相同时，剥离量较小，此类矿山如四川冕宁的"索玛白"矿山，如图 3-1（c）所示。当岩层倾向与坡向相反时，随着采场的推进，剥离量大增以致无法继续开采，如图 3-1（d）所示。所以探明矿体形态与产状之前，切勿贸然动工进行大规模的剥离，以免造成损失。

2. 查明地质构造对矿体的影响

地质构造是影响荒料率和荒料块度的内因，特别要查明断裂、节理对石材开采条件、荒料率的高低以及荒料块度的影响。

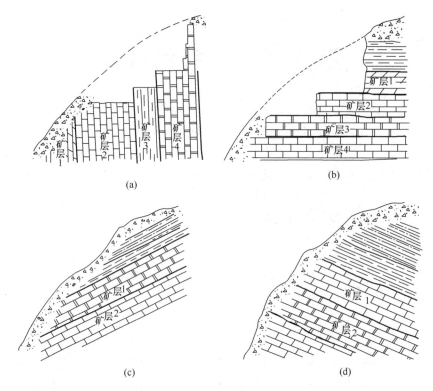

图 3-1 大理石矿体的产状分布与花色品种的空间变化关系示意图
(a) 垂直产状的矿体；(b) 水平产状矿体；(c) 岩层的倾向与坡向相同；
(d) 岩层的倾向与坡向相反

1) 节理

节理是岩石中最常见的地质构造，是岩石受力后形成的破裂面，它对矿体的荒料率和荒料块度的影响极为重要。节理按照成因可以分为构造节理和非构造节理，按照形成节理的力学性质，又可以分为张节理和剪节理。构造节理比非构造节理对石材矿床的影响更大，张节理对石材矿床的影响往往只在表层深度不大的范围内，而剪节理面延伸方向稳定、常成群出现，每条节理的长度虽然有限，但互相平行或错列的一组节理往往可以延伸很远、很深，对石材的荒料率和成材率的影响是十分重要的。通常节理越密集，节理的产状相差越多，节理面与剖面的交角、节理面与台阶面的交角越小，荒料率也越低，荒料的块度也越小。

矿体中的节理虽然影响了荒料率和荒料的块度，但是节理的存在对石材矿床来说并非都是有害的，有些节理本身就是石材的花纹，例如湖北通山的"黑白根"、湖南的"双峰黑"等石材矿体中的白线有很多就是被后期的方解石脉所充填的剪节理；有些矿体中的节理可被利用来分离或分割石材，以减少石材开采时工作量，降低开采成本，例如，花岗石矿山中经常可以见到的一类产状近水平的节理就可以用来代替水平方向上的分离工序；当节理垂直于台阶面和台阶的延长方向时，对荒料块度的影响最小，而且可以用来分割块石，所以节理的产状也是石材矿山勘查与设计中必须十分注意的因素。

2）褶皱

褶皱是层状岩石发生塑性变形弯曲而成的，褶皱岩层虽然仍然保持着岩层的连续性，但它改变了岩层（矿层）的空间延伸方向，在褶皱的不同部位，同一岩层的厚度也可能发生变化，同时节理的密度和节理的力学性质也存在较大差异，例如，在褶皱的转折端张性节理比较发育，而在褶皱的两翼剪性节理比较发育。所以在一定范围内探明褶皱的类型、褶皱各部分的空间位置和褶皱两翼的产状对于追踪矿体、寻找新的矿点具有指导性的意义。

3）断裂构造

断裂构造（也称断层）是岩体或岩层受力破裂并沿破裂面发生移动而形成的。断裂构造破坏了矿体的连续性和完整性，并使一部分矿体发生位移，伴随断裂构造的往往是矿体的破碎，破碎的程度随矿体所受应力的大小而异，所以随着远离断裂面，岩石的完整性逐渐改善。断裂构造虽然造成矿体的破裂与位移，但是探明断裂构造的性质和断裂面两侧矿体错移方向对于寻找新的矿点同样具有指导性的意义。有些名优石材品种的形成还与断裂构造的活动密切相关，例如，我国四川雅安地区蕴藏的大量优良石材品种就与通过该地区的龙门山断裂有关。

综上所述，可以看到研究矿区内与矿体有关的地质构造不但是找矿的需要，也是对石材矿床进行分析评价的依据和石材矿山开采设计的依据。

3. 研究矿体中析离体、残留体、捕房体、细脉体等影响石材装饰性的有害成分的分布

饰面石材中的色斑、色线是影响石材装饰性的有害成分，常见于岩浆岩和变质岩中。与岩浆活动有关的石材矿体中的色斑、色线经常是岩体中的捕房体、析离体、残留体、细脉体等形成的。这些析离体、残留体、捕房体、细脉体等在岩体中的分布是有一定规律的，例如捕房体是岩浆侵入围岩的过程中，围岩碎块落入岩浆中，未被融化所成，所以捕房体多存在于侵入岩与围岩的接触带附近，远离接触带捕房体的数量减少，块度变小。所以探明这些有害成分在矿体各部位的分布情况和密集情况以及对荒料块度、荒料率、成材率的影响，也是对石材矿床进行分析评价的依据和进行石材矿山开采设计的依据。

4. 取样与测试，研究石材的成分、结构构造与物化性能、加工性能

采集样品并进行测试是石材矿床勘查的一项重要任务，测试项目包括各不同花色品种的标准样及其岩石类型鉴定、化学成分与矿物成分鉴定、物化性能测试、可加工性（锯切磨耗率、成材率、光泽度等）研究等，在此基础上科学而全面地对石材的用途与价值做出评价。

岩石的矿物成分与结构、构造的差异对石材荒料的价格与开采、加工成本具有较大的影响。例如"山西黑"多呈脉状，矿脉的边缘相与中心相存在结构上的差异，边缘相由于岩浆冷却较快则结晶较细，中心相由于岩浆冷却较慢则结晶相对较粗。又如，灰岩大理石矿床是沉积岩类的石材矿床，此类矿床在沉积成岩过程中由于物质成分的差异和沉积环境的不同，都可以造成石材花色品种的差异，例如四川冕宁的"索玛白"矿山即含有纯白、绿白和灰白色 3 种矿石。这些不同颜色，不同结构、构造的石材在开采成本与荒料价格上都有较大的差异,在勘探过程中必须把这些影响到石材花色品种变化的界线加以区分,并分别计算它们的储量。

饰面石材的可加工性不但反映了岩石加工的难易程度,而且还反映了石材加工的成材率与加工成本。例如云南的"鸡血玉"是一种高硬度的石材,锯切时每次下刀深度只达 2mm 左右,而且刀头的磨耗率极高,这就大大提高了锯切成本。又如,大多数沉积岩类的砾岩由于胶结物是非晶质的,因而此类岩石虽然具有独特的花纹,但是磨光后砾石部分的光泽度大大高于胶结物部分的光泽度,造成板面上各处光泽度的不均,如广西的"五彩石"就是这一类石材的代表。有些石材由于磨光效果较差,所以虽有独特的花纹却难以成为高档石材,如四川的"凤羽花"。有些粗粒结构的石材在切断时容易发生崩边掉角;有些含隐裂隙的石材由于抗折强度较低,所以成材率也较低。这些对成材率和加工效果、加工成本有影响的性能必须取样测试,在矿山开发前有全面的了解,再结合石材的花色品种与装饰效果进行技术经济评价,才能有效地降低石材矿山的投资开发风险。

5. 查明矿区内覆盖层、风化层、半风化层的界线及其对石材的荒料率和开采条件的影响

石材矿山一般采用露天开采,因此需要对矿体上覆及周边的植被、风化层、半风化层进行剥离,并对矿体内的破碎带、脉岩、夹石进行清除。这些外剥离部分的数量、成分、风化程度对于矿山早期的基建投资和开采成本的影响也至关重要。

6. 研究矿山的开采技术条件,为矿山设计提供依据

石材矿山的开采设计包括矿山剥离范围的确定、开拓系统的选择与布局、开采方法与开采工艺的选择、采场布置和开采要素(台阶方向及长、宽、高、最终边坡角、开采深度)的计算与确定、开采设备的选择、开采成本估算等。这些设计工作必须在完成以上各项工作的基础上才能进行。例如采场的边坡角的确定与边坡中节理面的产状关系密切,为了保证边坡的稳定性,当节理面的倾向与坡向相同时,最终边坡角应当较小些;当节理面的倾向与坡向相反时,最终边坡角可以较大些。又如,开采工艺方法的选用必须以矿石的物理化学性能的研究为依据,例如福建的"翡翠绿"石材是一种高脆性、劈裂性很差的岩石,使用爆破法不但荒料率低而且荒料的成方性差,但使用了金刚石绳锯作为开采设备后,这些问题都得到有效的解决。

7. 试采

试采工作是针对石材矿山的特殊性而采取的特殊的地质勘查方法。通过试采不但可以确切地查清试采点覆盖层、风化层的厚度、节理裂隙的发育程度、色斑色线的分布规律,并能得到矿体中各品种矿石的含量比例,变化规律,荒料率、荒料块度的具体情况,还能初步掌握开采成本,为矿山开采设计提供更为可靠的依据。由于试采点往往作为矿床的首采点,所以试采点的选择对矿体的后期开发至关重要。试采点的选择应注意以下几点:

(1) 必须能代表矿区整体矿石花色品种的变化规律;

(2) 能反映矿床主要地质构造对荒料率和荒料块度的影响程度;

(3) 不影响矿山开拓系统的建设;

（4）可作为矿山的首采点。

为了使试采的结果能够客观地反映该矿点的荒料率和不同块度荒料所占的比例，试采的荒料量应当不少于 100m³。对于试采下来的荒料，应当进行可加工性能分析和成材率分析。

3.1.2　石材矿床的评价

石材矿床在投资开发前，必须对石材的花色品种、使用性能、加工性能、储量、荒料率、成材率和荒料块度、矿山的开采条件、运输条件、投资开发的软硬环境条件等进行评价，以降低投资风险。评价指标主要有以下几点：

（1）石材的花色品种是石材矿床评价的首要指标，因为石材的花色品种是决定其市场价格的最重要因素，它决定了这种石材的市场行情、易销程度、销售范围和市场竞争能力。对于花色品种的评价，可以参考对比相似的品种。表 3-1 为部分不同颜色、在市场上较为流行的各种档次的花岗石、大理石品种，以供参考。

表 3-1　不同颜色的石材品种

颜色	花岗石	大理石
白色	白珍珠、浪花白、G633、G603、美国白麻、雪中红、凯撒白、白玫瑰	汉白玉、宝兴白、雪花白、白海棠、白水晶、大花白、雅士白、细花白
黄色	G682、虎皮黄、菊花黄、江西黄、金彩麻、紫点金麻、金钻麻、宝金石	松香黄、贵州米黄、金线米黄、米黄玉、黄花玉、莎安娜米黄、金花米黄、柠檬黄
红色	枫叶红、新疆红、贵妃红、长汀红、印度红、南非红、幻彩红、粉红麻	晚霞红、红奶油、玛瑙红、广红、挪威红、珊瑚红、巴西玫瑰、午夜阳光
绿色	蝴蝶绿、万年青、承德绿、辉绿岩、绿钻、墨绿麻、幻彩绿、宝绿石、	艾叶青、丹东绿、荷花绿、绿宝、绿玉石、大花绿、雪花绿、翡翠绿
蓝色	天山蓝、蝴蝶蓝、攀西蓝、冰花兰、蓝珍珠、云彩蓝、蓝麻石、印度蓝	
黑色	山西黑、济南青、芝麻黑、福鼎黑、金砂黑、瑞典黑、印度黑、南非黑	邵阳黑、黑白根、双峰黑、金镶玉、比利时黑、凯撒黑、灰网纹

在对一些具有特殊的颜色和花纹的石材品种进行评价时，更应当与国内外的相似石材品种进行比较，从装饰性的效果来分析该品种的价值，同时应注意从岩石学、矿物学的角度来分析这种石材的珍稀程度，使能更科学地对这些石材的价值作出正确的评价。

（2）石材的使用性能与加工性能。石材的使用性能取决于石材的物化性能，它是由石材的成分、结构、构造所决定的。石材使用性能的评价必须结合石材的用途或矿山开发的目的来考虑，通常情况下应当根据石材的相对密度、孔隙率、吸水率、硬度、耐磨性、机械强度、耐酸性、耐碱性和放射性指标等因素来评价。石材的可加工性能主要是指石材在锯、磨、切等加工工序中的难易程度。石材的可加工性能关系到石材的加工成本和成材率。例如某些角岩类或熔岩类的石材虽然具有美丽的颜色和花纹，但是由于石材的硬度太大，锯切的成本大为增加，同时加工的效率却低得多，因而造成加工成本上涨，产品的市场竞争力也大受影响。

（3）矿石储量是决定矿山服务年限的重要因素。某种花色的石材只有当具有一定的量时，才能成为一个石材品种。储量太小的石材矿山在投资开发上不易收回成本。石材矿山的矿石储量计算除了必须考虑到开采能力外，还必须考虑到开采成本。许多脉状或层状矿体在地表上出露面积不大，但是可能向下延伸较大，这些矿体的总储量可能都较大，但是开采此类矿体不但技术难度大，开采成本也较高。所以石材矿山矿石储量的计算时，采深的确定十分重要，必须结合开采条件、开采能力、矿山投资和开采成本统筹计算。

（4）荒料率、成材率和荒料的块度直接影响到开采成本和荒料价格。通常情况下石材的荒料率越高，可采出的荒料的块度也越大。荒料的块度越小，成材率也越低，而且小块度的荒料不能满足大型设备的生产需求。在荒料价格上，大荒料的价格也比小荒料的价格高。适宜的荒料块度是降低锯切成本的有效措施，普通砂锯要求荒料的块度不能小于 $240cm \times 140cm \times 80cm$，最好能达到 $280cm \times 180cm \times 150cm$ 左右，否则不但锯切成本增加，板材的价格也低。荒料率的高低取决于矿体中节理、裂隙的产状和发育程度。除了肉眼可见的裂隙、节理外，还应当注意一种微小的隐裂隙。因为隐裂隙不影响荒料的块度和荒料率，但是却严重地影响成材率。含有隐裂隙的荒料在锯切或磨抛的过程中容易发生破裂，大大地降低了石材的加工成材率。鉴别隐裂隙的存在与否可以通过可加工性的研究来判断，也可以通过切制岩石薄片，在岩石显微镜下进行观察。

通常情况下为了保证石材矿山的开采效益，对于一般品种的花岗石矿山，荒料率应当高于 25%，对于名贵珍稀的石材品种，荒料率的要求可以低些。

（5）矿山的开采条件对矿山的基建投资和荒料的开采成本有很大的影响，主要应注意以下几个方面的因素：①矿山的剥离量与剥采比以及剥离成本；②开采台阶的建立与工作面拓展的可能性；③废石堆场的位置、容量、运输距离；④荒料堆场的设置以及与外部运输路线的连接；⑤开采、吊装、运输设备的安装、使用、通行；⑥对周边环境、设施、居民点的影响；⑦对环境保护的影响及环保措施的施行。

（6）投资开发的环境条件。在考虑石材矿山的投资开发时，必须对投资环境进行考察。投资环境包括硬环境和软环境两个部分。硬环境指的是矿山所在地的自然地理位置；软环境则主要指矿山及周边地区地方政府、人民群众对投资开发石材矿山的支持态度。

3.2　石材矿山的类型与组成要素

3.2.1　石材矿山的类型

根据石材矿体的赋存条件，石材矿山可分为露天开采的矿山和地下开采的矿山。由于石材矿属于比较廉价的矿种，为了达到降低成本的目的，往往选择覆盖层比较薄、剥离量比较少的矿点进行露天开采。目前我国的石材开采几乎全部采用露天开采的方式。国外的石材矿山也多为露天开采，只有当上部覆盖层及需剥离的岩石厚度较大，而且具有良好的巷采条件，石材的花色品种优良并且适用于机械切割方法开采的、硬度不大的矿体才采用地下开采的方式，例如意大利卡拉拉地区的 Piandei 大理石矿和 Canagrande 大理石矿就采用巷道开采或峒室开采，使用链臂式切割机进行水平和垂直切割；使用牵引绞车拖拽荒料到相对宽敞的地方再装入电机车运出。石材的地下开采仅在意大利、法国、日本、德国和前苏联等国家有少量的矿山采用。由于我国的石材矿山目前基本不采用地下开采的方法，所以下面主要介绍石材的露天开采。

露天开采是从地面开掘露天沟道和开采工作面，把荒料从工作面上的矿体中分离出来。开采所形成的采坑、台阶和露天沟道的总体构成露天采场。根据矿体所处的地形位置，位于采场地表最低水平以上的称为山坡露天矿（图 3-2 中的 A），位于采场地表最低水平以下的称凹陷露天矿（图 3-2 中的 B）。

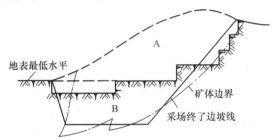

图 3-2　山坡露天矿和凹陷露天矿示意图
A—山坡露天矿；B—凹陷露天矿

3.2.2　石材露天采场的组成要素

在石材的开采过程中和开采终了时，形成的露天采场的组成要素如图 3-3 所示，包括工作平台、安全平台、清扫平台、台阶等。

露天开采石材时，通常把被开的矿体划分成一定厚度的水平分层，自上而下逐层开采。当有两个或两个以上的水平分层同时开采时，上、下分层之间需保持一定的超前距离。在开采过程中和开采终了时，在空间形成台阶状。这些台阶状的工作面称为台阶。台阶是石材露天采场的基本构成要素，也是进行独立开采荒料作业的单元体。石材矿山台阶的高度通常根据水平方向主层理或水平方向主节理之间的间距而定，也可以根据石材产品对荒料的规格要求以及采用的吊装设备和合适的工作高度等条件而定。通常情况下台阶的高度为 3～5m。台阶面应基本保持水平，以保证在台阶面上可以进行荒料的分解、吊装、运输以及清渣排废等作业的正常进行。当主层理面或主节理面是倾斜的时候，为提高荒料率，台阶面也可以略为倾斜，但应以不影响正常的开采、吊装、运输、清渣排废等作业为原则，并应特别注意安全和台阶的稳定性。图 3-4 为挪威蓝珍珠花岗石矿山照片，该矿山为典型的山坡露天开采，采场内多个水平分层同时作业，采场内各工作台阶之间存在相互连通的运输道路系统，这些道路与矿山的荒料堆场、矿山采场外部的公路也是连通的。

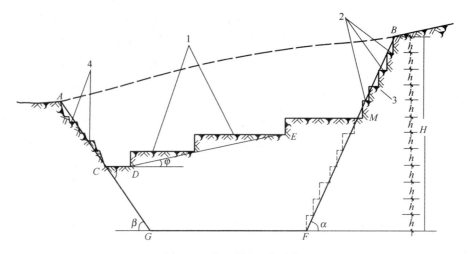

图 3-3　露天采场组成要素

h—台阶高度（露天开采时的水平分层高度）；CM—工作帮（由正在进行采掘工作的台阶所组成，并不断地往采场底部和边帮推进）；DE—工作帮坡线（工作帮最上一个台阶和最下一个台阶坡底线的连线）；1—工作平台（工作帮上各台阶的水平部分，在平台上可布置矿石的分离、分解、吊装、运输、铲装等主要设备，工作平台的宽度应不小于最小工作平台宽度）；2—安全平台（非工作帮中为保证下部生产平台的安全和边帮的稳定性而设的，宽度 2～3m）；3—清扫平台（非工作帮中用于缓冲和阻截滑落的石块而设的，并选用清扫设备进行清理，每隔 2～3 个安全平台设一清扫平台，其宽度取决于所使用的清扫设备的工作需要）；4—运输沟道（凹陷露天矿设置在非工作帮上的固定坑线，用于联系地面与开采工作面的运输，如采场内的公路、机车轨道及斜坡卷扬沟道等）；AG、BF—非工作帮坡面（由非工作帮最上一个台阶的坡顶线和最下一个台阶的坡底线所作的假想斜面，也称最终边帮）；α、β—最终帮坡角（最终帮坡面与水平面的夹角，其大小可决定最终边帮岩体的稳定性）；φ—工作帮坡角（工作帮坡面与水面的夹角）；GF—露天采场的下部最终界线（最终帮坡面与露天采场底面相交的闭合曲线，它是根据最终开采深度平面的矿体形状来圈定的，最小应满足最下一个台阶的安全采装作业条件）；H—露天采场最终开采深度（上部最终境界线所在水平与下部最终境界线所在水平之间的垂直距离，是根据矿体自然赋存条件、露天矿开采的经济合理剥采比以及矿山生产能力和设备起吊能力而定）；AB—露天采场的上部最终境界线（最终帮坡面与地表相交的闭合曲线，它是根据矿体的大小、露天采场的坑底尺寸，开采深度以及边帮角等有关因素综合确定的）；ABFG—露天采场的最终境界（由露天采场上、下部最终境界线和最终开采深度所限定的空间位置）

图 3-4　挪威蓝珍珠花岗石矿山

3.3　矿床开拓及开拓运输方法

3.3.1　矿床开拓

石材矿床的开拓是开辟地面矿山工业场区到露天采场内各工作台阶之间的运输公路、建立采场到废石场的运输通路，保证及时准备新开采水平的各种坑道工程的总称，也可称为矿床开拓运输系统。开拓运输系统担负着转运货载的任务，将荒料从采场各工作面转运到荒料堆场或转运站；将废石、覆盖土运到综合利用加工厂或废石场；并将生产设备、工具、材料和工作人员转运到采场各台阶的工作面。

目前我国石材露天矿常用的开拓运输方式有公路开拓单一汽车运输、斜坡卷扬台车开拓运输以及各种联合开拓运输方法，例如，固定式桅杆吊配汽车、斗容 $2\sim3m^3$ 的装载机或叉车配斜坡卷扬运输等。石材矿山为了减少运输坑道修筑的费用，常采用无沟开拓的方法，直接采用固定式桅杆吊、起重机、索道等设备开拓。

影响开拓方法的主要因素有以下几点：

(1) 矿体赋存条件，即地形、矿床地质、水文地质、工程地质及气候条件等；

(2) 生产技术条件，即矿山规模、矿区开采程序、露天采场范围尺寸、采深、采矿方法，选用设备类型以及技术装备等；

(3) 经济因素，即矿山建设投资限额、矿石生产成本及劳动生产率等。

3.3.2　开拓运输方法

公路开拓运输的设备有汽车、拖拉机、胶轮装载机、叉车等。为适用及简明起见，公路开拓运输仅讨论汽车运输。

1. 公路开拓单一汽车运输

石材矿山采用该方式开拓，适用于地形条件不复杂、易于修筑公路、而且开采深度不大、采场高差不大、有一定范围、便于公路展线、荒料规格较大、废石运输量较大、废石场比较分散的矿山。

汽车运输是石材矿山使用较多的开拓方式，它具有机动灵活、适应性强、生产环节少、易于管理的优点。汽车爬坡能力强，线路坡度比轨道运输坡度大得多，转弯半径小，因而线路工程量小、基建时间短、投产比较快。由于石材矿山年采剥总量较少，而且采场范围也比较小，即使大型的石材露天矿，采场长度一般也不会超过 300m，宽度就更小，矿山公路不适宜有过多的回返和螺旋。因此，单一汽车运输开拓方式适用于采高或采深均不大的山坡露天矿或凹陷露天矿。石材矿山运送荒料一般选用载重车，车型的选择除考虑每班的运输量以外，还应考虑载重量必须满足荒料最大规格载重的要求。运输废石、覆盖土选用自卸车。

石材矿山的汽车运输采用的公路沟道，都是直进沟道。凹陷露天矿的直进沟是采场外直接进入采场开采水平的直进单沟。山坡露天矿大多是采用直进组合沟，各台段出入沟均为直进沟，各台段的出入沟组合成一个组合沟，通往废石场及荒料堆场。

公路开拓汽车运输具有较多的优点，但也存在一定的缺点，主要是燃料消耗量大、轮胎磨损快，消耗量大。汽车维修保养费用大、经济运距短，通常在 3km 范围之内，使得汽车运输的成本较高。但是汽车运输的优点仍然是主要的，在石材矿山的开拓方法选择中，可通过联合开拓等措施，根据矿山的具体条件及外部条件，使汽车运输的距离控制在经济运距范围内，如果能够做到这些，汽车运输开拓的方法将是石材矿山最有前途的运输方法之一。

2. 斜坡卷扬台车开拓运输

这种开拓方式实际上也是一种联合式的开拓运输方式。无论是采场在上、装车平台在下的下放式运输，还是采场在下、装车平台在上的上拉式运输，都必须借助其他的开拓运输方式把荒料装上台车。这种运输开拓方式适用于地形复杂、高差大、矿区范围小、矿山规模小、荒料规格不大、公路展线有困难的山坡露天矿或凹陷露天矿。例如，

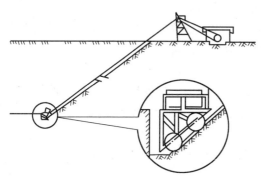

图 3-5　斜坡卷扬台车开拓运输示意图

四川宝兴大理石矿山采用了斜坡卷扬台车辅助架空索道的运输方式，先把采场上的荒料用斜坡卷扬台车运往索道转运站，再由索道运出。斜坡卷扬台车开拓运输方式的优点是用倾斜路堑代替了汽车运输的缓倾斜路堑，能以较短的运距来克服较大的地形高差，因而缩减了路堑的掘进工程量、降低了矿山的基建投资，而且这种开拓方式的设备简单、维修方便。但是这种运输开拓方式的中间环节多，生产管理较复杂，效率较低。图 3-5 为斜坡卷扬台车开拓运输示意图。

3. 固定式桅杆吊与汽车联合开拓运输

这种开拓方式适用于采深较大的山坡露天矿、凹陷露天矿，或者矿区地形复杂，公路修筑至各开采台阶有困难的山坡露天矿。当矿体位于采场地面之上且山坡地形较陡时，或矿体位于采场地面之下且采深较大时，修造通往工作面的道路往往没有足够的范围可让公路展线到达工作面，在这种情况下公路开拓单一汽车运输方法已经不适用了。因为在这种地形条件下修筑公路，一方面将因土石方量的增大而造成矿山基建投资的增加，另一方面公路修筑在并不宽敞的矿区的矿体之上，也为石材的开采增加了困难。

在这种情况下可以采用无沟开拓与汽车运输相结合的联合开拓方法。将桅杆吊设置在一个合适的水平高程上，通常是采场的边缘。同时在桅杆吊的服务范围内设一个运输平台，使公路与运输平台相连接。工作面上在桅杆吊的吊装范围以外的荒料先由牵引绞车、叉车或前端装载机拖运至桅杆吊的吊装范围内，再由桅杆吊吊运至运输平台的运输汽车上运出矿区。

4. 架空索道开拓运输

架空索道开拓运输方式实际上是利用缆索式起重机一次性地完成装载、起重、运输、装车作业，如图 3-6 所示。这种开拓运输方式有很强的穿越能力，特别适用于地形复杂、地势陡峭、高差大、使用汽车运输和斜坡卷扬台车开拓运输方式工程量太大的规

模较小、荒料块度不大的山坡露天矿或凹陷露天矿。这种开拓方式的优点是：投资省、建设快、设备简单、安装方便、运营费用低、管理方便。但是由于承载索的拉力随运载物体的位置而变化，因而运载的荒料块度受到限制，对于生产大块度荒料的矿山不宜采用。此外，缆索的拉力受环境温度的影响较大，因此在温度变化较大的地区使用也不适合。

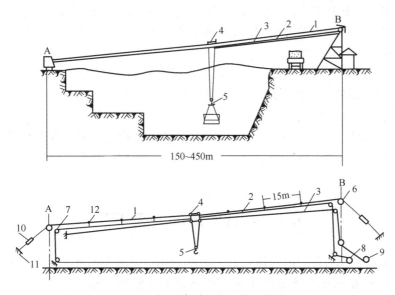

图 3-6　架空索道开拓运输示意图

1—承载索；2—牵引索；3—起重索；4—吊篮滑车；5—滑轮吊具；6—滑轮；7—导向滑轮；8—牵引索驱动机；9—起重索驱动机；10—螺旋紧绳器；11—锚固基座；12—支索器；A、B—支架

5. 明溜槽开拓运输

这种开拓方式适用于地形复杂、采场上下高差较大的石材矿山。利用自然地形修筑溜槽，直接地自上往下排放废石渣土。这种开拓方式简单易行，充分利用地形，具有节能、节省投资、降低生产成本的优点。但这种排放废石渣土的方式容易对植被造成破坏，同时也容易影响环保，选用时应全面考虑。

6. 起重机械开拓运输法

这种开拓方法的实质是借助于起重机械自身的工作机构，在其有效的工作范围内将荒料由采场内移运到荒料的装运地点。由于这种开拓法无需开掘沟道，所以也叫做无沟开拓法。起重机械开拓法使用最广的是桅杆吊，此外也包括缆索式起重机和桥式起重机。对于不同的起重机械，其适用条件和有效工作范围也不相同。

起重机械的特点在于可将荒料作水平和垂直方向的运移。在垂直方向上可克服一定的高差，将荒料由一个水平直接运移至另一个水平。例如，桅杆吊可克服 $40\sim65\text{m}$ 的高差，如果使用其他开拓方式来完成同样高差的运移工作，就需要开拓一定长度的沟道。使用起重机械开拓的优点还在于它具有建设时间短、见效快、设备简单、易于维修、操作简便、地形适应性强的优点。起重机械开拓方式还是一种可迁移的开拓方式，当矿山的开采由于某些因素的影响而无法继续下去时，起重设备可以被转移到其他地方去而不至于造成太大的投资损失，对于风险较大的石材矿山投资来说，这一方面的意义尤其值得重视。

7. 联合开拓法

联合开拓法是指采用上述两种或两种以上的开拓方法开拓同一露天矿。在石材矿山中，这种开拓方法运用甚广。因为同一露天矿中，采用单一的方法难免会有不足之处，而联合开拓法则可吸取各种开拓方法的优点，取长补短，使开拓系统更为合理，能更好地满足石材矿山的生产需要。

联合开拓法可以有不同的组合方式，常见的有汽车运输-桅杆吊联合开拓、汽车运输-缆索式架空索道联合开拓、汽车运输-斜坡卷扬台车联合开拓、汽车运输-缆索式架空索道-斜坡卷扬台车联合开拓。

联合开拓法的方式应根据石材矿山的地形条件和矿山的地质条件以及矿山的生产需要来进行合理的设计和安排，使之能达到投资省、见效快、效率高、操作简单、维修方便、生产安全的效果。

3.4 石材矿床的开采工艺

花岗石矿山和大理石矿山的开采方法虽有不同，但两者的开采工艺过程是相同的，基本可分为：剥离→分离→顶翻（倒石）→分割→整形→吊装运输→清渣排废 7 个工序。

3.4.1 剥离

剥离与分离是露天矿山生产过程的两大环节，是开采工艺的主要部分。采剥的方法确定决定了矿山的开采方式、机械设备、生产成本、生产效率、产量产值和经济效益等。

露天石材矿床开采之前，首先必须把表土、围岩、风化和半风化的矿层以及达不到荒料块度最低要求的裂隙发育的矿层剥离掉，使可用的石材矿体暴露出来，为石材的开采做好准备。露天石材矿床在开采之前为了采出合乎要求的石材而进行的剥离作业称为外剥离。剥离的土石量与以后采出的矿石量之比称为剥采比。剥采比越大，石材的开采成本就越高。石材矿床的开采目的是采出合乎使用要求和加工要求的荒料，因此矿体中由于裂隙、节理的存在而不能成为荒料的部分也应当被剥离掉，这一部分的剥离在石材开采中称为内剥离。在一定的开采范围内，采出的荒料体积与该范围内原矿体积之比称为荒料率。荒料率越高，石材的开采成本越低；反之，荒料率越低，石材的开采成本就越高。

露天石材矿床的开采必须遵循自上而下、边剥离、边开采的基本原则。要严格制止"只采不剥"或"多采少剥"的错误做法。剥离工作应当始终贯彻于整个矿山开采的全过程。在正常生产的过程中坚持"采剥并举，剥离先行"的原则，是石材矿山能够持续、均衡、安全、稳定生产的重要保证。

图 3-7 为山西蝴蝶绿露天开采石材矿山照片，其首采位置已接近山顶，这样是为了获得最大的可采荒料储备量。

石材矿山的剥离与一般露天矿山的剥离在工艺上有一定的区别，石材矿山剥离过程中必须保护矿体，使得矿体的完整性和成块性不受影响。团此，石材矿床的剥离工艺必须有对矿体的保护措施。

对于松软的表土，可以直接挖掘后装车运走。剥离的方法可以用人工挖掘，或使用挖掘机、推土机、前端装载

图 3-7　山西蝴蝶绿石材矿山

机等配合相应的运输工具共同作业。对于较坚硬的半风化层或围岩，则需进行爆破后再装运走。当使用爆破的方法进行剥离时，应当对矿体进行有效的保护措施。首先应选用爆破威力较小的炸药，如黑火药、2 号岩石硝铵炸药等进行爆破。爆破的影响范围应控制在 5～10m 之内，并对有用矿体留有 10m 左右的保护隔离带，在此范围内采用适宜的炸药进行控制爆破。当剥离层厚度较大时，为了加快工程进度，在经过精确计算、确保矿体不受损伤的前提下，可以考虑采用普通的强度较大的爆破。但需要在接近矿体的适当位置进行预裂爆破，造成一条人为的裂隙，使需要爆破的围岩与可开采利用的矿体分隔开来，以保护矿体，使之在围岩的剥离爆破中不受损伤。

在对矿体中的半风化层或脉岩、夹层进行剥离时，也应当采用保护性的剥离方法。在有条件的矿山可以使用锯切或火焰切割的办法使剥离段与开采段分隔开来，然后在剥离段进行爆破剥离。爆破所钻凿的炮眼底部与锯切面的距离应大于 20cm，与开采段的距离应当在 30～50cm 左右。

3.4.2　分离

分离是石材开采的主体工作，是指将体积为荒料体积若干倍的条状块石从矿体中开采出来的工序。条状块石的宽度一般为开采台阶的高度，长度为开采台阶的一部分，通常为 5～20m 左右。条状块石的体积受矿体中节理裂隙的发育程度和分布情况所影响，也受开采设备和开采工艺的影响。当矿体完整、设备齐全且矿山开采能力强时，一次性分离出的条状块石可达 200～300m³。分离条状块石的设备和工艺应视矿山类型、开采条件、矿体的赋存情况、矿山规模等方面情况而异。常用的工艺方法有凿眼劈裂、控制爆破、机械切割、火焰切割等。条状块石从矿体上分离下来后再按规格要求被分割成若干块荒料。对于节理裂隙比较发育的矿山，有时无法分离出条状块石，就直接开凿荒料，使荒料从矿体中分离下来。按照分离方式特征可对石材矿山开采方法进行分类，详细内容在 3.5 节将作介绍。

3.4.3　顶翻

顶翻是使条状块石翻倒的作业，也称为扩缝倒石作业。条状块石从原岩中分离出来

后还必须经过分割、整形等工序，才能成为可被吊装、外运、加工的荒料。为了后续工序的操作便利，必须使条状块石经扩缝移位后翻转 90°。

顶翻的方法可根据条状块石的大小和采场所拥有的设备而采取不同的设备和方法。一般情况下，当条状块石的体积不大时，可利用牵引绞车、慢动卷扬机、前端装载机、推土机等具有一定牵引能力的设备将块石拉倒。当条状块石的体积较大、常用的矿山设备无法将其翻倒时，则必须利用液压顶石机、气压顶推袋、水压顶推袋等专用的顶推设备来翻倒条状块石。必须注意的是，无论使用哪一种顶翻的方法，都应当在块石翻倒的方向前铺垫一层碎石、黄土起缓冲作用，以免条状块石在翻倒时断裂。

图 3-8 为气压顶推袋推动条状块石位移的照片。气压顶推袋被插入串珠绳锯切形成的 12mm 锯缝中，利用压缩空气对其充气，袋体膨胀产生几十吨的推力，推动块石位移，然后借助挖掘机翻倒块石。图 3-9 为翻倒过程中的条状块石。

图 3-8 气压顶推袋推动条状块石位移　　　　　图 3-9 翻倒过程中的条状块石

3.4.4 分割

被翻倒的块石体积常在数十立方米左右，这样的块石无论是吊装还是运输都是不可能的，所以这些块石还要经过再分解才能被运往工厂进行锯切加工。在翻倒的条状块石上按所需荒料的规格将条状块石分割成毛荒料或荒料的工序作业称为分割。块石经分割后即为毛荒料。毛荒科的尺寸必须符合规格荒料的要求，同时加上整形和二次切割的余量。从工厂锯切荒料的要求来看，当荒料的体积达到排锯锯切空间的 80% 时，达到排锯的最佳负荷，所以在切割毛荒料时，应当充分考虑工厂的加工设备对荒料规格的要求。

分割的方法可根据采场的设备、岩石的类型、对荒料形状的要求等因素，选用不同的设备与工艺来完成分割作业，同时要考虑节理、花纹以及所含色斑、色线的影响，以便提高荒料率。分割方法与分离方法有许多相似之处，常用的分割方法有人工打楔、凿眼劈裂、控制爆破和链锯、绳锯或圆盘锯锯切法等方法。凿眼劈裂法是一种古老而成熟的传统方法，在我国有着悠久的历史，有经验的石工在开采花岗石时通过"拣纹看面"，往往都可辨认出岩石的劈面、涩面和截面，这样在凿眼劈裂时往往可以收到省时、省力、高效、优质的良好效果。

3.4.5 整形

分割后的毛荒料或荒料有的几何形状或表面形状不符合荒料的规格要求。这样的毛荒料如果直接运往工厂锯切、研磨加工的话，那么就必然造成运输和加工上的浪费。所以毛荒料还必须经过整形工序后，才能成为表面平整度、角度和成方性都合乎规范要求的荒料，具体要求可参见建材行业标准《天然花岗石荒料》（JC/T 204—2011）和《天然大理石荒料》（JC/T 202—2011）。整形的方法可以采用人工打楔劈裂、手持式凿岩机整形，也可以使用金刚石圆盘锯、金刚石串珠锯或整形机进行整形。由于开采过程中分离和分割的设备与工艺的不同，岩石的物理力学性能和劈裂性能的差异，荒料的整形工作量可以相差很大。

3.4.6 吊装运输

荒料经整形后就成为有一定规格的成品荒料，即可吊装运输到荒料堆场去了。由于荒料的体积大、质量大，所以应当使用特殊的吊装设备。吊装设备的选用应以能够满足最大规格荒料的起吊要求来确定。吊装设备也可以与矿山的运输开拓设备共用，因此桅杆吊、缆索式起重机、桥式起重机等都是石材矿山常用的吊装设备。对于体积较小的荒料也可以使用装载机、挖掘机等吊装。石材矿山常用的吊装设备还有履带式起重机、汽车吊和巴杆吊等。图 3-10 为装载机移动待起吊的荒料。

图 3-10　装载机移动待起吊的荒料

由于石材矿山的道路通常都比较窄小，且坡度陡、弯道多、弯道半径小，因此对于矿山内部运输荒料的车辆也有特殊的要求。矿山内部运输荒料的车辆载重量要大、爬坡能力要强、车身长度要短、转弯半径要小。装运荒料的汽车一般使用各种载重汽车，而不要使用自卸汽车。

3.4.7 清渣排废

石材开采过程中的分离、分割、整形作业将留下大量的石渣、碎石以及不成荒料的块石，这些石渣、废石堆积在采场工作面上将严重影响开采工作的顺利进行，因此这些渣石废料应当及时运往废石堆场或综合利用加工厂。清渣排废的设备应视渣石的数量、块度以及废石堆场的位置而定。通常情况下荒料率一般不会超过 50%，因此就有一半以上的渣石废料需要搬运掉，这是一个相当大的工作量。妥善处理好渣石的排放运输，对于提高生产效率、降低荒料成本具有十分重要的意义。因此，当可以利用天然地形排放渣石时，应当尽量利用这些有利条件，以降低成本。当不能成为荒料的渣石有可能被综合利用时，应当予以充分利用，以提高效益。许多不能被用于锯切板材的废石，有的可以被用做建筑石料，有的可用于修路，有的可用于加工工艺品，有的可被深加工后作为无机填料。石材废料的综合利用具有广阔的前景和良好的经济效益，同时也有利于保护资源、保护环境，因此也具有明显的社会效益。

3.5　石材矿山的开采方法

从石材矿床的开采工艺中已经了解到，石材矿床开采的主体工作是分离工序，因此分离是最能体现石材开采特点的一道工序。按分离方式的特征，可将石材矿床开采方法分为以下几种：凿眼劈裂法、凿眼爆破法、机械切割法、火焰切割法、联合开采法。

石材矿床开采方法的选用应根据矿床的地质条件、岩石类型、岩石的物理力学性质、矿山规模、荒料的规格尺寸、自然地理环境条件等因素综合研究决定。

矿床地质条件、岩石类型和岩石的物理力学性质是矿山的最基本的客观条件，是选择开采方法的根本依据。岩层的厚度、产状，节理裂隙的分布规律和发育程度，岩石的硬度和包裹体的类型都影响石材的开采。厚度大的矿体有利于机械化开采，而薄层的、透镜状、囊状的矿体则用人工开采成本较低。当岩石中裂隙节理发育且不规则时，不宜采用控制爆破法，因为这些节理将使爆破产生的膨胀气体泄漏，无法控制预期的爆破效果；这种矿床也不宜使用机械切割的方法，因为锯切将加大矿石的损失、降低荒料率、提高开采成本，因此这类矿床选用凿眼劈裂法则较为适宜。富含石英的花岗石用火焰切割法有较高的切割效率，而不含石英的玄武岩、辉长岩则不宜选用此法。对于名贵、稀缺品种要尽可能采用对成块性有保障的开采方法以提高荒料率，如密集钻孔切割法、串珠式金刚石绳锯锯切法等。

大规模的矿山应选择机械化程度高的开采方法，以适应开采规模的需求，也有利于提高效率、降低成本。

开采方法的选择应经过技术、经济方案的论证比较，择优选用，要充分考虑资源综合利用的可能，保护环境、保护资源、降低成本、提高效益。

3.5.1　凿眼劈裂法

当岩石受到的应力达到或超过岩石的强度极限时，岩石会发生破裂。岩石发生破裂有两种方式，即张裂和剪裂。张裂是在垂直于主张应力方向上所产生的破裂，位移方向垂直于破裂面。剪裂相对位移平行于破裂面，破裂面与最大主压应力方向的夹角一般小于 $45°$。实验表明，同一岩石的强度极限值，在不同性质的应力作用下有很大的差别。常温常压下，某些岩石的抗张强度、抗压强度和抗剪强度的数值列于表 3-2。从表 3-2 中可以看出，岩石的抗压强度最大，约为抗张强度的 30 倍，为抗剪强度的 10 倍，抗张强度最小，约为抗剪强度的 $1/3 \sim 1/5$。由于岩石的抗张强度比抗压、抗剪强度小得多，根据岩石的这一物理力学性质，可人为地施加应力使岩石产生张裂，达到分离岩石的目的，这种开采方法称为劈裂开采。这是一种古老的分离方法，直到现在，它仍然是花岗石矿山开采广为应用的、不可缺少的方法之一。花岗石一般都有劈面（沿走向或与岩浆流动方向一致的面）、涩面（沿走向或岩浆流动方向与劈面成 90°的面）和截面（垂直走向或岩浆流动方向的横断面）3 个面，其中劈面的劈裂性能最好，涩面其次，截面最差。因此，采矿方法实施中应尽量利用劈面，可适当减少钻孔的个数和深度，达到降低采矿成本的目的，以提高矿山的经济效益。在实际开采中，有经验的技术人员通过"拣纹看面"进行劈裂，可收到良好的效果。福建南安、惠安一带有经验的石匠可以用人工凿眼劈裂的方法开采出长达 4～5m、厚度不及 10cm 的形状规则的条石，表明了这种方法运用得当，仍可达到良好的效果。

表 3-2　部分岩石的强度极限 （MPa）

岩石类型	抗压强度	抗张强度	抗剪强度
花岗岩	148（37～379）	3～5	15～30
大理岩	102（31～262）	3～9	10～30
石灰岩	96（6～360）	3～6	10～20
砂岩	74（11～252）	1～3	5～15
页岩	20～80	—	2

劈理性能特别好或层理、天然裂隙发育的矿体可采用凿眼劈裂的采矿方法，特别是当岩石中具有近水平的天然裂隙时，其运用效果更好，不仅可减少打眼的个数且可适当减少打眼的深度，降低采矿成本。近年来随着凿岩工具的改进，钻凿岩石已普遍使用机械钻凿，劈裂工具由手工打击改进为机械式打击或液压劈裂，使得工人的劳动强度大大降低，劈裂效果大为改善。凿眼劈裂法已不仅用于天然裂隙比较发育的矿山，也可以用于整体无裂隙岩石的开采。

根据所用工具的不同，该方法可分为人工楔劈裂法和液压劈裂机劈裂法。

1. 人工打楔劈裂法

人工打楔劈裂法是借助简单的钻凿工具，利用石材本身所具有的良好的劈裂性能，分离岩石的采矿方法。它适用于厚度不大、矿体裸露、裂隙发育、劈裂性能好的矿体的分离开采。

常用的楔子有普通型与复合型两种，普通型楔又可分为扁平楔与角锥形楔。扁平楔长 150～470mm、顶端厚 25～80mm，为了防止楔子被钻孔夹住，在其侧面加工出凸面，适用于节理面比较规则的石材矿床的分离开采；角锥形楔长 150～580mm、厚 25～50mm，适用于开采节理面不规则的石材。复合楔有圆形和方形两种，由楔子与两个半圆形或方形的钢制扩张板组成，如图 3-11 所示。

以凿眼打楔劈裂法分离条状块石的长度应根据节理间距自然分段。在设计好的分离线上钻凿一排垂直层面的楔孔，楔孔应互相平行，并在同一平面

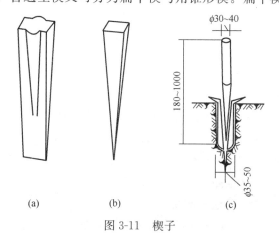

图 3-11　楔子

（a）扁平楔；（b）角锥楔；（c）复合楔

上，偏移不可过大，孔径为 22～40mm，孔距根据被分离岩体的高和宽以及岩石的劈裂性能而定，一般为 200～400mm。水平楔孔的深度为开采台阶宽度的 0.8 倍，垂直楔孔的深度为台阶高度的 0.9 倍。楔孔钻凿好后在孔内放钢楔或先放入扩张板再插入楔子，放好楔子后，从分离线的一端起依次锤击到另一端，再返回到始端，往复不断，直至劈开为止。为减轻打楔的强度，视岩石情况，可采用隔孔插楔击打，两楔间的空孔作为劈裂导向孔。

人工打楔劈裂法分离开采石材，具有工具简单，操作容易，开采成本低的优点。其缺点是劳动强度大，效率低，采出的块石不规整，整形工作量大，有时还影响到荒料率。

2. 液压劈裂机劈裂法

这种劈裂法分离开采岩石的原理同人工打楔劈裂法的原理相同，不同的是液压劈裂机靠液压泵产生的高压油进入劈裂器，推动与活塞连为一体的楔子压入扩张板中，经扩张板施力于孔壁上，使排孔沿连线断裂，达到分离岩石的目的。

液压劈裂器的楔子可分为尖角形和宽角形两种，都属复合楔。尖角形楔劈开距离小、劈裂力大，用于坚硬岩石的分离。宽角形楔劈开距离大、劈裂力小，用于较软岩石的分离。当劈裂器所劈开的裂缝宽度达不到所需的要求时，或因其他原因需要继续扩大裂缝宽度时，可使用辅助扩张板，其方法是在楔孔内先放入一副扩张板，经液压劈裂后，若裂缝太窄，可取出楔子再插入一副扩张板后插入楔子加压劈裂。

用液压劈裂机分离岩石时，其分离工艺与人工打楔劈裂法相同，也可以在两个楔孔之间设 1～2 个导向孔。对于钻孔的要求较为严格，因为钻孔的微小弯曲都有可能引起楔子和扩张板的断裂。楔孔的孔径为 20～50mm、孔深 200～800mm，孔距根据岩石的力学性质与结构而定，一般为 200～600mm 之间。孔的直径应使楔组恰好能进入孔内，若孔径太大，楔组与孔壁之间的间隙太大，将减小楔组的劈裂力和劈裂距离。孔的深度必须大于楔组的长度，否则易造成楔组损坏。

使用液压劈裂机劈裂法，降低了劳动强度，提高了工作效率，也降低了生产成本。液压劈裂法的适用性较强，除了可分离条状块石外，还可用于分割工序和大块废石的破碎。

3.5.2 凿眼爆破法

凿眼爆破法也是一种古老的石材开采方法，15 世纪初期，意大利就已经开始用爆破的方法开采大理石。在石材矿床的开采中这种方法至今仍然是一种运用最为普遍的方法。过去由于爆破对石材所造成的破损较为严重，爆破的方法曾经在一些地方被禁止用以开采石材。但是，随着爆破技术和爆破器材的发展，新的爆破开采法正越来越广泛地被运用到石材矿山中来。根据对爆破效果和爆破危害的控制程度，可以把爆破开采的方法分为普通爆破法和控制爆破法。

1. 普通爆破法

该法的实质是用轻微爆破从岩体中分离出大块石材的方法。在工作面上，根据岩体的节理、裂隙等构造的分布情况，选定有利于凿眼爆破分离的面和炮眼位置，用凿岩机凿眼。通常，孔径为 30～40mm。水平炮眼，一般沿平行矿体层理方向布置，其深度为条状块石宽度的 45%～60%，孔距为 1.0～1.5m。垂直炮眼的深度，一般为分台阶高度的 60%～80%，孔距为 0.8～1.2m。装药的药柱高度一般为炮眼深度的 20%～25%。

为防止药力集中，造成炮眼底部矿体爆碎而破坏荒料的完整性，应采取分段装药，中间加木棍或纸包，如图 3-12 所示。炮孔用风化的碎土或纸包堵塞，且不宜堵塞过紧，以免爆力集中底部，造成压碎坑和炮眼口破裂。

普通爆破法一般采用威力较弱的黑火药，当炮眼较少时，可采用黑火药导火索起爆；炮眼较多时，可采用电雷管起爆。

普通爆破法适用于天然裂隙少、节理不发

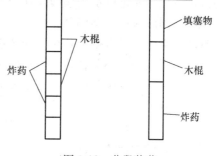

图 3-12　分段装药

达、岩石硬度系数 f 近于 6、并且缺乏开采设备的石材矿床或者虽有天然裂隙可用，但因地形很陡、无法采用其他方法开采者。

普通爆破法具有操作简单、适用性强、药耗少、开采成本低等优点。但这种爆破法也存在有一些明显的缺点：

（1）爆破产生的冲击波作用，不仅对荒料具有宏观的破坏作用，而且引起荒料内部微裂的生成与发展，降低了成材率。试验结果表明，用黑火药和导火索爆破开采石材，会导致石材强度的下降。在半径为药柱直径 2～4 倍的范围内，普通爆破法使石材的强度几乎下降一半，距爆破中心越近，强度降低越大。岩体在爆破作用下，会产生显微节理形式的破坏，从而降低石材的强度以及耐久性；

（2）此方法不易采出大规格的条状块石，荒料率低；

（3）开采出的石材平整性差、成方性偏差大；

（4）凿岩工作量大，开采效率低；

（5）爆破产生的烟尘、气体、飞石影响环境，也容易造成不安全因素。

2. 控制爆破法

控制爆破法是一种根据爆破目的与爆破体内外影响因素而精确设计的、采用不同的药物和点火方式进行的爆破，使得既能达到预期的效果，又能将爆破所产生的危害性控制在规定的允许范围之内，这种对爆破效果和爆破的危害进行双重控制的爆破，称为控制爆破。

用于石材开采的控制爆破是要求既能将岩块与岩体分离又不损伤岩块和岩体，使得再分离的块石质量不受影响，这种保证一定几何形状的控制爆破称为成型控制爆破。成型控制爆破是使爆破后的爆裂面具有一定的平整度，它与通常石材矿山所指的光面爆破、围边爆破、切槽爆破具有相同的含意。

用控制爆破开采石材所用的药剂主要有以下几种：黑火药、2 号岩石硝铵炸药、金属高能燃烧剂、导爆索、爆裂管、膨胀剂（又称静态膨胀剂）等。根据爆破机理的不同，可以分为以下几种方式：

1）围边爆破

围边爆破是应用缓冲的原理，在优选适合控爆的药剂以及合理的装药结构的基础上，缓和爆炸冲击波对岩石的冲击作用，使爆破能量得到合理的控制与利用。围边爆破主要适用于具有天然水平节理的岩石，或者具有连接松散的水平层理的岩石，否则必须用链锯或绳锯先进行水平掏槽，在水平方向上没有弱结合面的情况下，不宜使用此法。

围边爆破采用"不耦合装药"，即装入炮孔的药卷直径小于炮孔直径，使药卷周围留有环状空隙。通常把炮孔直径与药卷直径的比值叫做"不耦合系数"。

围边爆破的"不耦合装药"加大了药卷与炮孔壁之间的间隙以及药卷与药卷之间的轴向间隙，同时减少装药量。由于加大了径向间隙，就使得药卷与岩石之间有一个良好的空气间隔层。当炮孔中的炸药爆炸时，产生的爆炸应力波以炮孔中心呈放射状向四周传递。对炮孔壁产生径向压应力，并由于岩石内部质点的运动使得这种应力沿径向方向扩展。而在应力波波阵面的切线方向存在着张应力，在垂直切线的方向上存在着压应力。当排孔同时起爆时，相邻两炮孔之间的应力波波阵面相遇并发生叠加，在切线方向上产生合成张应力，若合成张应力之值大于岩石的抗张强度，则沿炮孔连线方向产生径向裂隙，使相邻炮孔贯通。同时由于爆炸气体体积的迅速扩大，使得被分离开的岩石沿垂直裂隙的方向上被推移开一段距离。因此使岩石产生贯穿裂隙是爆炸应力波的作用，而使破裂后的岩块被向外推移则是爆炸气体对岩石的压力。压力值过大则使岩石发生破碎，因此必须控制应力波，使应力值稍大于岩石抗张强度的极限值，使岩石沿排孔面形成贯穿裂隙，又不致破坏岩体和分离出的岩块。为了达到这个效果，必须选择适宜的药品和爆破参数以及适合的装填结构。

在控制爆破中，除了应考虑岩石的力学性质、结构构造、裂隙发育情况等自然因素外，还应选择适宜的爆破药剂，设计好炮孔的孔径、孔深、孔距，不耦合系数，装药量等。由于控制爆破的技术在石材矿山开采中的应用还正处于探索阶段。以下仅根据一些资料的经验介绍，提供如下爆破参数以作参考。

(1) 炮孔直径 34～42mm。

(2) 炮孔间距（cm）15、20、25、30、35、40；装药孔的间距可根据各矿山的岩石性质而定可以每孔都装药，也可以间隔1～2个孔装药，不装药的孔作为导向孔。

(3) 装药量的多少与炸药的种类、性能、爆破面的方位、爆破面的面积、岩石的力学性质、炮孔间距、炸药装填方式等因素有关。一般情况下，装药量可参考以下数值：

黑火药：$200～500 \mathrm{g/m^2}$；

2号岩石硝铵炸药：垂直面 $45 \mathrm{g/m^2}$，水平面 $50～100 \mathrm{g/m^2}$。

导爆索：1～2根（装药量为 $12 \mathrm{g/m}$）；

爆裂管：$60～120 \mathrm{g/m^2}$。

2) 金属燃烧剂（或称高能燃烧剂）爆破法

金属燃烧剂爆破时几乎不产生大的振动和噪声，也没有烟尘和飞石，可以在普通炸药的禁区内起爆，所以又称"近人爆破法"。爆破时的地震效应仅为普通炸药的1/20左右，燃烧剂的组分均为无机物，爆破时不产生有毒有害气体。

金属燃烧剂是由金属氧化剂和金属还原剂按一定比例配制的混合物，使用时先将其加工成药卷装入炮孔，用速凝砂浆或其他材料将炮口封紧，爆炸时产生急剧的化学反应，产生约 2750℃ 的高温和大量膨胀气体，在膨胀气压与热效应的共同作用下爆裂岩石，达到分解和分离岩石的目的。

常用的金属燃烧剂的化学反应原理如下：

$$2Al + 3CuO === Al_2O_3 + 3Cu + 1.8 \times 10^5 J$$

$$4Al + 3MnO_2 === 2Al_2O_3 + 3Mn + 9.25 \times 10^5 J$$

金属燃烧剂反应生成物受热后虽被氧化，但当温度降至反应产物沸点以下时，即变为固态。因此，当气态产物扩散到自由面，由于温度降低而变成固态时，压力会骤然下降，所以碎块的飞散距离、噪声、震动等均比使用普通炸药小得多。

金属燃烧剂中常用的氧化剂有二氧化锰、氧化铜、三氧化二铁和过氧化钠等，常见的还原剂有铝粉、镁粉和铁镁合金粉等。

金属燃烧剂的装填不同于普通炸药，装药前先向炮眼填入 3～5cm 的干黄土，再将加工好的药包装入，然后再填入 5～10cm 的干黄土，边充填边用特制的专用炮棍捣实，使充填密实，孔口严密无漏气现象，以保证爆破效果。

金属燃烧剂的用量一般为 120～400g/m²，点火需用电力起爆，通常使用的有电点火头或非电导爆管，也可以用普通电阻丝。

金属燃烧剂成本高，炮孔填塞质量要求高，施工难度大，因此在石材矿山应用较少。

3）静态膨胀剂爆破法

静态膨胀剂起源于日本，是 20 世纪 80 年代出现的一种新材料，主要用于建筑物的拆除等工程，我国也于 1982 年研制成功同类产品。

（1）膨胀机理

膨胀剂是以氧化钙和特殊的硅酸盐为原料再配以其他有机、无机添加剂而制成的粉状体。当它与适量的水掺合后，发生如下化学反应：

$$CaO + H_2O \longrightarrow Ca(OH)_2 + 6.5 \times 10^4 J$$

当氧化钙转变化为氢氧化钙时，其晶体由立方体变为复三方偏三角面体。在自由膨胀的前提下，体积增大了 3～4 倍；比表面积增大 3 至 100 倍，同时还释放出大量热能。因此，化学反应后，静态膨胀剂的体积膨胀，压力升高，温度上升，当膨胀压力增大到一定程度时，岩石就会因为张应力的作用而产生破裂。

（2）静态膨胀剂的基本特征

膨胀剂与水拌和后，由于发生水化作用体积膨胀。在膨胀过程中膨胀力施加于炮孔壁上，当膨胀力大于岩石的抗张强度时，岩石发生破裂。由于在布孔面上张应力的叠加作用，所以当膨胀力大于一定值时，沿布孔面形成贯穿裂隙，使岩石被分离。例如无声膨胀剂（sounless blasting material，简称 SCA）系列膨胀剂的膨胀压力可达 30～50MPa，而一般岩石的抗张强度约为 5～12MPa，可见膨胀压力大大超过岩石的抗张强度，膨胀剂是分离开采石材的新材料。

为了能更加有效地使用静态膨胀剂分离岩石，以 SCA 系列膨胀剂为例，来说明解静态膨胀剂的性能。

① 膨胀压力随时间的变化

膨胀剂加水拌和后，在最初的 24 小时内膨胀压力增长较快，可达到 30～50MPa，24 小时之后膨胀压力变化逐渐趋于平缓，膨胀压力几乎不再增加。不同类型膨胀剂的压力增长梯度是不同的。

② 膨胀压力随温度的变化

膨胀剂的膨胀压力与温度有关，其膨胀压力随温度的升高而增大。例如，随着温度由 15℃增加到 23℃，在最初的 20 小时 SCA3 膨胀剂的膨胀压力可由 40MPa 增加到 50MPa。

③ 膨胀压力随水灰比的变化

水灰比的增大会减小膨胀压力，且水灰比较小时的膨胀压力随时间增长的速率大于水灰比较大时的速率。

④ 膨胀压力随孔径的变化

膨胀压力随孔径的增大而增大。其原因与膨胀剂的性能无关，而是在单位孔长内如果孔径增大一倍，其体积将增大 4 倍，这增大 4 倍的膨胀压力作用于孔壁上，但孔壁的面积只增大 2 倍，显然单位面积上的压力增大了 2 倍。

（3）爆破参数的确定

使用静态膨胀剂爆破岩石，爆破参数的确定须考虑到岩石力学性质、膨胀剂的性能、装药量、水灰比、炮眼的直径、深度、间距以及环境温度等各种因素的影响。在缺少资料时，可用以下数据作参考：

炮眼直径：44～50mm；

炮眼深度：$L=(1.05～1.10)H$，L 为炮眼深（m），H 为分台阶高度（m）；

炮眼间距：当 $L \leqslant 3$m 时：$a=(7～11)d$；当 $L>3$m 时：$a=(14～18)d$。

式中，a 为炮眼间距（cm）；d 为炮眼直径（cm）。

膨胀剂的用量与钻孔直径的关系如表3-3所示。

表3-3　炮眼直径与每米炮眼装药量关系

炮孔直径（mm）	32	34	36	38	40	42	44	46	48	50
装药量（kg/m）	1.4	1.5	1.7	1.8	2.1	2.3	2.5	2.8	3.0	3.2

（4）膨胀剂的使用方法

炮眼打好后，即可制备膨胀剂浆。先将清洁水约 1.5～1.7kg 放入桶内，然后倒入一袋 5kg 的膨胀剂，搅拌均匀，拌好后的浆体要在 10min 内装入孔内；装垂直孔，可将浆体直接倒入孔中，对于水平孔，可用挤压式灰浆泵压入孔内，然后用塞子堵紧，或用水灰比 0.25～0.28 的膨胀剂胶泥制成圆柱塞入孔内捣实。

春、夏、秋三个季节，膨胀剂浆灌入孔内后不必覆盖保温养护，当出现裂缝后，可向裂缝内灌水，以加速反应，加快膨胀压力的产生。在冬季则要用草袋覆盖保温养护，当发现裂缝时即向裂缝内灌热水，以加速水化反应速度、缩短胀裂时间。

为了安全，在向钻孔内装膨胀剂浆时应戴上防护眼镜。装完药后 5h 之内不得近距离直视孔口，以防发生喷出现象时伤害眼睛。膨胀剂有腐蚀性，当碰到皮肤后应立即用水冲洗干净。膨胀剂易吸潮，应贮存在干燥场所。不同型号的膨胀剂适用于不同的工作环境温度，所以应根据环境温度选用适宜的膨胀剂型号，不能随意使用。

　　4）导爆索控制爆破

　　导爆索是一种常用的起爆材料，主要用于构成起爆网络同时起爆多个分散设置的药包，但在石材矿山的控制爆破中，普通工业导爆索本身即作为炸药主体。普通导爆索的药芯为泰安或黑索金猛炸药，外裹棉纱或其他纤维、纸和防潮剂绕制而成，直径为 5.2～5.8mm。将 1～3 根导爆索拧成一根放入炮眼中，实际上是猛炸药的不耦合爆破。加大炮眼直径与药包直径的比值，使不耦合系数加大，不耦合系数为 5～15，可以减缓爆炸后产生的爆轰波应力对炮眼壁的作用力，而有利于炸药爆炸时产生的高温高压气体膨胀做功。相邻两孔的应力波相遇，由于应力叠加作用，在切线方向形成合成张应力，当合成张应力的值超过岩石的抗张强度时，沿炮孔轴心连线产生的径向裂隙扩展而贯通，从而达到整体成型分离、而岩石又不受损伤的目的。

　　普通工业导爆索装药量分别有 2g/m、4g/m、6g/m、8g/m、12g/m、25g/m、40g/m 等若干种。石材矿山用得较多的是 12g/m 和 25g/m，爆速不低于 6500m/s 的导爆索。导爆索用 8 号火雷管或电雷管起爆，一个 8 号雷管可同时起爆 6 根导爆索。当超过 6 根时，可先捆在药块上，然后用雷管起爆药块，再起爆若干根导爆索。在连接导爆索起爆网络时，不论串联或并联，传爆方向一定要一致，并联时支线夹角不得大于 90°。

　　用垂直炮眼分离时，炮眼的深度为台阶高度的 0.7～0.9 倍，炮眼间距为 0.2～0.4m。水平炮眼分离时，炮眼深度等于台阶宽度，炮眼间距为 0.2～0.4m，视石材本身材质的情况，经试验后确定。水平分离时，若炮眼沿平行矿体层理方向布置，炮眼间距可适当加大，炮眼深度适当减小，炮眼直径一般为 32～45mm。当炮孔钻好后，将导爆索放入炮孔直至底部。上部露出孔口约 10cm 与主线导爆索连接，组成导爆索爆破网络，不用充填和堵塞，将水灌入炮孔中，作为介质。用一个带导火线的火雷管与导爆索主线连接，点燃导火线后即可通过雷管起爆整个网路，使条状块石或荒料与矿体原岩分离。钻孔的连线需平直，钻孔中心偏差不得超过 3cm，以保证分离切割面的平整。

　　使用导爆索控制爆破法分离开采出的荒料，应及时锯切板材，检验成材率的高低并及时采制试验样品进行各项物理力学性能测试，以分析所使用的爆破参数是否适合，对荒料和岩体的质量有没有造成不良影响。导爆索控制爆破成本低、工效高、劳动强度低、操作简单、作业安全。如爆破前清理干净炮口的浮石，爆破时可无飞石。并且导爆索具有一定耐水性，在两端密封的情况下放入 0.5m 深的水中浸泡 24h，仍能保持原有的爆轰性能。因此，导爆索控制爆破是当前石材矿山中较为理想的爆破方法之一。

　　5）爆裂管控制爆破法

　　石材专用爆裂管结构如图 3-13 所示，爆裂管以一根导爆索为主爆源，周围辅以其他爆炸药剂，装于高压聚乙烯塑料管内，两头扣以塑料防潮盖，导爆

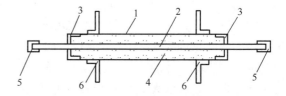

图 3-13　石材爆裂管的构造
1—高压聚乙烯塑料管；2—耐腐抗水塑料导爆索；3—塑料防潮盖；4—药剂；5—塑料防潮帽；6—定位圈

索两端套上塑料防潮帽。根据所需炮孔长度将爆裂管端部用连接管连接，使导爆索端头相互搭接，用 8 号火雷管起爆，爆破完全。爆裂管汇集了导爆索控制爆破、普通炸药不耦合控制爆破之所长，并制作了成型的刚性的药管，便于运输和矿山的使用。它具有良好的防水、防潮性能，在雨天亦能使用，且一年四季在南、北方各地区都适用。

6）凿岩控制爆破评述

各种控制爆破的施行都是在钻凿成排炮眼后进行的。不论是垂直排孔、还是水平排孔，各钻孔均应打在同一个平面上（垂直面或水平面），钻孔深度也应尽量打到同一个高程上，这样才能保证爆破后的切割面平整并获得成方性良好的荒料。

采用黑火药、2 号岩石硝胺炸药进行控制爆破，需自制药包，不论采用不耦合爆破还是分段装药，工序比较复杂，由于每孔都需用雷管引爆，雷管拒爆时处理"瞎炮"有一定危险性。

采用金属燃烧剂——近人爆破法，必须对所选用的金属氧化剂、还原剂的化学性能有所了解，以免发生事故。另外，充填堵塞工艺要求较高，电力起爆的电点火头的准爆电流测试也较复杂，加之药剂成本也较高，此法虽然是行之有效的，但局限性也较大。

膨胀剂静态爆破法不产生任何地震效应、无冲击波、无噪音、无烟尘飞石，对环境不产生任何破坏作用，但随季节、温度的变化，要改变药剂的型号，特别是温度较低时还需保温养护，整个作业过程缓慢，开采效率较低。由于采用膨胀剂耗量大、成本较高，因此只在规模较小和距居民区较近以及气温较高的矿区采用。

导爆索控制爆破和爆裂管控制爆破，成本较低、效率高、操作方便、作业安全，是石材矿山较好的爆破开采方法。

3.5.3 火焰切岩机切割法

以火焰切岩机作为石材矿床分离岩石的开采方法盛行于 20 世纪 70 年代初，是开采花岗岩类坚硬岩石的一种传统的、高效的方法。目前火焰切岩机主要应用于其他开采设备不能触及的花岗石矿体封闭面的开拓切割。

火焰切岩机主要由空气压缩机、供油系统、供氧系统及喷射器等部分组成，由空气压缩机产生的压缩空气经橡胶软管进入喷射器的燃烧室，与雾化的燃油充分混合燃烧成焰流喷出。喷出的高温高速气流的温度可达 1500℃，速度可达 1340m/s。火焰切岩机开采花岗石类石材是根据这一类型的岩石在高温焰流下容易发生破碎的现象研制而成的。

花岗岩的矿物成分主要是长石、石英和一定数量的云母。长石和云母的热膨胀系数随温度上升而上升，而石英在加热的初始阶段，膨胀系数也随温度的上升而上升，但是当加热的温度超过 570℃时，随着温度的上升，石英的膨胀系数反而下降了。由于岩石中各种矿物膨胀系数的差异，就产生了分离现象，使得岩石在高温下自行剥落，而后被高速气流带走。所以火焰切割岩石的原理是高温对矿物的剥离，而不是高温对岩石的熔化。

火焰切岩机一般只能用于花岗岩类的石材的垂直面切割开采，而不宜用于水平切割。对于高石英含量石材的切割有较高的效率，对于低石英含量或不含石英的岩石的切割，效率较低，或不适用。

使用火焰切岩机切割岩石具有效率高（1.5～2.5m²/h）、移动方便、切割深度大（切割深度 3～6m，最大可达 10m）、切割面平整、操作简便、不受气候和季节性影响等优点。但是使用这种方法开采石材时噪声大（可达 100～120dB）、粉尘多、不适于在居民点附近开采使用，而且燃油耗用量大（40～50L/h）、切割沟槽损失大（切槽宽度 10～12cm），操作切岩机劳动强度大。经过高温烧蚀后，石材表面层向下至少有 10～15cm 深度的石材结构已经发生了变化，在荒料验收时需要扣除，从而造成浪费。

3.5.4　机械切割法

在石材矿床开采中，借助机械设备，按照所需要的规格尺寸，直接从岩体上分离块石或荒料的方法称为机械切割法。机械切割法是石材开采中提高石材资源利用率的一种理想方法。用于切割分离开采石材的设备常用的有凿岩机、串珠式金刚石绳锯机、链臂式锯机和盘式锯机。这些设备的结构形式、技术性能、操作方法各有特色，可互相结合、联合使用。

1. 钻机密集钻孔切割法

钻机密集钻孔切割法，是利用凿岩机，沿分离切割线钻凿密集钻孔，使钻孔互相平行、互相连通，形成切割面以分离岩石。这种切割法适用于具有天然水平断面、劈裂性不好、不适宜使用火焰切岩机、坚硬、贵重的石材的开采。

使用钻机密集钻孔切割法分离开采石材，对钻机的要求很高，应确保钻孔互相平行并位于同一平面上。石材矿山上可用于这种开采方法的设备有台架式、滑架式、挂链式的凿岩机以及高效能的液压排钻等。

凿岩机是石材矿山使用最广的一种设备，用于密集钻孔切割法开采石材的凿岩机主要是在普通凿岩机的基础上增加了支撑、定位、移动的部分。以台架式凿岩机为例，台架式凿岩机比普通凿岩机多了一个起导轨作用的桁架，凿岩机装在滑动座上，滑动座可在桁架上移动，台架式凿岩机一般可装 1～2 个或更多的凿岩机，凿岩孔径 34～40mm，孔距可随滑动座的移动距离而定，钻孔深度可达 6.5m，最深可达 15～20m，钻孔效率一般为 0.2～1.0m/min。凿岩机沿钻凿方向进给的方式有液压活塞式、气动活塞式、风动马达带动链条式等。凿岩机的动力方式又可分为气动、内燃、液压和电动等几种方式。

图 3-14 所示的为意大利某公司产的 QBT-25 型台架式凿岩机，带有 4 台凿岩机。在工作中凿岩机可沿滑架作上下升降运动；滑架可沿导轨作横向运动；导轨可倾斜一定角度。因此使得凿岩机可在任意方向钻孔切割岩石，并可保证所有的钻孔都在同一平面上。

钻凿相互连通的钻孔，必须用间隔式的方法交替钻凿前进，并使之相互连通。如图 3-15 所示。

图 3-14　QBT-25 型台架式凿岩机

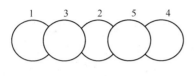

图 3-15　钻孔连接顺序

钻机密集钻孔切割法具有成荒率高、矿石损失少、成方性好等特点，分离花岗石时与火焰切岩机相比具有噪声小、粉尘少的优点。但是这种切割法也具有钻孔工作量大、效率低、成本高的缺点，所以仅用于不宜使用火焰切岩机、名贵、坚硬石材的开采。

2. 串珠式金刚石绳锯锯切法

作为一种开采石材的先进设备，串珠式金刚石绳锯石机（简称为串珠锯或绳锯）于1978年在意大利的卡拉拉大理石矿首先使用。随着金刚石串珠锯生产工艺与技术的不断发展，后来该设备也被应用于花岗石的开采，成为当今石材开采的主流切割设备。我国在20世纪90年代后期已经开始生产这种设备。

金刚石串珠锯在石材矿山中有多种用途，它可用于有3个或3个以上自由面的矿体分离、分离体的解体分割和荒料整形。在进给切割立柱、组合钻具或臂式锯机等辅助设备的配合下，串珠锯也可以在只有两个自由面的矿体上进行堑沟的开掘切割。

1）切割方法

使用金刚石串珠锯开采石材时，先将串珠绳装入预先贯通的钻孔内，然后在驱动装置的带动下循环运转，借助穿在无极钢绳上的金刚石串珠作为切割工具对岩石进行磨削切割、形成切口，从而达到锯切岩石的目的。锯机安装在预先铺设的轨道上，锯切过程中，锯机缓慢行走，远离矿体。

切割过程中，绳锯与石材接触的部分构成包络线，如图3-16中石材内部的绳锯虚线部分所示。以锯机主飞轮为界，绳锯进入石材方向一侧为松边，离开石材方向一侧为紧边。由于紧边受力比松边大，紧边侧包络线在切割时的收拢趋势比松边侧包络线更强。为形成合理的包络线以正常发挥绳锯的性能，在确定切面规格时，切面整体形状应较为规整，长、宽尺寸应适当，避免切割形状狭长的、或是锐角尖锐的切面。切割过程中可使用导轮系统撑开，形成大曲率半径的包络线。立面尽可能选择高台阶（5～6m以上），底面宽度也尽可能避免过窄。此外，切割总体面积最好在50m² 以上。

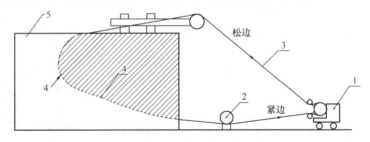

图 3-16　绳锯切割立面包络线示意图
1—绳锯机；2—导轮；3—绳锯；4—包络线；5—石材

在锯切垂直立面时，串珠锯设备通常摆置于待切割面下方，称为上切法，如图3-17所示；若底部空间不足以摆放机台的情况，亦即通过导轮转向，将设备摆置于待切割面上方，称为下切法。

当串珠锯切割水平面时，分离体石料与矿体之间最好有一个垂直立面相连，即使这

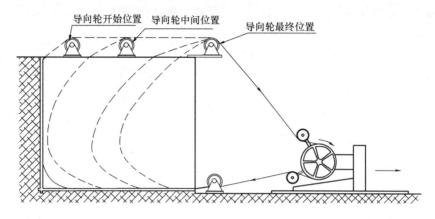

图 3-17 绳锯上切法锯切垂直面示意图

样，在串珠绳形成的切割缝隙里应及时插入钢楔，防止分离体石料在水平底面分离中或分离后坍落压住串珠绳。图 3-18 为绳锯锯切垂直面工作现场照片，从图中可以看出，分离体石料的水平底面已经分离。

2）切割工艺过程

按照切割作业的顺序，金刚石串珠锯开采石材的工艺流程如下：

（1）安装锯机的导轨：导轨与被切割面平行，导轨一侧与被切割面间距合适；

（2）打孔：根据矿体花色形态、裂隙情况和荒料尺寸选定分离体的长、宽、高尺寸，确定交汇孔的位置。在待切割面上钻取垂直、水平交汇孔（垂直面锯切）或水平交汇孔（水平面锯切），以便穿引绳锯形成对切割面的环绕。要

图 3-18 绳锯锯切垂直面工作现场照片

求水平孔和垂直孔组成的两个直立面必须相互垂直。图 3-19 为垂直面与水平面锯切时交汇孔的示意图；

（3）穿绳：将软绳由垂直孔吊入，采用"棘爪"摇杆抓取、棘爪套绳、压缩空气、

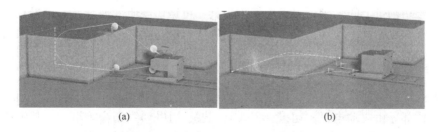

(a)   (b)

图 3-19 垂直面（a）与水平面（b）锯切时交汇孔示意图

或水流输送结合软绳导引等方法，穿引绳锯形成对锯切面的环绕。绳锯上的箭头方向必须与其锯切运动方向一致；

（4）接绳：将锯绳两端连接形成闭环；

（5）起锯：适当绷紧串珠绳，精调飞轮、独立导向轮旋转平面，最终与拟切割平面均处于同一平面内；

（6）停机：切割完成或切割过程中因各种原因需要停机时，先关闭行走电机，让绳锯在原处空转 1～2min，将锯缝磨宽，以免再开机时绳锯卡在锯缝中。

3）锯切特点

金刚石串珠锯开采法几乎适用于所有岩石类型的矿山开采，不论其硬度高低及裂隙发育程度，从大理石、石灰岩、砂岩到花岗石、石英岩矿山都能适用。采出的荒料块度大、成方性好、表面光滑、内部无损伤，且设备占地面积小，搬运移动方便。金刚石串珠绳的切割缝只有 1.2cm 宽度，而直径为 3.5m 或 4.0m 的圆盘锯的锯缝宽度最小在 1.5cm，因此金刚石串珠绳锯开采法能更好地利用矿体资源。根据福州天石源超硬材料工具有限公司提供的数据，金刚石串珠锯开采中等硬度大理石的工作效率为 $8～16m^2/h$，串珠绳的工作寿命为 $10～35m^2/m$，正常锯切的线速度约 38m/s；开采中硬花岗岩时，其工作效率为 $15～25m^2/h$，使用寿命为 $15～25m^2/m$，正常锯切的线速度约为 33m/s；锯切 $50～70m^2$ 的石英岩大面时，工作效率约为 $8～10m^2/h$，使用寿命约 $10m^2/m$，线速度约为 30m/s。由于金刚石串珠绳锯既可以进行垂直面的切割，又可以进行水平锯切面的切割；安装合适的导向轮后，还可以根据需要进行任意角度锯切面的切割，因此石材矿山可以单独采用金刚石串珠绳锯进行全锯切开采。

3. 臂式锯石机锯切法

臂式锯石机也是石材矿山中用于分离、分解工序的设备，但只能用于中低硬度石材的开采。由于臂式锯在工作时无需开拓采准堑沟，也不需要多用钻机钻孔或切割立柱等辅助设备，即可单机进行水平方向或垂直方向的切割，因此在国内外石材矿山开采中得到越来越普遍的应用。特别是臂式锯与金刚石绳锯相结合的绳-臂联合开采法可以从矿体上直接采出大块度的荒料，大大提高了开采效率。

1）开采设备

按照切割刀具与传动方式的不同，臂式锯机有链臂式锯机与金刚石开采带锯机 2 种类型。链臂式锯机使用安装在切割链上的硬质合金或金刚石刀头作为切割刃具，适用于中等硬度以下大理石、石灰岩和石灰华等软质石材的开采。金刚石开采带锯机是以镶在聚氨酯注塑切割带上的金刚石刀头为切割刃具，可锯切硬质大理石（蛇纹岩）或硅化大理石。链臂锯机的既可湿切也可干切大理石软质石材，尤其适合在无水或缺水的石材矿山完成正常的开采锯切作业。金刚石开采带锯的切割速度快，切割过程中必须使用大量冷却水。

链臂式锯石机通常由机架、切割工作机构、驱动控制机构和行走机构等部分组成。其切割工作部分由驱动电机、切齿（刀头）、截链（切链）、切盘等组成。其中切齿是链式锯的主要切削工具，直接磨削岩石。切齿承受载荷和抗磨损的能力与锯机的生产能力密切相关。切齿的刀头上镶嵌硬质合金（一般为碳化钨和钴）。锯盘和切割链在链式锯机液压泵驱动马达带动下行走、摆动和旋转切割。露天矿用的链臂式锯石机需预先铺设轨道，以便行走。锯石机行走带动锯盘进给，切割链旋转切割，完成水平和垂直方向的切割，达到块石与原岩分离的目的。图 3-20 给出了链臂式锯石机进行垂直与水平方向锯切的示意图。

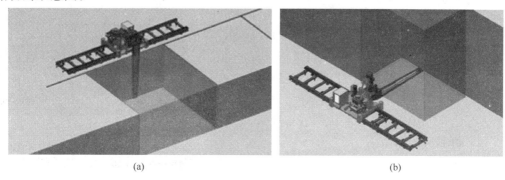

(a)　　　　　　　　　　　　　　　(b)

图 3-20　链臂式锯机垂直锯切（a）与水平锯切（b）示意图

2）开采方法

臂式锯机可进行矿体垂直、水平面的切割，而且在同一安装位置，可快速灵活地进行垂直水平切割位置的转换。目前大型链臂锯最大垂直切割深度可达 8m，水平最长切割深度可达 4.8m，链条宽度一般为 33.5mm，切缝宽度约 38mm。开采带锯的最大切割深度可达 4.8m，金刚石切割带厚度约 38mm，锯缝宽度一般大于 40mm。以下以链臂式锯石机为例说明其开采方法。

（1）水平分层锯切

水平分层锯切就是将链臂式锯石机的锯盘垂直方向最大锯切深度作为台阶的高度或条状块石的高度；水平方向最大锯切深度作为台阶一次采掘宽度或条状块石的宽度。矿体由上而下逐层开采。如两台以上链臂式锯石机在相邻台阶上工作，上一台阶应超前下一台阶推进。适用于各种厚度的水平层状体和各种厚度的倾斜矿体。图 3-21 给出了链臂式锯石机进行垂直方向锯切作业现场的照片。

图 3-21　链臂式锯石机进行垂直方向锯切作业现场的照片

对于水平或近水平的矿体，工作线可沿走向布置，亦可垂直走向布置。水平层理较厚的矿体，可将切割臂调整到合适的角度，作两个方向垂直面的锯切，层理面用水平劈裂的方法分离。厚层的水平矿体垂直面和水平面均可用链臂式锯石机切割。工作线长度可视具体情况而定，一般可考虑100～150m，其方向要尽量考虑裂隙分布规律。

对于急倾斜厚层矿体，可与水平厚层状矿体同样的方法开采。急倾斜薄层矿体（层理厚度应满足荒料规格的要求），可进行垂直走向的一个垂直面的锯切以及水平面的锯切，然后可沿层理面用劈裂法切断长条块石，实现分离的目的。工作线垂直矿体走向布置时，其长度须大于矿体的厚度，并考虑吊装运输所需的工作场地。工作线方向的确定也应尽量考虑利用矿体节理裂隙的分布规律。

（2）倾斜分层锯切法

链臂式锯石机具有牵引机构，故可在倾角小于25°的倾斜工作面上作顺倾斜方向和垂直倾斜方向的斜面切割。

倾斜分层锯切法运用于矿体倾角10°～25°的倾斜矿体，而且层理比较清楚的石材矿体。工作线可平行矿体倾向布置，为减缓倾斜度亦可斜交矿体的倾向位置，也可根据矿体主裂隙方向确定。

倾斜分层锯切可根据层理的厚度将链臂角度调至合适角度，将锯机置于上部平台，即分层之上，作相互垂直二个垂直面的切割，层理面可采用劈裂的方式断开。也可沿工作线进行一侧垂直面锯切，另一侧垂直面采用其他方式切割，层理面用劈裂法分开。

3）锯切特点

链臂式锯石机可单机操作，不需要钻孔或挖掘堑沟等采准工作，即可进行水平或垂直方向的切割。与绳锯相结合可以直接开采大块度的荒料。锯切效率较高，开采软、硬大理石的切割效率可分别达到6～12m²/h与3～6m²/h，但切割缝宽度大（＞40mm），石材损失大。

4. 圆盘式锯石机锯切法

用于石材矿山开采荒料的金刚石圆盘锯也称矿山锯或矿山荒料切石机，是一种在导轨上行走的、利用大直径金刚石圆锯片为切割工具，结合辅助设备实现无爆破和无热切割的矿山开采工艺，直接从岩体上锯切出规格荒料或石材的设备。矿山荒料切石机既可用于分离、分割石材，也可以用于开掘堑沟。使用矿山荒料切石机结合打楔劈裂法开采花岗石是国内矿山常用的低成本开采方法。

矿山荒料切石机锯片与普通金刚石圆锯片相同。按照锯片直径的大小，矿山荒料切石机可分为直径为3m或3m以下的普通矿山锯以及直径大于3m的大型矿山锯。

1）锯切设备

矿山荒料切石机主要包括锯机主机、锯片、导轨、电控系统四大部分。锯片的切割原理与锯切板材的圆盘锯相同，由锯机主机驱动锯片旋转、控制锯片的升降，不同的是，开采圆盘锯作业时，锯机主机与锯片在导轨上行走，做往复切割运动。荒料矿山切石机的主要技术性能参数如表3-4所示。

表 3-4 石材矿山荒料锯石机的主要技术性能参数

生产厂家	福建莆田华隆	福建南安水南	山东莱州振发	山东莱州永兴
型号	2QYK400/420-C	YKZ-1300/1960	ZFKQE1600-3500	1600/4500
锯片可调距离（mm）	2800～3300	1300～-1900	1600～3000	1500～3500
锯片直径（mm）	4000～4200	2200～3600	1600～3500	1600～4500
锯片数（片）	2	2	1	2
切割深度（mm）	1750/1850	850～1550	850～1550	850～2000
走刀速度（m/min）	—	—	0～1.5	0～1.5
主电机功率（kW）	55×2	55×2	30～37	30～45
牵引电机功率（kW）	3.5	—	2.2	2.2
升降电机功率（kW）			2.2	2.2

2）锯切方法

安装圆盘锯机的矿体表面必须是平整宽阔的，开采面的作业长度应该在 40m 以上，作业宽度最好在 20m 以上，而且随着每层石料被开采，作业面积应逐步增大。开始切割时，开采圆盘锯的最小作业面积长×宽达到 15m×4m，即可开始切割作业。

使用圆盘式锯石机锯切开采之前，必须沿工作线延伸方向按照所用锯石机的技术要求开掘一条与工作线平行的堑沟，并在堑沟底部铺设与工作面完全平行的两条铁轨，两条铁轨应当互相平行而且在同一水平面上，以使切石机沿其运行时能平稳地锯切岩石，以减少锯切岩石时尺寸不均、发生变形。图 3-22 为正在进行开采作业的矿山荒料切石机。

图 3-22 开采作业中的圆盘锯

由于矿山开采圆盘锯机只能锯切矿体的垂直面，所以圆盘锯机通常要与打楔劈裂法或串珠锯配合使用。锯切时先根据所需要的石材的规格由工作线的一端至另一端进行横向垂直锯切，切缝垂直于工作线，切缝互相平行，而后平行工作线方向用打楔劈裂法或绳据进行水平切割，最后进行平行于工作线方向的垂直锯切。当锯石机由工作线的一端切割到另一端时，应将分离下的块石运走，使锯石机向工作线里面移动所锯切的宽度后再进行第二个循环的锯切，直至把采区范围内同一水平、同一层的石材锯切完为止，而后再由下一个分台阶的外侧向内侧逐行锯切。

开采圆盘锯在完成一道切割缝时，常需要更换 2～3 块不同直径的锯片，每次锯切从最小直径的锯片开始。直径为 3.5m 以上锯片的基体厚度是 12mm，刀头厚度为 14mm，小的锯片基体的厚度从 7.3～11mm 不等。为了使大直径的锯片能够顺利切入锯缝，锯片基体上焊接的金刚石刀头的厚度应随锯片直径的增大而逐渐减小，锯缝的最终宽度约为 15～20mm。

3）锯切特点

在矿山上开采荒料的圆盘锯机只能锯切矿体的垂直面，因此在大理石矿山、尤其是花岗石矿山中圆盘式锯石机不能单机作业，通常与串珠锯组合后，形成开花岗石的全锯切开采系统；或与人工劈裂方法结合，形成锯切与人工劈裂组合开采系统。

采用圆盘锯机开采时，台阶的高度受限于锯片的直径，目前开采圆盘锯最大可安装单片直径 4.2m 的锯片，进行深度 1.9m 垂直锯缝的切割，垂直切割面可作为砂锯荒料的主切割面。矿山荒料切石机的特点有：

（1）荒料平整，成方性好；

（2）安全、环保、粉尘少；

（3）高效、低耗、节能；

（4）设备结构紧凑，操作简单，移动方便；

（5）矿山开发前期工作量大，应具备一定长度和宽度的较为平整的台阶面；

（6）适用于中、大型石材矿山，且设备的工作效率与台阶面的长度、宽度关系密切；

（7）设备耗水量大，矿山必须有完备的水、电供应；

（8）只适用于垂直方向上的切割，必须有其他开采设备协同才能完成荒料的开采；

（9）开采深度受限于锯片直径。

5. 联合开采法

在石材矿山的开采中只用一种方法完成分离工序的是很少的，通常需要采用两种或两种以上的开采方法，通常称之为联合开采法。对于同一矿体甚至于同一个工作面上，由于地形条件、地质因素、岩石结构构造和力学性质的差异，为了提高开采效率，必须采用不同的开采设备和开采方法。

联合开采法所采用的组合方式有多种，具体使用哪一种方法，应根据矿山的具体情况而定，现将几种常见的方法介绍如下：

1）臂式锯石机——串珠锯锯切法

串珠锯需要与进给立柱配合才能开掘堑沟，且切割效率很低、切割系统安装调整很复杂，容易出现断绳的问题。臂式锯机正好弥补了串珠锯的不足，臂式锯机可轻松地完成封闭垂直面或封闭水平面的切割。臂式锯石机与串珠锯联合开采时，可通过臂式锯机进行水平锯切、串珠锯进行垂直面的锯切来完成高台阶的开采。串珠锯垂直切割的深度不受限制，通常可切割 9～18m 高的台阶。对于中低高度台阶的开采，可采用臂式锯机进行垂直面的切割，然后由串珠锯切割分离体水平面和另外的垂直面。

2）串珠锯——圆盘锯锯切法

分离体垂直端面全部或部分由开采圆盘锯垂直向下切割分离，部分端面人工劈裂分离，串珠锯只需用于分离体石料水平底面的切割分离，即可进行石材的开采。

3）火焰切岩机切割——凿眼劈裂法

这种方法只适用于花岗石矿山。这是用火焰切岩机进行垂直面上的纵向或横向切割，再用凿眼劈裂法进行水平面的切割分离。火焰切割机与台架式凿岩机或手持凿岩机相配合的开采方法是目前使用最广泛的花岗石矿山开采方法。在山坡露天开采花岗石矿山，如果开采台阶只有两个自由面，火焰切割机可将分离体与矿体连接的两个垂直侧立面切割分离，剩余一个垂直背面和水平底面可使用手持凿岩机钻凿排孔，结合各种控制爆破方法与矿体分离。如果已经形成三个自由面的分离体，火焰切割机将分离体的一个垂直侧立面与矿体切割分离，剩余两个面双面控制爆破分离。分离体的解体和荒料整形全部采用手持凿岩机钻凿排孔、结合控制爆破、静态膨胀剂或人工劈裂完成。

在凹陷露天开采花岗石矿山，在只有一个自由面的矿体上，火焰切割机用于开拓堑沟内"键石"的切取，余下的开采方法与山坡露天开采相同。

除了上述这些方法以外，还有密集钻孔法与凿眼爆破法结合的联合开采法。这是用钻机密集钻孔进行垂直面的切割与用凿眼爆破进行水平面分离的一种方法，这种方法在花岗石和大理石矿山都可适用。此外，国外目前还发明了射流切割法，这是用高压水流切割岩石的一种办法，这种办法目前只用于大理石矿山而且多用于分解岩石或进行小块度岩石的开采。

第4章 饰面石材的加工设备

4.1 石材的加工性能

4.1.1 影响石材加工性能的因素

由石材矿山开采出的荒料必须经过进一步的加工，才能成为石材制品并被人们使用。石材的加工工艺包括对石材的锯切、研磨抛光（或机刨、火烧、锤击、喷砂、剁斧等表面加工工艺）、切断、磨边、倒角、钻孔、开槽、修补、优化处理等工序。石材的加工性能既受岩石成分、结构、构造的影响，同时也受岩石的物理力学性能的影响。不同的石材应当使用不同的加工工艺，例如大理石与花岗石的锯切、研磨、抛光所使用的工艺参数就有很大的差别，甚至使用的设备与工具材料都不相同。所以加工石材时应注意到石材的成分、结构、构造以及石材的物理力学性质对加工工艺的要求，不断改进和提高加工技术，以生产出更好的石制品。

岩石的物理力学性能包括岩石的相对密度、硬度、强度、吸水率、孔隙率、耐磨性等，有关内容笔者在第2章中已经介绍过了。石材加工的经验表明，岩石的肖氏硬度和耐磨性对石材的可加工性能的影响比岩石的其他物理力学性能的影响更为明显。肖氏硬度与锯片的磨损率有着较为一致的对应关系，因此认为肖氏硬度是预测岩石可加工性的一般指导原则。

岩石的矿物成分对岩石的可加工性的影响最为明显。大理石与花岗石的矿物成分完全不同，这两大类石材在加工的工艺方法、使用材料以及难易程度上都明显不同。即使同为大理石类的石材，由于其矿物成分的差异或矿物含量的不同也会影响它们的加工性能。例如大理岩的主要矿物成分为方解石和白云石，它们都属于低硬度的矿物，但在变质过程中发生了硅化或蛇纹石化的大理岩则因含有蛇纹石、硅灰石、橄榄石等，比一般大理石难以加工。例如我国辽宁的"丹东绿"即为蛇纹石化橄榄岩，在加工时就比一般的大理石难。花岗石的可加工性在很大程度上取决于岩石中石英和长石的含量，石英含量越高，锯切加工越难。例如福建福清的"龙田黄"（G 3557）就是一种石英含量较高的花岗石，在锯切加工时下刀深度只能达到5～6mm；而石英含量较少的 G 3587 花岗石在同样情况下，下刀深度可达 9～10mm。

岩石的结构与构造对其可加工性的影响主要体现在矿物颗粒的大小、结晶程度的好坏等对加工效果的影响。例如颗粒均匀的大理石比颗粒不均匀的大理石容易加工，细粒的大理岩比粗粒的大理岩磨光质量要好，致密的大理岩比疏松的大理岩成材率高，岩石中矿物的结晶程度高且晶体的光轴具有定向排列，将大大提高加工后的光泽度。对于石英砂岩来说，其石英含量很高，但由于其结构疏松，所以也容易加工。粗粒结构的石材在切断时特别容易崩裂，造成板材的崩边掉角，例如河南的"松香黄"大理石、广西的"岑溪红"花岗石都是粗晶结构的岩石，在进行切断加工时较容易造成崩边，因而在加工工艺中应加以调整，避免因矿物晶体的崩裂而造成成品率的降低。

由以上的例子可以看出，岩石的可加工性是受多种因素共同影响的结果。国外有些学者提出用锯切过程中产生的力来判断石材可锯性，这种方法目前在西欧、日本等国家已得到广泛应用。试验结果表明，锯切过程中石材受到水平方向与垂直方向的切削力，其中，水平切削力大大小于垂直切削力，而锯片磨耗率的大小与岩石垂直切削力的大小具有完全一致的对应关系。

4.1.2　石材可加工性的分级

为了指导制定最优加工工艺规范，西欧有些国家将大理石分成两类，将花岗石分成三类，来制定加工工艺规范。综合国内石材加工的实际经验，将石材按可加工性分类，列于表 4-1。

表 4-1　石材的加工工艺分类

石材类别		特征	实例
大理石	一类	石质软、SiO_2 含量<5%	汉白玉、松香黄、雪花白
	二类	石质不均匀、含硅酸盐矿物、SiO_2 含量>5%	丹东绿、莱阳绿、大花绿
花岗石	一类	HS<90，不含或只含少量石英，SiO_2 含量较低	济南青、山西黑、芝麻黑
	二类	HS=85～100，石英含量中等，SiO_2 含量中等	芝麻白、崂山灰、惠东红
	三类	HS>95，SiO_2 含量高，石英含量高且颗粒粗	石棉红、龙田黄、九龙璧

根据表 4-1 中的分类制订了锯切石材的工艺参数规范，表 4-2 为德国某公司根据上述分类提出的锯切工艺规范。

表 4-2　金刚石圆锯片锯切花岗石工艺参数

花岗石类型	指数	典型石材	圆周速度（m/s）	吃刀深度（mm）	走刀速度（m/min）	锯切效率（m²/h）
一类	1	非洲黑、蓝珍珠、济南青	35～40	12.5	3	2.3
二类	1.8	粉红麻、英国棕、蓝翡翠	30～35	8.5	3	1.5
三类	3.5	南非红、印度红、四川红	25～30	5	3	0.9

表 4-2 中指数是根据实际经验确定的，其意义可理解为加工的难易程度，如二类花岗石的加工难度比一类大 1.8 倍，三类花岗石的加工难度比一类大 3.5 倍。

就石材本身而言，不同地区的石材在花色品种、锯切难度、对工具的磨耗性等方面存在较大差异。在生产实践中，有些企业按石材的可锯切性经验性地总结出了不同的石材分级方法，最常见的方法是将花岗石划分为 6 级：

（1）软花岗岩（1～2 级）——石英含量几乎没有，通常为正长岩、黑色花岗岩、蓝色花岗岩、某些种类的片麻岩等；

（2）中硬花岗岩（3 级）——石英含量中等，通常为白色与灰色花岗岩；

（3）硬质花岗岩（4～5级）——石英含量较高，通常为红色与其他颜色的花岗岩；

（4）特殊结构花岗岩（6级及6+级）——石英岩或矿物成分及结构复杂的石材，如广西的鸡血玉、巴西绿竹、铁红等。

巴西市场约定上述6个不同级别之间的折算比例系数为：1～3级［1.0］，4级［1.75］，5级［2.5］，6级［4.2］。在对不同地区石材的可锯切性进行比较时，应了解这些地区的分级标准及不同级别之间的换算方法，从而对石材的可锯性能做出比较准确的评价。

上述对石材的可加工性分类主要是根据石材的石英、二氧化硅含量和肖氏硬度来分类的，实际上石材锯切的难易程度还与岩石的磨蚀性有关。根据实践经验的总结有关石材可锯性的综合测评的经验公式为：

$$Y = 27.77 - 0.168B - 0.12C - 0.10D \tag{4-1}$$

式中，Y 为锯片的抗磨损性能；B 为岩石的磨蚀性；C 为岩石的肖氏硬度；D 为石英体积的百分含量。

上述公式表明石材的磨蚀性、肖氏硬度和石材中石英的含量都影响到石材的可锯性，在这三者中尤以石材的磨蚀性对石材的可锯性影响最大，所以当使用新锯片或当锯片磨钝了时，应当使用耐火砖等高磨蚀性的材料"开刃"。天然石材中许多火山岩就具有较高的磨蚀性，例如福建莆田的"大洋红"就是一种火山凝灰岩，这种岩石具有极强的磨蚀性，锯切这一类型的石材时必须使用耐磨型的刀头才能正常地锯切。

4.2　饰面石材的锯切设备

锯切是饰面板材加工的第一道工序，用于锯切花岗石、大理石荒料的设备主要有框架式锯机、圆盘式锯机、多绳金刚石串珠锯机、金刚石带锯、圆弧板锯机（筒锯）等。

4.2.1　框架式锯机

框架式锯机也称排锯或拉锯，主要用于加工大规格的板材，具有生产效率高、加工成本低的优点，是大型石材企业自动化生产线广泛配备的锯切设备。框架式锯机根据锯切对象和所用磨料特征可分为锯切大理石的金刚石框架锯和锯切花岗石的砂锯，根据锯框运动轨迹的形式可分为锯框做弧线式运动的上摆式（或称摆式）框架锯、锯框做直线式运动的平移式框架锯和锯框做复合曲线式运动的复摆式框架锯。

1. 上摆式框架锯

上摆式框架锯是大批量生产花岗石的主要锯切设备，也称作上摆式砂锯或摆式砂锯，其基本结构是由主电机、飞轮、连杆、四立柱框架、锯框、锯框悬臂或叫门式摆架、锯框升降机构和锯框升降电机、荒料车、加砂装置等组成，其结构示意图如图4-1所示。

摆式框架锯的悬臂多由铸铁制成的，四根悬臂互相平行，锯框悬吊在悬臂上，随锯框升降机构而上下运动，同时大连杆在电机的带动下推动锯框做简单的往复摆式运动，从而使锯条带动钢砂挤压、磨削石材完成对石材的锯切工作。上摆式框架锯的这种运动

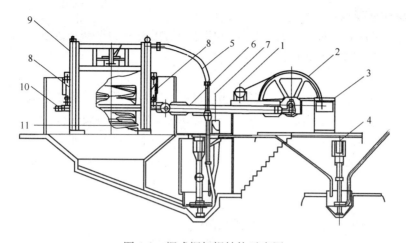

图 4-1　摆式框架锯结构示意图

1—主电机；2—大飞轮；3—控制屏；4—钢砂分离器（钢砂回收器）；5—加砂装置；

6—连杆；7—钢砂喂料机；8—锯框悬臂；9—框架立柱；10—锯框（锯条）；

11—荒料车

特点决定了它在工作过程中存在很大的空行程，只有当锯条由上往下运动到最低点附近时，锯条才能挤压钢砂磨削石材进行有效的切割运动，而在其他位置锯条则离开钢砂，因而也不能挤压钢砂锯切石材了，在整个运动行程中只有大约 1/4 的行程是在进行有效切割的。由于空行程大，所以它的工作效率低，锯切中等硬度的花岗石，摆式砂锯的落锯速度约为每小时 3～5cm。

随着摆式砂锯在花岗石石材加工过程中的广泛使用，其结构与性能也在不断地加以改进。传统砂锯的加工宽度约为 3.5m，可以安装 120 根锯条（加工 20mm 厚度板材），而目前新型的砂锯采用双连杆结构以实现锯框运动平稳，最大加工宽度目前可达到 7m，可以安装 230 根锯条（加工 20mm 厚度板材）。此外，新型砂锯的悬吊机构改进后，摆臂的长度已由传统砂锯的 1.4～1.5m 增加到目前的 1.9m，锯条的往复行程由 680mm 增加到 800mm，摆臂的长度的增加与锯条的往复行程的增大使得锯条的有效锯切行程得以延长，锯切效率得到提高。表 4-3 为几种国内外摆式砂锯的主要技术性能参数。

由于摆式砂锯的结构简单，构件磨损小，使用寿命长，设备故障率低，所以目前使用的砂锯多为摆式，同时国内外厂商不断研发的新型砂锯也仍然采用传统摆式结构。

表 4-3　摆式框架锯的主要技术性能参数

厂家、型号 技术性能参数	福建盛达机器 JS-45	意大利巴桑提 AL450	科达机器 SJS-48
锯切荒料最大尺寸（mm）	3500×4500×2200	3790×4500×2150	3300×4800×2200
锯框行程（mm）	700	540	600
最多装锯条数（条）	180	160	160
锯切进给速度（mm/h）	0～80	0～80	0～80
主电机功率（kW）	90	100	90
锯框往复次数（r/min）	67	75	73

2. 平移式框架锯

平移式框架锯有两种，一种是用于锯切花岗石类石材的平移式砂锯，另一种是锯切大理石类石材的金刚石框架锯。

1）平移式砂锯

平移式砂锯主要由主电机、飞轮、四柱框架、连杆、锯框、锯框导轨、荒料车、锯框升降机构、加砂装置等组成，其基本结构如图4-2所示。与摆式框架锯相比，平移式砂锯少了锯框悬臂，多了锯框导轨。平移式砂锯工作时由主电机带动连杆推动锯框沿锯框导轨做水平往复直线运动，由平移式砂锯的运动特点，可以看出这类砂锯在运动过程中锯条始终紧压着石材，不存在无效的空行程，因而工作效率大为提高。但是由于平移式砂锯的锯条在整个运动行程中都在挤压钢砂磨削石材，锯条与石材之间没有间隙，作为磨削材料的钢砂就无法及时地补充到切削面上去，因此就需要在锯条中部凿上一些圆形的孔，钢砂磨削石材，如果锯条太薄，压不住钢砂，钢砂容易被挤出锯切面，因此就需要加大锯片的厚度，以保存更多的钢砂在锯切面上，使锯条保持正常的锯切状态。通常情况下摆式锯的锯条厚度为 4.0～4.2mm，平移式砂锯的锯条厚度为 6mm 左右，比摆式锯的锯条厚度增加了 50% 左右。由于锯条的厚度增加了，因而锯缝加宽，出板率降低，同时锯条用量、钢砂用量和能耗都增加，导致成本提高了。因此平移式砂锯虽有提高效率的优点，但是也存在着高消耗、高成本的缺点，近十几年来生产的砂锯不再采用平移式运动方式。

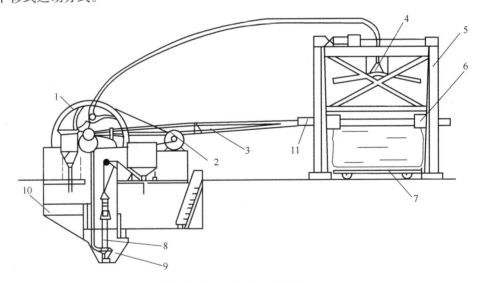

图 4-2　平移式砂锯结构示意图

1—飞轮；2—主电机；3—连杆；4—洒浆车；5—机架（四柱框架）；6—锯框导轨；

7—荒料车；8—砂浆泵；9—砂浆井；10—砂浆贮浆槽；11—锯框与锯条

2）平移式金刚石框架锯

金刚石框架锯主要用于大规格的大理石板材的锯切加工，所以也被称为大理石框架锯，目前国内能锯切花岗岩的只有 HKJ-80 型静压式金刚石花岗岩框架锯。金刚石框架锯的结构与平移式砂锯的结构十分相似，所不同之处在于金刚石框架锯没有加砂装置，只有冷却水的喷淋装置。它不靠锯条挤压钢砂磨削石材，而是依靠焊接在锯条上的金刚石刀头（或称节块）切削石材完成对石材的锯切加工。

（1）平移式金刚石框架锯的类型与主要技术性能

金刚石框架锯按照锯条的运动方向可分为垂直框架锯和水平框架锯。前者锯条做垂直运动；后者锯条做水平运动。垂直框架锯的锯条使用寿命长，生产效率也较高，但是机器价格贵，荒料要经整形后才可上锯锯切。目前更广泛使用的是水平框架锯。

按照锯条的运动速度水平式框架锯可分为高速框架锯和低速框架锯；前者一般冲程为 500～1000mm，往复次数为 95～120r/min，切削效率为 15～40cm/h，需要的功率一般是 100～130HP；后者一般冲程为 325～500mm，往复次数为 75～95r/min，切削效率为 8～15cm/h；需要的功率一般比高速锯要低。

金刚石框架锯按荒料车的运动方式分为固定式与顶升式。

在荒料固定式框架锯中，荒料被固定于台车上，在锯切过程中锯框和锯条边做水平往复运动边由上而下运动完成整块荒料的锯切。此类框架锯多为低速框架锯。它安装有一根长连杆，最大冲程 500mm，往复次数为 80r/min。

在荒料顶升式框架锯中，锯切时锯框和锯条始终固定在一个高度上做水平往复运动，荒料固定在料台上，通过料台的由下往上的顶升运功完成整块荒料的锯切。此类框架锯多属高速框架锯，它通常有一对短连杆。锯切冲程可达 800mm，往复次数可达 115r/min，可装夹 100 多根锯条，锯切效率高。

表 4-4 为国内外部分金刚石框架锯机的主要技术性能参数。

表 4-4　国内外部分金刚石框架锯锯机的主要技术性能参数

生产厂家	型号	锯片长度（mm）	荒料长度（m）	最大锯条数（条）	冲程（mm）	往复次数（r/min）	进给速度（cm/h）	主功率（HP）
Barsanti	TLD35	4100	3200	35	600	90	0～57	100
Barsanti	TLD-80A	4100	3200	80	520	85	0～305	125
Barsanti	TLD-80S	4300	3200	80	800	100	0～305	180
Breton	Diabreton HS25/33	4350	3250	100	700	80	0～62.5	90
Mordenti	Mord25	4200	3300	25	500	100	0～55	75
福建盛达	SKJ-135	4350	3250	135	800	75～85	0～305	132
福建盛达	SKJ-100	4300	3250	100	800	85	0～305	110
福建盛达	SKJ-80	4300	3250	80	800	85	0～305	90
福建盛达	GLKJ-80	4300	3250	80	500	75	0～305	75
上海飞宙	DRAGON80	4400	3200	80	800	90	—	121
厦门银华	XMG-80	4100	3250	80	800	80	0～480	110
广东科达	SJP20-100	4100	3300	100	800	85	0～305	110
富高利	FTM80/800	4359	3300	80	800	80	0～560	102

（2）水平金刚石框架锯的结构

金刚石框架锯主要由主电机、飞轮、连杆、曲轴、锯框与金刚石锯条、机架、进给系统、冷却系统所组成，固定式与顶升式金刚石框架锯的结构分别如图 4-3 和图 4-4 所示。

图 4-3　GLKJ-80 型荒料固定式金刚石框架锯

图 4-4　SKJ-80 型顶升式金刚石框架锯

（3）水平金刚石框架锯的运动方式与工作原理

水平金刚石框架锯的锯切过程是通过主电机带动飞轮、曲轴旋转，驱动连杆带动锯框与其上的锯条做往复运动（切削运动）实现对石材的切削；同时进给机构使锯框向下运动或荒料向上运动实现进给。锯框上装有 25～150 根锯条；锯条长度在 3～4.5m 之间；锯条上焊有烧结式金刚石结块，结块数通常在 25～45 之间。结块磨削石材，实现对石材的锯切。

进给运动和切削运动是金刚石框架锯锯切过程中的主要运动。

框架锯的切削运动是一个曲柄连杆运动，锯条的运动速度和加速度均呈正弦波振荡变化的，即切削速度在整个冲程的各点是变化的，这是框架锯与圆盘锯在工作原理和运动方式上的最主要差异。

曲柄连杆机构使得锯条上的每个点在往复运动中都经历了由静止—加速—静止的周

而复始的过程，这种运动方式使得锯条上的金刚石结块在运动的每个点上切削效果都不相同，在锯条做水平运动的两个端点及其附近锯条的运动速度太低时金刚石结块是无法切削石材的，所以较大的冲程距离可提高有效锯切行程。

（4）立式金刚石框架锯

立式金刚石框架锯的组成结构与水平式金刚石框架锯基本相似，只是锯框运动方式与水平式金刚石框架锯不同。立式金刚石框架锯的基本结构如图 4-5 所示。

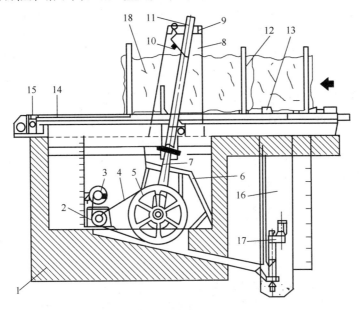

图 4-5　立式金刚石框架锯结构示意图

1—基座；2—减速器；3—主电机；4—传动皮带；5—飞轮；6—安全装置；7—连杆；
8—机架立柱；9—锯框上升平板；10—冷却水喷管；11—锯框、锯条；12—荒料固定架；
13—梳齿推进装置；14—后工作台；15—进料机构；16—排水井；17—冷却水泵；18—荒料

立式金刚石框架锯的工作原理是主电机带动连杆运动，连杆带动锯框和锯条做上下直线往复运动，锯框和锯条的运动始终都在同一平面上。进给电机和梳齿推进装置将荒料由前工作台向后工作台推进，荒料的运动方向与锯框的运动方向互相垂直，当荒料经过锯框运动的平面时被锯条所切割，随着荒料被逐渐地由前向后推移，荒料被锯切成板材。

立式金刚石框架锯行程大，往复频率快，锯切线速度可达 4.4m/s，能对石材进行快速锯切，是一种快速金刚石框架锯。

无论是哪一种形式的金刚石框架锯，其工作原理与砂锯都不相同，金刚石框架锯的锯切工件是金刚石刀头，所以这类锯机在锯切过程中不需要加入作为磨削材料的钢砂。因此金刚石框架锯的锯条可以始终紧压在石材上，磨削锯切石材，而摆式砂锯和平移式砂锯则是靠锯条挤压作为磨削材料的钢砂来磨削锯切石材的。因此钢砂能否及时地补充到锯切面上，并且锯条是否有尽可能多的时间挤压钢砂、磨削石材，是砂锯工作效率高低的关键因素。

图 4-6　复摆式砂锯锯框运动轨迹示意

3）复摆式砂锯

复摆式砂锯的运动方式介于摆式与平移式之间，锯条在工作过程中的运动轨迹如图 4-6 所示，为直线和曲线的复合，锯框在整个行程两端很小的范围内做曲线运动，而在行程的中间部分锯框做直线运动。当锯框做曲线运动时，锯条抬起离开石材，钢砂补充到锯缝底部，当锯框做直线运动时，锯条挤压钢砂切割石材。这种复式运动的砂锯在锯切过程中空行程很短，只占整个行程的 10%，因而生产效率比摆式砂锯大为提高，锯切中等硬度的花岗石时，下锯速度可达 30~40mm/h。同时由于这种砂锯在行程的两端做曲线运动，锯条抬离切削面，钢砂有机会补充到切削面上，因此不需要在锯条上凿孔，锯条也不需要加厚。因此这种砂锯可以与摆式砂锯一样使用普通的锯条，不像平移式砂锯那样多消耗锯条、钢砂和电力，也不浪费荒料、降低出材率，因而继承了上摆式砂锯低消耗以及平移式砂锯高效率的优点。从结构上来看是一种理想的锯条运动方式，但在实际的使用过程中这种运动方式的设备故障率高，用于实现直线和曲线运动轨迹变换的锯框导向机构承受极大的冲击力，受到的磨损严重，使得其使用寿命短、维修成本高，所以近年来复摆式砂锯已被逐渐淘汰。

4.2.2　金刚石圆盘式锯机

金刚石圆盘式锯机也简称圆盘锯机，适用于大理石、花岗石板材以及各种工艺石材、碑石、建筑用材的锯切加工，具有投资少、切割速度快、板面平整、操作简单等特点，是运用最广的一种石材锯切设备。

金刚石圆盘锯的类型很多，技术性能相差较大，根据其基本结构的差异可以分为单臂式圆盘锯机、双柱式（或称龙门式）圆盘锯机和四柱式（或称框架式）圆盘锯机，也可以根据圆片的锯切方向分为普通圆盘锯机和双向切机，或根据锯片的数量分为单片锯和组合锯。

圆盘式锯机的锯片有大有小，用于锯切荒料的圆锯片的直径通常由 ϕ900~3500mm。根据所用锯片直径的大小可以把圆盘式锯机分为普通圆盘锯（锯片直径 $\phi \leqslant$ 1600mm）、中型圆盘锯（ϕ1600~2000mm）、大型圆盘锯（ϕ2000~2500mm）和巨型圆盘锯（ϕ>2500mm）。圆盘锯机的锯切深度受到锯片直径的限制，最大深度不能超过锯片直径的 1/2，通常略大于锯片直径的 1/3，例如直径为 Φ5m 的锯片可以锯切高度为 2.2m 的荒料。锯片直径越大，对圆盘锯机的技术要求越高，生产成本也越大，所以在石材大板生产中，圆盘式锯机还不能替代框架锯。下面根据圆盘锯机的基本结构对不同类型的圆盘式锯机分别予以介绍。

1. 单臂式金刚石圆盘锯

1）基本结构

单臂式金刚石圆盘锯的基本结构有控制屏、主电机、机架、台车、台车导轨、台车牵引机构、升降电机、垂直升降螺杆、水平移动螺杆、料车、冷却水喷洒装置等，如图 4-7 所示。单臂式金刚石圆盘锯可以是单片锯也可以是多片组合锯，两者在基本结构与工作原理上并无区别，只是组合锯在整机功率、工作稳定性等方面的改善与提高，使得这类锯机可以挂载更多的锯片而工作效率得以提高；加之普遍使用数字化、程序化操控设备使得产品质量和生产成本得到有效改善。目前此类设备已成为大中型规格板石材生产企业普遍使用的设备，特别是批量锯切宽度 900mm 以下条板更为适用。

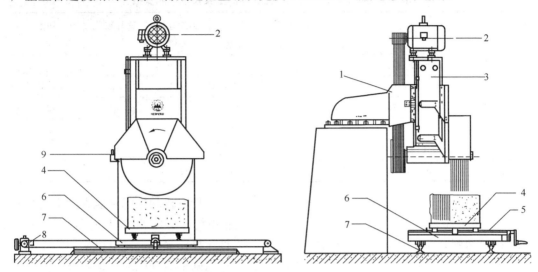

图 4-7 单臂式金刚石圆盘锯结构示意图

1—机座；2—主电机；3—机架；4—料车；5—水平移动螺杆；6—台车；
7—台车导轨；8—台车牵引电机；9—冷却水喷洒装置

2）工作原理

锯机工作时主电机通过皮带轮带动锯片旋转，同时锯片在垂直升降装置带动下从上到下地逐层锯切石材（每层锯切深度根据不同石材的吃刀深度而定），台车牵引电机通过牵引机构带动台车沿平行于锯片方向做纵向往复运动，完成一片或一组石板的从上到下、从前到后的锯切；当锯切到所需要的深度后，垂直升降装置带动锯片上升退出锯缝，水平移动螺杆转动，安装有锯片转轴的悬臂或滑座做垂直于锯片方向的水平横向移动（或使装有荒料的料车做垂直于锯片方向的移动），移动距离为板材的厚度或一组板材的厚度，锯片重复做从上而下的运动，同时台车重复纵向往复运动，完成整层荒料的锯切。重复上述过程完成整个荒料的锯切。

综上所述可以看出单臂式锯机的锯切过程包括四个部分的运动组合：

（1）锯片的旋转运动，这是锯机最基本的运动，只有通过锯片的旋转才能达到锯切石材的目的；

（2）锯片在垂直升降装置的带动下做垂直方向的升降运动，完成板材从上到下的锯切；

（3）台车在牵引机构的带动下做纵向往复运动，完成荒料从前到后的锯切；

（4）锯片相对于荒料的横向运动（分别由水平移动螺杆带动锯片移动，或由料车移动来完成），完成荒料从左到右的锯切。

3）主要技术性能

单臂式金刚石圆盘锯的类型繁多，不同型号和厂家的产品技术性能差距也较大，以下数据仅供参考。

组合式金刚石锯单臂锯的主要技术性能参数如表 4-5 所示。

表 4-5 部分单臂式金刚石组合锯的主要技术性能参数

生产厂家	型号	最大加工规格（mm）			锯片直径（mm）	锯片数量（片）	功率（kW）
		长度	宽度	高度			
福建和盛	SZQ-1850	3800	1600	750	1850	45～60	75＋250
福建和盛	DZQ-1600D18	3500	1300	650	1600	18	90
福建盛达	ZHJ-1800	3000	1200	700	1800	10	37
厦门银华	TGJ-160A	3500	1300	950	1600	10	55
福建华隆	HLDQ-1600	3500	1300	950	1600	15	55
山东华兴	DZJ180-Ⅱ	2500	1800	1500	1800	8	55

目前组合式金刚石单臂锯大量使用新材料、新技术使锯机的技术性能大大提高，例如 SZQ-1850 型锯机（图 4-8）就采用 PLC 电脑控制系统，可任意设定切割模式、下刀深度以及切割监控、故障监控等一系列智能化、人性化操作模式。主电机采用大小电机串联方式，可在不同情况下，选择不同的工作模式；以降低启动电流，达到节约能耗的目的。台车牵引机构采用前后双减速器变频调速电机；可根据不同荒料，选择不同速度；进一步提高产量、质量，并降低能耗。此类锯机结构紧凑、占地面积小，用工少，操作模式简便，可减少对熟练工人的依赖，适合大中型规格板生产企业选用。

图 4-8 SZQ-1850 型组合式金刚石单臂锯

2. 双柱式金刚石圆盘锯

双柱式金刚石圆盘锯也称龙门式锯机或门式锯机，有较好的锯切稳定性，可以安装大型或巨型金刚石圆锯片，锯切中等硬度的花岗石每小时可锯切 2～4m²，是中、小型石材加工厂常用的一种锯切设备。大型龙门式锯机也常用于荒料的整形或大规格荒料的分解。

1）基本结构

双柱式金刚石圆盘锯其基本结构包括双立柱门式机架、水平导轨、主电机、水平行走电机、切机机头（可沿水平导轨做横向运动）、切机进给电机与切机进给机构（安装在门式机架内，可控制水平导轨的升降）、台车、台车导轨（与水平导轨垂直）、台车牵引机构、冷却喷水装置。图 4-9 所示为双柱式金刚石圆盘锯结构示意图。

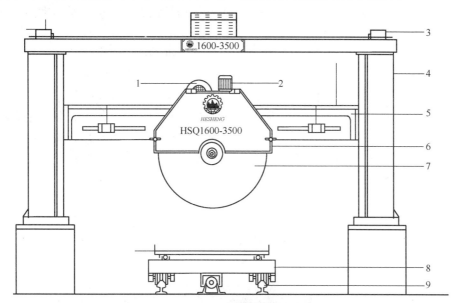

图 4-9　双柱式金刚石圆盘锯结构示意图

1—主电机；2—水平行走电机；3—进给机构；4—门式立柱；

5—水平导轨；6—防护罩；7—金刚石圆锯片；8—台车；9—台车导轨

2）工作原理

龙门式锯机的锯切工作过程包括四部分的运动：

（1）圆锯片在主电机的带动下做旋转运动；

（2）切机机头在水平行走电机驱动下沿水平导轨做纵向运动，对石材进行纵向锯切；

（3）在进给电机驱动下，锯机进给机构带动水平导轨做垂直方向的升降运动，使锯片对石材进行由上到下的锯切；

（4）台车牵引电机通过牵引机构使台车沿垂直于锯片平面的方向做横向运动，使锯机能够按所要求的厚度逐片锯切石材。

3）主要技术性能

龙门锯机的种类繁多，性能差异也较大，以下为 HSQ-3500 龙门式金刚石圆盘锯机技术性能参数供参考：

（1）锯片最大直径：3500mm；

（2）锯片数量：6（3×ϕ1600＋3×ϕ940）；ϕ2200 以上单片；

（3）荒料最大规格（长×宽×高）：4000×2500×2000（mm）；

（4）升降行程：2000mm；

（5）横向切割行程：4200mm；

（6）主电机功率：37kW。

3. 桥式切石机

桥式切石机也被称作桥式龙门切机，其结构与前述的龙门式锯机类似，不同的是以横梁与横向导轨替代了台车导轨，设备具有更好的锯切稳定性，板材平整度高，是切割大规格高价值进口大荒料的理想设备。

图 4-10 所示为 HSGL-3000-12D 桥式切石机，该机采用大跨度横梁结构和四立柱式液压升降机构。表 4-6 为桥式切石机的主要技术性能参数，从表中可以看出，当采用直径为大—中—小的锯片组合时，最多同时安装 12 块锯片；采用直径大、小不同的 2 种锯片组合时，最多可安装 14～18 块锯片，切割效率高。此外，在切割小尺寸荒料时可并排放两块荒料，大尺寸荒料可为单块，由于横梁跨度长，当锯片切到荒料底部后可直接移出荒料，然后分片，而横梁跨度比较小的机型要移出荒料时，只能把锯片升到荒料最高点分片后再降到未切割的位置再进行切割，由此可节约上升下降的时间，提高了切割效率。

图 4-10　HSGL-3000-12D 桥式切石机

表 4-6　桥式切石机的主要技术性能参数

技术性能参数 \ 型号	HSGJ-3000-12D			
锯片最多数量（片）	12（塔式挂法）	14（组合式挂法；$\phi 1650 \times 7$＋$\phi 980 \times 7$）	16（组合式挂法；$\phi 1650 \times 8$＋$\phi 980 \times 8$）	18（组合式挂法；$\phi 1650 \times 9$＋$\phi 980 \times 9$）
锯片最大直径（mm）	$\phi 3000$	$\phi 1650$	$\phi 1650$	$\phi 1650$
横梁长度（mm）	8000（8365）	8000（8365）	8000（8365）	8000（8365）

续表

型号 技术性能参数	HSGJ-3000-12D			
左右行程（mm）	3500～4800	3500～4800	3500～4800	3500～4800
最长前后行程（mm）	2500（5000）	2500（5000）	2500（5000）	2500（5000）
升降行程（mm）	1400	1400	1400	1400
升降导柱直径（mm）	210	210	210	210
主电机功率（kW）	55（65）	65	75	90
最大加工尺寸（mm）	4500×2500×1300	4500×2500×650	4500×2500×650	4500×2500×650

4. 双向切机

双向切机是大理石、花岗石薄板生产线的主要生产设备。它可以将荒料按要求锯切成一定宽度的、两边平整的条板。

1）基本结构

双向切机的基本结构与以上所述的单臂式或双柱式金刚石圆盘锯的结构基本相同。这种锯机之所以称为双向切机，是因为它不仅有垂直方向锯切的锯片，还具有水平方向锯切的锯片。双向切机的结构有单臂式、双柱式、框架式（四柱式或六柱式）等。安装的锯片有单片也有多片的；一般锯切大理石选用单锯片双向切机，锯切花岗石选用多锯片双向切机。目前，较多的双向切机是四柱式结构的，如图 4-11 所示。这种双向切机的基本结构包括垂直锯片、水平锯片、四柱框架式机架、主电机、纵向行走电机、横向行走电机、升降进给电机、升降进给装置、台车、台车导轨、控制操作台等。

图 4-11　LLQJ-1600-4 框架式双向切机

2）工作原理

四柱框架式双向切机的锯片可沿纵向水平导轨做纵向水平移动；纵向导轨又可沿前、后横向水平导轨做横向移动；水平横向导轨安装在机架的立柱上，并可在升降进给电机的驱动下沿立柱做升降运动；从而完成整个荒料从前到后、从左到右、从上到下的锯切。

双向切机在工作原理上与单臂式锯机、双柱式锯机不同的是它多了一个水平锯片。当没有水平锯片的时候，由于锯机切割下的板材四边是不平直的，而且当荒料的高度较大可以切几层板时，每锯切完一层都必须用凿子把锯好的板从底座上凿下来，然后把条板的四边按照所需要的规格切齐。这种作业方式既浪费荒料，又容易在凿板时造成破裂，降低成品率，而且也降低生产效率。

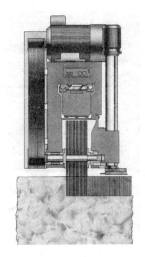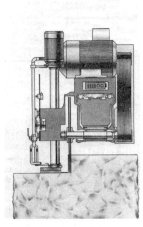

双向切机因为安装了水平锯片，在进行垂直锯切之前，先由水平锯片把荒料不平整的顶面切平，锯切工艺上称为切顶。经过切顶的荒料顶部就有了一个平整的水平面，然后由垂直锯片沿垂直方向根据所需要的规格切割到一定的深度，再由水平锯片把条板锯切下来。这种操作方法以水平锯切代替了人工凿板，大大提高了生产效率，同时也提高了成品率和荒料的利用率。由于条板是被锯切下来的，而且荒料的顶部已经被切平，所以锯切下来的条板已经是宽度合乎规格要求的条板

图 4-12 双向切机工作原理示意图

了，不需要再用切机把条板的两边切整齐。所以切机上的水平锯片不但提高了成品率和荒料的利用率，而且大大提高了生产效率。双向切机的工作原理如图 4-12 所示。

3）主要技术性能

从双向切机的结构特点可以看出，双向切机的主要技术性能与前面所介绍的两种类型的锯机的区别主要在于它较高的生产效率，由于这类锯机常做成四柱框架式的，所以还具有良好的工作稳定性和锯切精度。不同类型的双向切机的技术性能参数相差较大，如表 4-7 所示。

表 4-7　双向切机的主要技术性能参数

技术性能参数 ＼ 型式	QSQJ-1600-B（桥式）	LMQJ-1600-2（龙门式）	LLQJ-1600-4（框架式）
最大加工长度（mm）	2500	3000	3100
最大加工宽度（mm）	2000	2000	2000
最大加工高度（mm）	1300	2000	2000
出材最大高度（mm）	630	—	630
锯片最大直径（mm）	1600	1600	1600
水平锯片直径（mm）	600	600	600
主电机功率（kW）	75 或 90	37 或 55	37 或 55
水平切电机功率（kW）	15	—	15
横向移动电机功率（kW）	22	—	3
外形尺寸（长×宽×高）（mm）	7350×5500×5300	6000×4700×6000	6628×5500×5935

4.2.3　金刚石多绳串珠锯

金刚石绳锯既可用于大理石、花岗石石材的开采及荒料的整形，又可用于花岗石、大理石板材的锯切。早期的金刚石绳锯只安装有一根金刚石串珠绳，即单绳式串珠锯，后来可安装的串珠绳逐渐增加，这些多绳式锯机也被称作金刚石组锯机。目前国外市场已经出现可同时安装 72 条串珠绳的多绳式锯机，国产的金刚石串珠锯可同时安装 42 条串珠绳。

1. 基本结构与工作原理

多绳式金刚石串珠锯锯机主要由机架、电机及驱动轮、从动轮、液压张紧轮、金刚石串珠绳、轮系框架升降装置、水冷系统及荒料车等组成。其切割原理与矿山开采用金刚石串珠锯类似，不同的是多绳锯机在锯切过程中位置是固定的。图 4-13 为多绳式金刚石串珠锯的工作示意图，多条

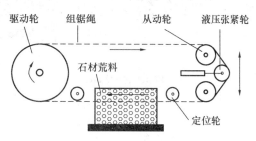

图 4-13　多绳式金刚石串珠锯机工作示意图

闭环绳锯张紧在组锯机轮系上，在驱动轮的带动下以 20m/s 或更高的线速度做高速运动，通过绳锯串珠中的金刚石颗粒对石材的匀速连续磨削运动实现石材大板的批量切割。

根据组锯机的轮系及张紧方式特点，市场上的组锯机大致可以分为四种类型：

图 4-14　意大利 GASPARI 多绳锯机

（1）以 BRETON（BIDESE）、COFI、SIMEX 等品牌为代表的小四轮结构。轮直径在 1～1.4m 之间。四个转动轮中一个为主动轮，另外三个为从动轮；或两个主动轮，两个从动轮。为了实现每根串珠绳的单独张紧，需要左右两套组合式张紧轮。

（2）以 PEDRINI、GASPARI 等品牌为代表的一个大主动轮＋两个小从动轮结构。主动轮直径约 2.3m，从动轮直径在 1～1.5m 之间。为了实现每

根串珠绳的单独张紧，需要一套组合式张紧轮及一套整体张紧轮。图 4-14 为意大利 GASPARI 组锯机照片。

（3）以 PELLGRINI 品牌为代表的双大轮结构。两轮中一个为主动轮，另一个为从动轮，轮直径约 2.3m。主动轮为整体式结构，从动轮为分片式结构，每片从动轮可以单独张紧串珠绳，起到张紧轮的作用。图 4-15 为意大利 PELEGRINI 多绳锯机。

（4）巴西 UNIVERSO 设备的两个中轮＋上撑式张紧轮结构。两轮中一个为主动轮，另一个为从动轮，轮直径约 1.2m。设备张力轮系设置在顶部。国内福州天石源超硬材料工具有限公司生产的 TSY-MW42U 锯机属于此类结构，如图 4-16 所示。

图 4-15　意大利
PELEGRINI 多绳锯机

图 4-16　福州天石源
TSY-MW42U/UNIVERSO 多绳锯机

2. 主要技术性能

多绳锯机的锯切性能主要取决于锯机及其所安装的金刚石串珠绳的性能。国外设备以意大利贝得里尼公司 GS220 型花岗石大板多绳锯为例，其共有 32 绳、40 绳、64 绳 3 个型号，可以切割 2～10cm 不同厚度的花岗石大板，更换（取下和换上）全套绳的时间为 2h，锯切中等硬度花岗石时，锯切速度 0.8～1.2m²/h；寿命 8～12m²/m。国内设备以福州天石源超硬材料工具有限公司生产的 TSY-MW42U 多绳锯机为例，企业提供的主要技术性能参数如表 4-8 所示，该设备在巴西锯切不同硬度等级花岗石的性能比较数据如表 4-9 所示。

表 4-8　TSY-MW42U 组锯机的主要技术性能参数

绳子数量（条）	42	线速度（m/s）	0～40
绳子直径（mm）	7.3	下刀速度（cm/h）	0.5～90
绳子长度（m）	18	冷却水量（L/min）	660
最大切割高度（mm）	2000	设备尺寸（长×宽×高，m）	8×4.5×6
最大切割长度（mm）	3200	设备质量（t）	27
板材厚度（mm）	20～30	主电机功率（kW）	160

表 4-9　TSY-MW42U 锯切不同硬度等级花岗石的性能比较数据

花岗石硬度　　性能	下刀速度（cm/h）	寿命（m²/m）
2 级	55～60	
3 级	45～55	
4 级	30～40	12～16.5
5 级	18～30	
6 级	10～14	

4.2.4　多绳锯与框架锯、圆盘锯的锯切特点的比较

框架锯包括砂锯与金刚石框架锯两种类型，长期以来砂锯和金刚石框架锯分别是锯切花岗石大板、大理石大板的传统设备。由于砂锯机的锯切特点是锯条往复运动，线速度低，锯切速度慢，进给速度通常只能达到 20～50mm/h，一块荒料往往需要切割 3～5 天。对于一些特别硬的花岗岩或石英岩，砂锯的切割进给甚至只有 2～5mm/h。这么低的切割速度严重地制约了加工的效率，或导致某些硬石材品种因加工费用太高而无法正常利用。在锯切过程中，砂锯机还要消耗大量的辅助钢砂和石灰，加工后所产生的大量废水废渣废弃物很难处理，容易造成环境污染。此外，还存在着设备体积大、辅助设备多、占地大、更换锯条工序复杂、砂浆配料及供浆系统实际操作经验要求高、加工板材表面质量差、后续加工量大等缺点。金刚石框架锯不需要钢砂和石灰等辅助材料，但由于框架的往复运动方式制约了刀头的适应性，金刚石框架锯仅局限于加工大理石，不能用于锯切较硬的花岗石石材。

圆盘锯工作时，装在主轴上的金刚石圆锯片做高速单向旋转运动和在横梁导轨上做往复运动，通过升降进给导向装置，实现锯片的上下运动和准确降刀。与框架锯相比，其锯切线速度可达 25～35m/s，可较大地提高加工效率。但其锯切深度受到了锯片直径的限制，当锯片直径较大时，由于刚性不够造成锯路不平直，切割板面质量差，并且切缝大，浪费石材，不适于批量大板的锯切生产。

金刚石多绳串珠锯可以锯切各种硬度的花岗石和大理石。与砂锯相比，金刚石多绳锯锯切石材大板有诸多优势，表 4-10 为二者锯切花岗石大板的性能对比，从表可以看出金刚石多绳锯是一种对传统砂锯机加工方法的革新换代的加工方式，具有效率高、环保节能、基建投入少、锯切噪声低等特点，适合锯切所有类型的石材。

表 4-10　金刚石多绳锯和砂锯锯切花岗石石材大板情况对比

项目	砂锯机	金刚石多绳锯机
板面最大尺寸	3.6m×2.2m	3.6m×2.2m（可定制）
软/中硬岩进给速度	10～50mm/h	250～600mm/h
石英岩进给速度	基本无法切割	80～160mm/h
同等产能设备安装面积	2400m²	140m²
同等产能设备基建成本	高，占地大	低，占地小（约降80%～90%）
单产电耗成本	高	低（约降70%～75%）
锯缝尺寸	存在冲击，7～9mm	柔性连续切割，7～8mm
加工板面质量	表面粗糙，有时有污染	表面光滑平整，无污染
加工板面平整度	±1mm	±0.5mm（使抛磨效率提高30%～40%）
荒料不平整度要求	要求高	要求低（可省前道整形工序）
辅料和冷却水	大量钢砂、石灰和水（难分离）	冷却水（可循环使用）
产生废弃物	约 6kg/m²（钢砂、锯条等）	约 0.01kg/m²（仅绳锯）
更换刀具复杂性	操作复杂（每次约 6h）	操作简单（每次约 1h，工作柔性高）
后继磨抛成本	高	低（节省约 40%）
生产柔性	生产切换周期长（3～5 天）	可实现 0.5 天切换
操作方便性	操作条件复杂，质量不易控制	操作简单，质量可控

4.3 饰面石材的研磨抛光设备

石材的研磨与抛光是石材生产中的表面加工,是石板材生产的第二道工序。经过锯切得到的花岗石或大理石毛板在一般情况下是不能直接作为饰面石材使用的,只有经过表面加工,使石材内在的颜色、花纹、光泽充分显露出来了,才具有观赏价值,能满足建筑设计、建筑装饰和建筑艺术方面的要求。而表面加工的程度或者说磨光的光泽度高低和平整度的好坏又直接决定着石板材的质量指标的高低。根据我国建材行业标准的有关规定和国际石材市场上对大理石、花岗石板材的一般要求,通常情况下,石板材的光泽度要达到80以上,对于高档次的石板材,其光泽度则要求达到95以上。要达到这样的光泽度,用一种磨料是不行的,因而在研磨抛光工序中又要分作几个工序,在不同的工序中用不同的磨料、不同的工艺方法进行加工。通常把磨光工艺分作六个工序,即铣平(或称定厚)、粗磨、中磨、细磨、精磨和抛光。

铣平的目的有两个:一是把毛板上的沟槽铣掉;二是校正毛板的厚度。铣平可以用粗粒磨块进行,也可以用金刚石磨盘进行。

粗磨是把铣削过程的划痕清除,为中磨创造良好的条件。中磨是一个过渡工序,经过中磨,石材中的矿物晶体和花纹可以显示出轮廓。细磨可以把花岗石的颜色和花纹清楚地显示出来。精磨为抛光做好准备,精磨过的石板材光泽度可以达到50~65,对于某些产品,比如用做楼梯踏步的花岗石板,经过细磨就认为完成了表面加工工艺。

抛光是表面加工的最后一个工序,经过抛光,石板材显示出镜面光泽,可以清清楚楚地反映出周围物体的影像。如果用光泽度仪测量,完全可以达到80~100。这时候,石材天然的、色彩绚丽的内在美会充分地展现在人们的面前。

用于磨光工艺的设备可以按照自动化程度的高低分作两类:第一类是普通的机械研磨设备,如大圆盘研磨机、小圆盘研磨机、摇臂式手扶研磨机、桥式研磨机,前三种设备因为效率低、质量差、劳动强度大正在逐渐被淘汰;第二类是连续作业的研磨机,如多头自动化连续磨机。本节主要介绍几种不同类型磨机的基本结构、工作原理、技术性能、适用条件和操作方法。

4.3.1 手扶摇臂磨机

手扶摇臂磨机可用于大理石、花岗石的研磨与抛光作业。图4-17为HSM-260A手

图4-17 HSM-260A手扶摇臂磨机

扶摇臂磨机设备的外形。这是一种单机作业的研磨抛光设备，通过更换磨具的方法，可完成铣平、粗磨、细磨、精磨、抛光的全部作业，一般需要由粗到细依次更换6～7个不同粒度的磨盘以完成全部研磨加工作业。

1. 基本结构

手扶摇臂磨机的种类很多，结构也各不相同，其基本结构是由主摇臂、副摇臂、主电机、主轴和加压装置、立柱、摇臂基座、升降电机和丝杆、扶手等组成，其基本结构如图 4-18 所示。

带有升降电机和丝杆的手扶磨机可做较大幅度的升降运动，也叫升降手扶磨机，主要用于碑石等厚度较大的石材的研磨抛光。

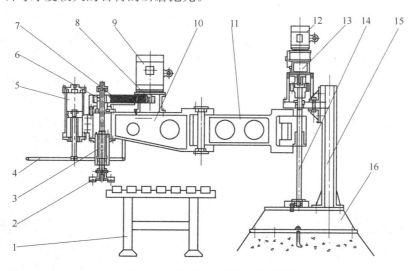

图 4-18　手扶摇臂磨机结构示意图

1—工作台；2—磨头；3—主轴；4—手柄；5—汽缸；6—大皮带轮；7—皮带；
8—小皮带轮；9—主电机；10—主摇臂；11—副摇臂；12—升降电机；13—减速器；
14—丝杠；15—主立柱；16—机座

2. 工作原理

主电机通过传动皮带带动垂直安装的主轴转动；主轴的转动带动了安装在主轴下方的磨盘做旋转运动；通过扶手使主、副摇臂摆动可以使磨盘沿石材表面做平面移动，并在一定的范围内做上下移动；通过加压装置使磨盘上的磨石对石材表面产生一定的磨削压力，伴随着磨盘的旋转运动对石材表面产生磨削作用，从而完成研磨抛光作业。

磨盘的加压方式有四种：气动、液压、弹簧和人工，通常使用弹簧加压和人力加压的方式。

3. 主要技术性能

手扶磨机的类型较多，不同型号的手扶摇臂磨机技术性能的差异主要表现在可加工板材的规格、磨盘的直径、磨盘转速与摇臂的升降行程等方面。在这几项技术性能参数中，磨机可加工板材的最大尺寸受主、副摇臂的尺寸所限制，也受操作人员的移动范围和劳动强度所限制。通常情况下由气压、液压和弹簧加压的磨机可加工的板材尺寸可略大些，但一般也不超过 3000mm×1200mm；而由人力加压的磨机可加工的板材宽度超过 100cm 时，操作就比较困难了。手扶磨机可加工的板材最小尺寸受磨盘直径和磨块尺寸的影响，一般情况下当板材的尺寸小于磨盘的直径时，用手扶磨机就很难进行加工了。通常情况下，板材的尺寸太小，手扶磨机的工作效率降低，而且所加工板材的平整度也较差。

磨抛加工不同的石材时应使用不同的磨盘转速，单速磨机适用的范围较小，可变速的磨机更能适应各种不同种类石材的研磨抛光需要。

摇臂升降行程的大小是为了使磨机能加工不同厚度的石材。如果磨机仅用于加工大理石、花岗石板材，那么升降行程有 200mm 就足够了；如果磨机要用于加工碑石或异型石材，就必须根据工件的厚度或高度来选择磨机的升降行程。以晋江和盛生产的 HSM-260A 手扶磨机为例，该设备采用弹簧加压，磨盘升降行程为 0~700mm，磨削回转半径 650~3500mm，磨盘直径 260mm。

手扶磨机在石材加工企业中具有非常广泛的应用，它具有操作简便、适用范围广、加工成本低的优点，但是手扶磨机的工作效率和加工质量在很大程度上决定于操作工人的技术水平和熟练程度，一个熟练的操作工人每小时大约可磨抛 1m² 的板材，但是手扶磨机所加工出板材的平整度与连续磨机的加工效果相比差异就比较明显了。手扶磨机加工小规格的石材时，其工作效率和加工质量就更差，因此手扶磨机不适用于先切后磨的生产工艺。

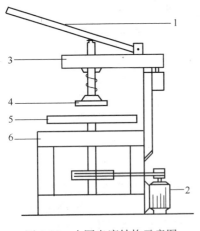

图 4-19　小圆盘磨结构示意图
1—压杆；2—主电机；3—摆动臂；
4—磨盘；5—转盘；6—机座

4.3.2　小圆盘磨机

小圆盘磨机是一种用于小规格板材研磨抛光的单机作业式的石材磨抛设备，通过更换磨盘的方法，可以完成由粗磨到抛光的全部工序。

1. 基本结构

小圆盘磨机的结构非常简单，它主要由主电机、机架、转盘、主轴、摆动臂、压杆、压力弹簧等组成。其基本结构如图 4-19 所示。

2. 工作原理

待磨光的板材固定于转盘上，在主电机的带动下转盘做水平旋转；压杆下压，摆动臂下部的磨盘在弹簧压力的作用下紧压在石板材上，随摆动臂的移动完成对整个板面的研磨抛光作业。

3. 主要技术性能

这类磨机可加工的石材尺寸较小，适合于先切后磨的生产工艺。对于块度较小的荒料所锯切的毛板，使用小圆盘磨机磨抛加工有利于提高成材率。在我国的许多大理石矿区的小中型石材加工厂中，小圆盘磨机的使用非常普遍，当然小圆盘磨机也适用于花岗石板材的磨抛加工。

小圆盘磨机具有价格低廉、操作方便、生产成本低、可加工小规格板材、提高成材率、可单机生产等优点。但是它也有生产效率低、劳动强度大、产品质量不稳定等缺点。

4.3.3 桥式磨机

桥式磨机也是一种单机作业的、可用于加工大理石、花岗石板材和碑石、异型石材的研磨抛光设备，可以安装一个磨头，也可以安装多个磨头，前者叫单头桥式磨机，后者叫多头桥式磨机。

1. 基本结构

桥式磨机由桥架、导轨、磨头、磨头升降机构、磨头电机、行走电机、工作台等部分组成，如图 4-20 所示。

2. 工作原理

桥架上安装有 1～6 个磨头，每个磨头上安装有 4～6 个磨块，在磨头电机的驱动下磨头做旋转运动，进行磨削抛光；在磨头行走电机的驱动下磨头可沿桥架做横向往复移动，使石材从左到右都能得到研磨抛光；桥架可以沿导轨做纵向往复运动，使石材从前到后都得到研磨抛光。有些桥式磨机不设置纵向行走导轨，桥架不做纵向运动，这种桥式磨机的工作台可以在纵向行走电机的驱动下沿导轨做纵向往复运动；磨头可

图 4-20 桥式磨机

以在磨头升降机构的驱动下做上下升降运动，以适应不同厚度石材的加工，并使磨块对石材产生磨削压力。

桥式磨机也必须通过更换磨块来完成由粗磨到抛光的全过程。桥式磨机的加压方式一般采用气压式或液压式。

3. 主要技术性能

桥式磨机在单机类型的磨光设备中是一种机械化程度较高的设备。与前面所介绍的两种磨机相比，它具有较高的生产效率、较好的加工质量，可加工较大规格的石材，劳动强度低，操作方便，是一种介于自动化连续磨抛设备与手工操作的半机械化磨抛设备之间的产品。桥式磨机仍然需要通过更换磨盘来完成从粗磨到抛光的各道工序，所以与多头自动连续磨机相比，它在生产效率和加工质量上仍然有较大的差距。桥式磨机适用于较大规格的大理石、花岗石板材或碑石的加工，不宜用于小规格板材的加工。部分型号的桥式磨机的主要技术性能参数如表 4-11 所示。

表 4-11 桥式磨机的主要技术性能参数

技术性能参数	LMP150	QMJ-470	JCH02-3A/YN
最大加工尺寸（mm）	3000×1500×150	3200×2200×80mm	2400×1700×240

续表

技术性能参数	LMP150	QMJ-470	JCH02-3A/YN
磨盘直径（mm）	250	470mm	250
磨盘数（个）	1	8	2
主轴转速（r/min）	720/480	—	
最大工作压力（MPa）	0～0.7	—	0.1～0.2
总装机容量（kW）	10.6	51.1	14
生产厂家	福建惠安机械厂	云浮欣达机械厂	贵州建新机械厂

4.3.4 多头自动化连续磨机

多头自动化连续磨机是石材自动化生产线的主要设备，能连续、自动地对石材进行铣平、定厚、粗磨、细磨、精磨、抛光，还可以对抛光好的板材进行清洗和烘干，是一种高效能的石材研磨设备，可用于大理石、花岗石毛边板、规格板的研磨、抛光加工。

1. 基本结构

多头自动化连续磨机的类型很多，结构形式也各不相同，此类设备主要由机架、传送带、传动轴、大梁、磨头、磨盘、磨头电机、磨头升降机构、大梁行走机构、控制屏等组成的，如图 4-21 所示。

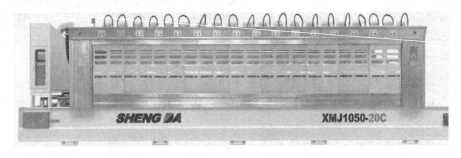

图 4-21　XMJ1050 自动化多头连续磨机

2. 工作原理

在多头自动连续磨机的工作过程中，装在磨头上的磨块相对于石板材的运动是一种多元复合轨迹运动。把这种运动分解开来研究，它主要由以下几种运动所合成的。其一，是磨头相对于石板的纵向运动。只有经过这种纵向运动，才能使一块长 3m 左右的石板从前至后都得到磨光。这种相对的纵向运动是由传送带带动着石板做水平直线运动来完成的。其二，是磨头相对于石板的横向运动。只有经过这种横向运动，才能使一块宽为 2m 左右的石板从左到右都得到磨光。这种相对的横向运动是由承载着许多磨头的磨机大梁的横向摆动来完成的。对于专门用于研磨宽度为 65cm 以下石材的多头自动连续磨机，其大梁是固定的，这种磨机的磨盘直径为 65cm，可以满足小规格板材的磨抛需要。其三，是磨头相对于石板的旋转运动。旋转运动是磨头的最基本的运动，正是由于磨头的旋转，才使装在磨头上的磨块能够把石板铣平磨光。旋转运动是由磨头电机带动磨头主轴旋转来完成的。其四，是磨块的摆动，磨头旋转过程中伴随着磨块的摆动，使花岗石板材的表面加工效率高、质量好。

早期的连续磨机在对花岗石板材进行研磨、抛光加工的时候，磨头上的磨块是只有转动没有摆动的。由于整个磨块的底部紧压在石板的表面上，造成磨屑不易排出（磨屑中既有石板被铣磨下来的石粉，又有磨块本身消耗掉的磨料和粘结剂），冷却水不易喷入，铣磨状况十分恶劣。后来，人们把凸轮杠杆机构引入到磨头的内部结构当中，实现了磨块的摆动，因而克服了上述弊病。磨头上的磨块在工作中伴随着旋转运动，磨块本身也在左右摆动，因而磨块的底面呈弧形，磨块与石材的接触面大为减少，而且接触部分又是在不断地变化着。由于接触面的减小和不断变化，因而大大地改善了磨削过程中的工艺状况，其原因如下：

（1）加大了切削力。在磨头产生的扭矩相同的情况下，接触面积越小，磨削力越大。由于加大了切削力，提高了工作效率，使磨光速度更快了。

（2）加快了磨屑的排出速度。旧式磨头在工作时，磨块与石板间没有宏观间隙，磨屑要排出必须等磨块移动后才能排出，由于磨块始终紧压在石板上，因此即使磨块移动了，磨屑也不一定能完全排出。在新式磨头工作时，磨块与石板间有很大的间隙，而且间隙在不断地变化着，使得磨屑能很容易地及时排出。由于磨屑及时从磨块和石板间排出，这就增加了磨块的有效工作时间，减少了无效的磨削，因而从另一方面提高了磨削速度。同时，由于磨屑及时排出，减少了磨料碎屑产生划痕的机会，也为提高产品的光度、提高研磨效率创造了条件。

（3）宜于水的冷却作用。在磨抛工序中水主要有两个作用：一是冷却，二是排屑；此外水还可以起到调节磨块硬度的作用。由于新式磨头工作时，磨块和石板间有较大的间隙，很自然地就增加了冷却面积，也就使水更好地发挥了冷却作用，有效地防止了"烧板"现象的发生。

为了提高磨抛效率、改善磨抛效果，连续磨抛机上使用的磨头除了摆式磨头外还有行星磨头、柱式磨头、锥式磨头等，以适应对物理力学性质不同的石材的高效率、高质量的研磨抛光。图 4-22 为摆式磨头和行星磨头的外形图。

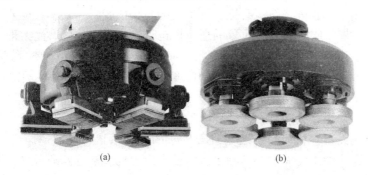

(a)　　　　　　　　　　(b)

图 4-22　摆式磨头（a）和行星磨头（b）

3. 主要技术性能

由于自动化多头连续磨机的磨头数不同，加上磨机自动控制系统性能的差异，不同类型连续磨机的技术性能差异很大。表 4-12 中列举了部分国内外不同型号连续磨机的技术性能参数以供参考。

表 4-12　连续磨机的主要技术性能参数

生产厂家	型号	磨头数（个）	可磨宽度（mm）	可磨厚度（mm）	耗水量（m³/h）	总功率（kW）
福建盛达	SKMJ-20D	20	600～2000	15～50	30	308.6
福建盛达	XMJ-1050-16C	16	600～-1050	15～50	15	128.6
福建盛达	ZDMJ-20C	20	600～2000	15～50	30	228.6
福建和盛	ZDMJ-16B	16	600～2000	15～50	25	181
福建和盛	ZDMJ-20D	20	300～1050	15～50	20	155
意大利富高利	FLG2200-20T	20	2200	10～100	36	253
意大利 PEDRINI	VERSION16	16	2100	150	22	190
意大利 SIMEC	NP2100RX	18	2100	120	28	211

目前在用的连续磨机大多只单纯磨抛花岗石或大理石，用于花岗石的连续磨机的磨头数应不少于 12 个，而用于大理石的连续磨机磨头数不少于 8 个。磨头的加压方式有液压的或气压的，当加工花岗石时宜用液压式加压，当加工大理石时宜用气压式加压。

自动化连续磨机通常能自动机械上下板，具有数控装置，可以自动测量进入磨机的石板的几何形状，以控制各磨头的升降，使得毛板的所有部分都能得到充分的研磨；可以控制大梁的运行速度和停顿时间，使得磨头在板面上任何位置都有相同的停留时间，以保证石板的研磨平度；自动连续磨机还可以对毛板的传送速度和各磨头的压力、转速、冷却水量进行调控，以得到最佳的研磨效果和最高的磨抛效率。例如，ZDMJ-20C 自动化连续磨机就采用 PLC 控制系统，实现了人机对话界面操作，使设备运行参数化、自动化、程序化，可自动侦测毛板形态及输送位置，自动控制横梁摆幅、磨盘升降，使得板面任意点上都能得到最佳加工。

随着市场对不同类型产品的加工效率与加工质量的要求日益提升，自动连续磨机的结构与性能得到不断改进。新型磨机的技术性能向高精度、高效率、更节能以及更高自动化程度方向发展，同时对加工对象的适应性也更强。当今单机磨抛大理石、花岗石的最多磨头数分别达到 16～18 头、22～23 头，磨盘直径由 350mm 增加到 580mm，磨块个数从 4～5 个发展到 8～9 个，横梁摆动速度加大，磨抛工作效率提升。早期的自动化连续磨机的加工对象是单纯花岗石或大理石，后来出现了通过拆换磨头就可以磨抛花岗石或大理石的自动化连续磨机，适合规模不大但同时生产花岗石和大理石的工厂；再后来出现了利用花岗石磨机机身安装大理石磨头的连续磨机，能够适应各种大理石的磨抛，尤其适合那些加工的大理石品种多、需要产量大且经常有偏硬石材品种的工厂。

4.3.5　定厚机

定厚是石材磨光工艺过程中的第一道工序，主要用在花岗石薄板生产中。从花岗石板材生产的标准来看，花岗石薄板对厚度的允许偏差只有 0.5mm，要达到这个标准要求则必须对板材进行定厚。定厚所用的设备是定厚机（GRINDING MACHINE FOR GRANITE）也可直译为"花岗石铣平机"或"铣平机"。在花岗石薄板的生产过程中定厚机起着控制板材厚度的作用，实际上定厚机在锯切工序与磨光工序之间起着承上启下的作用，一方面它纠正了锯切工序中的厚度误差；另一方面它铣平了锯切工序中留下的锯痕沟槽，为磨光工序创造了条件。经过定厚机铣平、磨削后的石板表面平整、厚度适中，磨抛效率可大大提高、成本可明显降低。

定厚是一道重要的工序，对于定厚机的研制，各石材设备制造厂家也都投入较大的技术力量，研制开发出各种不同类型、不同结构的定厚机。从定厚机的铣头类型的差异可以把定厚机分为两大类：盘式定厚机和辊式定厚机。

1. 盘式定厚机

盘式定厚机的铣盘呈碟形构造，铣盘的直径为 400～650mm，盘的边缘镶焊着一圈金刚石刀头，如图 4-23 所示。工作时铣盘做旋转运动，并以一定的压力紧压在石材上，通过铣盘与石材的相对运动，铣盘上的刀头铣削石材达到铣平定厚的目的。

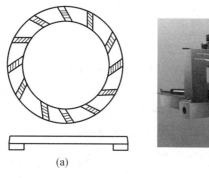
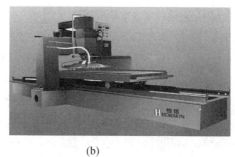

(a)　　　　　　　　　　　　(b)

图 4-23　金刚石铣盘（a）和盘式定厚机（b）

盘式定厚机的最大缺点在于，铣盘在工作过程中，刀头始终紧压在石板上，正如旧式磨机的磨块在工作中的状况一样，对于刀头的冷却和磨屑的冲洗十分不利。同时普通定厚机应当可加工宽度为 610mm 以下的石材，因此铣盘的直径就必须达到 650mm，由于铣盘的直径较大，就需要较大功率的电机来带动它，因此也就增加了能耗。但是这种大铣盘的定厚机也具有结构简单、操作方便的特点。定厚机工作时铣盘在固定的位置上做旋转运动，同时在铣盘升降机构的驱动下紧压在石板上，石板放置在工作台上，工作台可沿导轨做水平直线运动，使整片石板都得到铣削。所以这种定厚机的工作原理包括两个部分，一是铣盘的旋转运动，二是工作台的水平直线运动。

为了解决大铣盘式定厚机高能耗的缺点，有些石材机械生产厂家研制了较小铣盘的定厚机，这种定厚机的铣盘直径约为 380～420mm。由于铣盘直径缩小了，驱动动力也随之减小，因而降低了能耗。由于铣盘的直径比较小，所以在铣磨宽度较大的石板时，必须使铣盘做横向往复摆动来完成对整片石板的铣磨。像多头自动磨机一样，铣盘被安装在可横向摆动的大梁上，大梁做横向摆动，铣盘做旋转运动，载着石板的工作台或传送带做水平纵向直线运动以完成铣磨工序。但是定厚机的这种工作方式存在着两个缺点：第一，每当铣盘做横向往复运动移动到石板的边缘时都要进行换向运动，铣盘就必须不断地重复着"停止—加速—（匀速）—减速—停止"的过程，因此就需要有一套复杂的自动化调速系统。第二，因为铣盘的这种运动方式在石板的边缘存在着运动的停顿，在这个位置上石板容易被压碎。为了解决小直径铣盘定厚机的这个缺点，意大利BARSANTI 机械公司生产的定厚机在大梁的两端装上曲柄-连杆机构，曲柄-连杆的不断回转，大梁也跟着回转，大梁上的磨头也随之回转。设置适当的曲柄长度就可以使铣盘在横向上的回转范围达到 650mm，实现对宽度较大的石板的铣磨。定厚机铣盘的这种运动方式，实现了铣盘相对于石板的横向运动，又避免了运动中的停顿，不易压碎石板，同时也省却了一套复杂的调速系统。

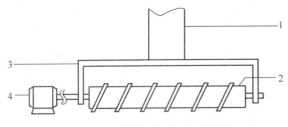

图 4-24　可旋转铣辊支架示意图
1—旋转轴；2—铣辊；3—支架；4—驱动电机

2. 辊式定厚机

辊式定厚机的铣削工具是铣辊，如图 4-24 所示。这种铣辊上镶嵌着螺旋状的金刚石刀头，铣轴的有效工作长度为 610mm，辊轴垂直于石板的前进方向。工作时铣辊绕自身的轴线旋转，并以一定的压力压在石板上，垂直石板的纵向做相对运动，达到铣削石板的目的。辊式定厚机的铣头在工作时与石板的接触部位在不断地变化着，因此对于冷却、散热、排屑是十分有利的。铣辊被安装在一个可旋转的支架上，通过调整铣辊轴线与石板运动方向的夹角，则可适用于任意宽度小于铣辊有效工作长度的石板的铣磨定厚加工。这样就可以根据石板的宽度随意调整铣辊的角度，使整个铣辊无论铣磨任意规格的石材时都可以被均匀磨损。

4.4　饰面石材的切断设备

经过锯切、研磨抛光的石材还必须按照所需要的规格尺寸经切割以后，才能被用以各种建筑装饰。石材的切断设备主要有各种类型的桥式切机、纵切机和横切机等，其工作原理与本章 4.2.2 节所介绍的锯切设备基本相同。锯切设备与切断设备的最主要区别在于这两类设备的加工精度要求不同，前者属于高功率的粗加工，后者属于低功率的精加工。

4.4.1　桥式切断机

桥式切断机可用于不同规格大理石、花岗石板材的切断加工，它不但可以切规格板，也可以切割三角形、梯形等不规则形状的板材。桥式切机在切割批量的规格板时，具有简便、快捷、精度高的优点。

1. 基本结构

桥式切机由桥头墙（基座）、纵向导轨、纵向行走机构、桥、横向行走机构、刀架总成（切头）、工作台、控制系统等组成。图 4-25 和图 4-26 分别为桥式切机结构示意图和外形图。

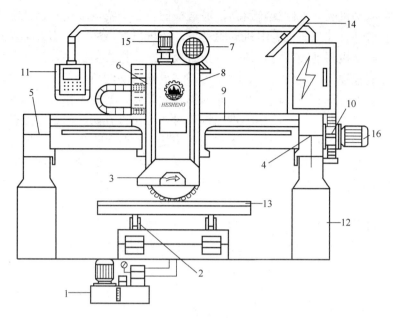

图 4-25　HSQW-3600 型自动桥式切机结构示意图

1—工作台液压系统；2—工作台升降、转动机构；3—金刚石圆锯片；4、5—左右桥座；
6—横向行走机构；7—主电机；8—刀架总成；9—桥（横向水平导轨）；10—纵向行走机构；
11—控制盘；12—桥头墙；13—工作台；14—激光标线器；15—横向行走电机；
16—纵向行走电机

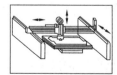 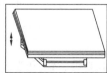 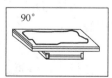 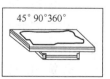

图 4-26　DNWQ-400/600 型桥式切机（上）及其工作台的运动方式（下）

2. 工作原理

桥式切机的桥上安装了由主电机、金刚石锯片和刀架升降机构组成的刀架总成，金刚石锯片在主电动机驱动下做旋转运动，通过横向行走系统，金刚石锯片随刀架总成可以沿桥身左右滑动。在纵向行走电机的驱动下，桥可以前后移动。当刀架左右滑动，金刚石锯片由主电动机驱动旋转时，便可以把石板切断。桥式切机中，刀架还可以绕桥旋转，因而能使锯片倾斜一定角度，这时候可以完成石板的倒角加工。工作台借助于液压控制系统可以自由升降。当使用直径不同的锯片的时候，要使工作台升高或降低；使用大直径锯片时，工作台降低；使用小直径锯片时，工作台升高。当切厚度较大的石板且一次走刀不能切透的时候，也要用液压控制系统使工作台一步步地往上升起，以便一层层地把石板切透。有些桥式切机的工作台不具有升降功能，当更换不同直径的锯片或切割不同厚度的石材时，可以通过调控刀架升降机构来达到升降金刚石圆锯片的目的。桥式切机的工作台是可以旋转的，因而用它切三角形板、梯形板是很方便的。这种桥式切机的工作台还可以翻转倾斜，因而装卸石板十分方便。当要装卸石板时，可以翻转倾斜工作台，使工作台与地面成 85°角，这时可以用悬臂吊把石板放到工作台上。石板放妥之后，再把工作台放平，以便圆锯片切割石板。

从以上所介绍的原理可以看出，这种桥式切机的圆锯片相对于石板在三维空间中可以自由切割，具有功能齐全、操作方便的优点。

桥式切机的结构类型很多，运动方式也各不相同，但是一台功能齐全的桥式切机基本上应具备上述的各种功能。

3. 主要技术性能

桥式切机的技术性能差异主要在于控制操纵系统的性能以及切割定位系统的精度，不同类型桥式切机的一般工作性能差异不大。以 ZDCQ-400 型桥式切机为例，说明桥式切机的主要性能。该设备能加工的最大尺寸为 3200mm×1800mm，切割厚度 0～100mm，锯片直径 350～400mm，锯片升降行程 200mm，锯片倾斜角度 0～60°（400 型桥切无此功能，XZQQ 625A 旋转桥式切石机才有此功能），工作台旋转范围 0～360°，工作台翻转角度 0～85°。

桥式切机可切割大规格的板材，是花岗石、大理石大板生产线不可缺少的配套设备，这是其他石材切断设备所不可替代的，所以桥式切机最适宜用于切割大规格的规格板材。相对于其他的石材切断设备，桥式切机的价格较高，因此在薄板或小规格板材的生产中较少选用这种设备。

4.4.2 纵向切机

纵向切机也称纵切机或纵向切边机，用于石板材的纵向切割加工，是大理石、花岗石薄板、小规格定型板生产线的配套设备。

1. 基本结构

纵向切机主要由机架、板材传送装置、主电机、锯切进给电机、传送电机、锯片横向移动装置、控制箱等组成，其基本结构如图 4-27 所示。

纵向切机可以是单锯片的，也可以是多锯片的，当切割批量的定型规格板时，使用多锯片的纵切机可以节省切割定位时间，提高效率，保证加工精度。

不同类型的纵向切机的板材传送装置有较大的差异。传送装置可分两类：一种是由

图 4-27　HSQB-2700 纵向切机

1—锯片升降电机；2—控制器；3—主电机；4—金刚石圆锯片；5—工作台纵向移动机构；
6—锯片倾斜机构；7—锯片横向移动机构；8—冷却水喷头；9—工作台；10—纵向导轨；11—机架

传送带传送，这种传送装置多用于自动化程度较高的纵切机；一般的纵切机的传送装置是由工作台和纵向导轨组成的纵向行走机构来完成的。工作台的纵向运动可以是电动的，也可以是手摇的，图 4-26 即为手动工作台的纵向切机。工作台的纵向移动方向平行于锯片的切割平面。

2. 工作原理

装在机架上的金刚石圆锯片在主电机的带动下做垂直旋转运动；通过升降电机的驱动或手摇操纵使锯片下降；石板平放于工作台上，启动纵向行走机构使工作台沿纵向导轨平行锯片方向运动，石板被沿纵向切割；调整锯片横向移动机构可以切割不同宽度的石板；当切割的石板厚度较大时，可以逐层下降锯片直至切透石板。

3. 主要技术性能

纵向切机的主要技术性能参数可参考表 4-13。

表 4-13　纵向切机的主要技术性能参数

技术性能参数	SQ120	SYJ-400	HSQB-270	SSQJ-16
可加工最大尺寸（mm）	2000×1200	3000×1200	2400×1100	1600×1200
可切割最大厚度（mm）	120	65	150	40
锯片直径（mm）	400	350～400	300～600	250
可安装锯片数（片）	2	1	1	2
锯片倾角（°）	45	60	60	—
主电机功率（kW）	7.5	15	15	4
生产厂家	山东博兴	晋江盛达	晋江和盛	厦门银华

从表中所列的不同纵向切机的技术性能参数中可以看到，这些纵向切机的锯片直径相差可达 1 倍，可切割的厚度相差 6 倍。选用时应根据所加工的产品要求来确定，因为

选用大直径的锯片，虽然可增大切割深度，但是能耗也增加了，而且切割精度相对较低。所以如果所加工的产品厚度较小，应选用小直径锯片的纵向切机，以提高切割精度，降低能耗，降低成本。

4.4.3 横向切机

横向切机与纵向切机一样也是大理石、花岗石薄板与小规格定型板生产线的配套设备。这两种设备在结构特点、工作方式和技术性能上都十分相似，所不同的是横向切机的切割长度较短，在设备的结构特点与工作方式上的主要区别是：纵向切机在工作时，一般锯片不移动，而是被切割的石材平行锯片移动来完成纵向切割工序；横向切机在工作时，一般是被切割的石材不动，通过锯片的移动来完成横向切割工序。

1. 基本结构

横向切机的主要结构包括主电机、机架、与锯片垂直的板材传送辊道、锯片、横向进给装置、控制盘等，如图4-28所示。横向切机可以是多锯片的，也可以是单锯片的。当切割批量的定型规格板材时使用多锯片的横向切机有减少切割定位时间、提高效率、提高切割精度的效果。图4-29为意大利ARENA-SR1型多锯片横向切机，该机安装有4片锯片，锯片之间的距离可随意调整，以切割不同规格的板材。

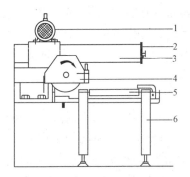

图4-28 横向切机结构示意图
1—主电机；2—控制屏；3—横向进给装置；
4—锯片；5—传送辊道；6—机架

图4-29 ARENA-SR1型
四刀横切机

2. 工作原理

主电机驱动主轴带动锯片旋转，板材传送辊道输送条板做纵向直线运动，板材传送到位后停止运动，横向进给装置带动圆锯片做横向进刀，锯片切入板材完成横向切割工序，然后快速退刀，等待下一次切割。

3. 主要技术性能

横向切机的主要技术性能参数可参考表4-14。

表4-14 横向切机的主要技术性能参数

技术性能参数	QSD-350/6	ARENA-SRL	SHQ08	SHQ10
最大切割宽度（mm）	610	650	600	1000
最大切割厚度（mm）	8～40	40	30	30

续表

技术性能参数	QSD-350/6	ARENA-SRL	SHQ08	SHQ10
锯片直径（mm）	350	350	350	350
锯片数（片）	6	4	5~8	5~8
总功率（kW）	48.7	32	22.3~38.8	41.2~63.7
生产厂家	济南石材设备厂	意大利 ARENA	广东科达	科泰电机

有关多刀横切机的技术性能除了上表所列的主要参数之外，还应考虑到它所能切割的最小宽度与最大宽度，如图 4-28 所示，由于设备结构的限制，相邻两个锯片之间存在有最小间距与最大间距，因此对于所加工板材的规格产生限制。对于单刀横切机来说则不存在这个问题，因此在选用和配置设备时应充分考虑到设备本身技术性能的制约因素。

4.4.4　手拉切机

手拉切机主要用于碑石、条石、石灯笼等异型锯割加工，是碑石、异型石材加工的常用设备，这种设备配有较大直径的锯片，锯片的升降行程和水平移动距离都较大且刀架可倾斜旋转，台车可移动、可旋转，可对石材进行多方位的切割加工，是一种可锯、可切、可进行大倒角的多用途切割加工设备。

1. 基本结构

手拉切机主要由主电机、刀架、金刚石圆锯片、升降电机、垂直丝杆、水平进给电机、水平进给机构、台车、台车导轨、控制系统等组成，如图 4-30 所示。

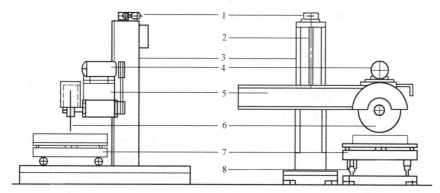

图 4-30　手拉切机结构示意图

1—升降电机；2—垂直丝杆；3—机架；4—主电机；
5—水平进给机构；6—圆锯片；7—台车；8—导轨

2. 工作原理

主电机带动锯片旋转；垂直升降电机带动垂直丝杆旋转，使锯片下降切入石材；水平进给电机驱动水平进给机构动作使锯片做水平直线运动完成水平切割，或由人工拉动使刀架做水平运动完成水平切割；继续下降锯片，加大切割深度直到切断石材或到达预定深度；上升锯片；移动台车或旋转台车继续进行锯切；也可以使锯片倾斜旋转，再水平移动锯片对石材倒角或斜向切割。

手拉切机的工作原理与纵向切机、横向切机基本一致。所不同的只是在于手拉切机的切割深度更大，可切割更厚的石材。

3. 主要技术性能

手拉切机的主要技术性能参数如表 4-15 所示。

表 4-15　手拉切机的主要技术性能参数

技术性能参数	SQ03-500	SLQ-500	SLQ50	SLJ-50
锯片最大直径（mm）	500	500	600	500
最大切割尺寸（mm）	1200×600	1000×1000	1200×1400	720×620
最大切割深度（mm）	180	180	220	160
锯片最大升降行程（mm）	600	100	550	680
锯片水平移动距离（mm）	700	100	1400	720
锯片倾斜角度（°）	0～60	—	—	0～60
台车旋转角度（°）	0～360	0～360	0～360	0～360
主电机功率（kW）	3	4	7.5	4
生产厂家	泉州南埔机械厂	海源石材机械厂	莱阳恒信机械	厦门银华机械厂

从表中所列的手拉切机的技术性能参数中可以看出，这种切割设备通常都可安装直径 500mm 的锯片、切割深度可达 180mm，这是前面所介绍的纵向切机和横向切机所达不到的，因此这种设备在加工碑石、条石和异型石材时有其特有的功能，而且手拉切机的台车可旋转、锯片可倾斜，对石材可进行全方位的切割加工，这也是手拉切机技术性能的主要特点。但是手拉切机的加工精度比前面所述的三种类型的切断设备相对要低些，所以不能用于切割加工精度要求较高的产品。

4.5　石材的异型加工设备

石材的异型加工设备种类繁多、性能各异，根据设备的自动化控制程度的高低可以分为两大类：一类是由电脑控制的全自动化生产设备，可以输入图形、数据来加工生产所需的石制品；另一类则以简单的石材锯、磨、切、刨、钻等设备和小型的手持切、磨、雕刻机设备进行加工生产。这是两类完全不同的生产设备和生产工艺，前者靠的是先进的生产设备，后者靠的是优良的传统工艺，实践证明，这两种设备和工艺都能加工生产出优良的产品。

4.5.1　异型石材自动化生产设备

异型石材自动化生产设备的种类很多，结构形式和工作原理差异很大，常用的有数控金刚石绳锯、数控铣床、电脑仿形机、电脑水刀切割机、石材数控加工中心、电脑弧面板磨光机、数控自动磨光机、数控车床、全自动磨边倒角开槽机等。利用这些设备可以方便地加工出各种形状复杂的弧形曲面、精美的线条花边、拼花图案、不同规格的圆柱、罗马柱、柱座、柱帽、圆球、栅杆，可以进行平面或立体雕刻等精密而复杂的加工。

这类设备虽然具有优良的加工技术性能，但是这些设备的价格昂贵，而且必须使用专用的刀具、磨具，因而生产成本高，在市场竞争中缺少价格上的优势。

异型石材的自动化生产设备及其动能主要有以下几种：

1. 数控金刚石绳锯

可以通过输入数据、图形锯切各种弧面、曲面板，锯割各种复杂的图案、字体等。其基本结构与金刚石串珠绳锯相似。通过电脑控制台车的运动方向和运动速度，以及金刚石串珠绳的升降与速度，达到切割不同形状曲面的目的。数控金刚石绳锯的结构形式如图 4-31 所示。代表性的品牌有意大利 Pellegrinic 和 Micheletti 数控绳锯。

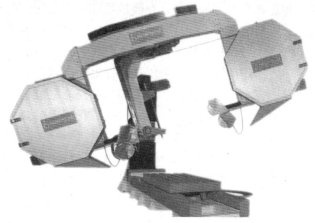

图 4-31　意大利 Bideseimpianti 金刚石绳锯

2. 数控铣床

数控铣床是一种可根据编程、数据输入或选择内置图形进行全自动、高精度进行复杂曲面铣磨加工的设备，是制作台板、花边线条的理想设备。

铣床是利用不同形状的刀具（铣刀）来进行铣磨加工的，一台自动化铣床或是配备有多个铣刀、或是一个工作头，可自动地换用不同的铣磨工具来完成加工的全过程。图 4-32 为意大利 BRETON 公司生产的铣床在工作时的状况及其所用的各种铣刀。

图 4-32　不同形状的铣刀与铣床

3. 电脑水射流切割机

这是一种由电脑控制的，可通过光电扫描方式对任意图形进行输入并自动生成程序、控制加工的切割设备，是加工复杂曲线、精密拼花、仿形雕刻、超小型图案、文字等复杂图案的理想设备。

水射流切割机也叫水刀，是技术密集、机械精密的高新产品。水射流的切割原理是把水加压至 250～300MPa，使水获得巨大的能量，再使水通过孔径很小的喷嘴，这时加入磨料，水射流夹带着磨料以两倍于音速的高速喷出冲蚀磨削石材形成切槽而切割石材的。目前水射流切割技术应用较成熟的国家是美国和日本，这种技术通常使用"双增压式"加压系统，即用一套油压系统推动油缸，利用油缸之活塞杆为柱塞推动水压系统。根据物理学上的原理，在液压系统中，任何方向上单位面积压力是相同的。利用油缸的活塞与活塞杆（即柱塞）之面积比，可将压力放大数十倍，达到增压的目的。

利用水射流切割技术加工异型石材具有以下的优点：

（1）操作简便。切割可以从工件上任意点开始，在任意方向上进行。利用水射流切割拼花图案，是利用其数控走刀的自动控制功能，可以把图案的任何点设置为起割点，编程的时候就有很大的灵活性，根据拼花图案的大小、复杂程度、材料的形状等来设置切割路线。而且不需要预先打孔，简化了工艺。水射流切割的每一刀开始是打开高压水；每一刀结束是关闭高压水，然后马上移动刀头到下一刀的起点。当加工线条比较多且线条之间不连续的图案，也就是切割刀数比较多的图案，用水射流切割就大大简化了加工工艺，提高了效率，操作更加简便。

（2）切割质量高。水射流切割是直接用于精密图形的成型切割，省去传统工艺方法中的粗加工或仿形靠模的加工，具有切缝窄、切面平整光滑、无热变形、不需后序精加工等特点，降低了加工成本。

（3）材料利用率高。石材是脆性较大的材料，当用手工或别的机械切割法切割的时候，由于用力不当或别的操作失误的原因，石材容易裂碎，造成材料损坏。水射流切割时，石材主要受喷头方向约10N的冲击力作用，避免石材的破损。另外，利用电脑把切割图形按最节省材料的方式排列，然后编程切割，而且喷射出来的高压水的直径只有1mm，切割缝极细，只有1～2mm，可以有效地节省材料。

（4）不需夹具。水射流切割时，喷头与工件没有接触，不易引起工件的移动，因此不需要夹具和固定工件的时间。

（5）水刀在切割加工时噪声低、振动小、无粉尘，能大大改善工作环境。

目前用于石材异型加工的水刀有意大利的Brambana型和广州华臻机械设备公司生产的HJ300型、南京大地水刀有限公司生产的DWJ-A/B型、南京工艺装备制造厂生产SQ1313A型和SQ2015型等数控超高压水刀。表4-16为某企业网站提供的HJ250型和SQ1313A型水刀的主要技术性能参数。

表4-16　水刀的主要技术性能参数

技术性能参数	HJ300型水刀	SQ1313A型水刀
切割精度（mm）	±0.01	±0.1
射流水压力（MPa）	0～300	0～300
最大水流量（L/min）	1.8～2.5	2.6
磨料品种	氧化铝、碳化硅、金刚砂、石榴子石	氧化铝、碳化硅、石英砂
粒度（目）	60～100	—
切割效率（m²/h）	0.12～0.15	—
总功率（kW）	17	22
可加工最大尺寸（mm）	3000×2000	1400×1400

4. 电脑加工中心

电脑加工中心实际上是由电脑控制的机械手操纵各种石材加工工具按照输入的图形、数据或其他资料自动地对石材进行加工的设备。电脑加工中心的工具库里配置有数十种不同规格的切、磨、钻、雕等工具，输入图形或数据后由 AUTOCAM 自动形成程序，全自动机械手可根据程序调用工具库中相应的刀具进行加工。

电脑加工中心可以根据图形、数据等采用光电扫描、数据输入等方式方便地输入资料，也可以调用数据库中有关的图形、数据或编程控制来加工生产。电脑加工中心备有功能齐全的各种工具，可对石材进行精细的、全方位的三维立体加工或平面加工，具有成型、仿型、雕刻、锯切、抛光、回转体加工等功能，可生产各种形状复杂的台板、圆柱、拼花图案、浮雕和立体雕刻等，是功能齐全的异型石材加工设备。

目前常用的电脑加工中心有意大利 OMAG 公司的 mill98 型、BRETON 公司的 NC250 型以及 MAXIMA 型、CONTOURBRETONNC-120 型多功能异型石材加工中心，其结构形式如图 4-33 和图 4-34 所示。

目前国产的相似设备有山东星泉机械公司生产的 SSD 型数控石材雕刻机和南京工艺装备制造厂生产的 DKH1212 型、DK6060 型三维电脑雕刻机等，这类设备具有锯切、台面异型加工、曲面铣削成型、字体图案雕刻等功能。

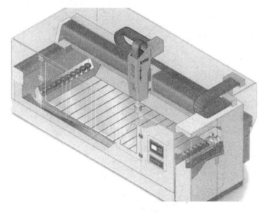 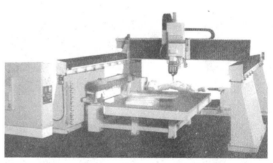

图 4-33　异型石材电脑加工　　　　图 4-34　意大利 OMAGmill98 型异型石材
　　　中心结构示意图　　　　　　　　　　　　电脑加工中心

5. 电脑弧面板磨光机和数控全自动磨光机

电脑弧面板磨光机和数控全自动磨光机可根据输入的弧面板的半径、高度等参数自动地调控设备，对弧面板进行修正、研磨、抛光加工以达到最佳的加工效果。这种设备的加工柔性好、效率高，磨抛的弧面板的光泽度和平滑程度是一般手扶磨机和手持磨机所不易达到的。常用的这一类设备有法国的 THIBAUT-T360 型弧形板磨光机等。

异型石材的加工设备繁多，除了以上所介绍的几种设备外，还有数控车床、电脑仿形机等，可用以加工各种花边线条、弯位花线、柱帽、柱座、圆球、扭纹柱等。

4.5.2　异型石材的通用加工设备

异型石材的通用加工设备具有价格低廉、操作简便、通用性强、生产成本低的优点，但是缺乏自动化专用设备那种高精度、高效率、高质量的效果，因而需要有经验的技术工人和熟练的异型加工技术。常用于加工异型石材的通用设备有各种金刚石圆盘锯、筒锯、手拉锯、钻孔机、仿型切割机、金刚石带锯、磨边机、曲线切割机以及手持切机和手持磨机等。这一类用于加工异型石材的设备与前几节所介绍的石材锯切、磨光、切割设备在基本结构与技术性能上基本相似，这里就不再重复了。

第5章 饰面石材的加工工艺

石制品的品种、规格及形状具有多样性，因此石材的加工有多种分类方法，没有统一的标准，例如，可以按加工对象的石性分为大理石加工、花岗石加工和人造石加工；按加工产品的形状特点分为规格板加工、异型板加工、花边线条加工；其中板材加工可进一步根据产品的厚度、规格尺寸划分为薄板加工、规格板加工与大板加工。此外还可根据加工设备的类型与工艺特点，分为锯切加工、磨抛加工、切断加工等。本章主要讨论大理石、花岗石薄板与大板板材的加工。

5.1 大理石、花岗石薄板的加工工艺

5.1.1 加工工艺概述

石材薄板是指厚度在 20mm 以下的石板材，其规格尺寸通常小于 600mm。随着石材薄板生产设备与技术的发展，目前石材薄板的厚度通常在 10mm 及以下，最薄可以达到 2mm。石材薄板加工设备主要包括金刚石圆盘锯、金刚石排锯、小圆盘磨机、手扶磨机、多头连续磨机、纵向切机、横向切机、多刀切机和磨边倒角机等。

薄板的加工工艺过程通常有以下两种：

A 工艺：选料装车—锯切毛条板—定厚—研磨抛光—切断（纵切、横切）—磨边倒角—清洗—烘干—检验—修补—分色—包装

B 工艺：选料装车—锯切毛条板—切断（纵切、横切）—定厚、研磨、抛光—磨边倒角—清洗—烘干—检验—修补—分色—包装

比较上述两种生产工艺流程，可以看到其区别主要在于锯、磨、切这三道工序的先后顺序上。其中 A 工艺称为"先磨后切"加工工艺；B 工艺称为"先切后磨"加工工艺。这两种加工方法的生产效率、产品质量、生产成本各不相同，分别适用于不同的原料条件和设备条件。

"先磨后切"工艺适用于规格较大的荒料，使用金刚石圆盘锯或金刚石框架锯锯切；用手扶磨机或连续磨机研磨抛光；经纵向切机切成条板、横向切机切成规格板；再经磨边、倒角和后续工序而成的。这种加工方法在我国大多数石材企业中广为应用，其加工设备既能使用金刚石框架锯、多锯片的双向切机、自动化连续磨机和多刀横向切机等设备的自动化生产线，也可以使用单锯片的金刚石圆盘锯、手扶磨机、纵向切机、横向切机等单机生产设备。使用这种工艺生产大理石、花岗石薄板具有较低的生产成本和较高的生产效率，但是生产过程中也存在着一定的无用锯切和研磨抛光，因为锯切毛边条板时，条板的宽度通常要比规格板宽 3～5cm，因此就多了这 3～5cm 的锯切和研磨抛光，当加工常用的 300mm×300mm 或 400mm×400mm 的规格板材时，这些最终被切掉的

无用加工的比例占 7%～15%左右，因此也就影响到薄板的生产成本和生产效率。同时由于磨光设备的加工条件限制，这种加工方法不宜于加工块度在 0.5m³ 以下的荒料，所以也造成荒料率低的结果，影响石材矿山的效益，也不利于石材资源的保护与合理利用。

"先切后磨"工艺的最大优点是可加工小规格的荒料，大大提高荒料的利用率，特别适用于锯切时易碎的石材加工。由于是"先切后磨"，因此用这种加工方法不存在无用的磨光加工量，我国许多中小型大理石薄板生产企业广泛使用这种加工工艺。用"先切后磨"工艺生产大理石或花岗石薄板所用的设备一般是直径 900～1200mm 的金刚石圆盘锯、小圆盘磨机、纵向切机和横向切机，因此它也具有设备价格低廉、固定生产成本低的优点。这种工艺的缺点是生产效率低、产品质量不稳定，同时这种生产工艺过程中无用锯切的比例更大。

从以上的介绍中可以看到，石材薄板生产工艺的差别在于锯、磨、切这三道工序，而生产过程的其他工序则基本相同。

5.1.2 选料装车

荒料的选择与装车必须遵循以下原则：

（1）荒料的最大尺寸不能超过锯切设备的加工能力，荒料的最小尺寸必须满足锯切稳定性的要求；

（2）工程用料应根据工程所需的品种选用荒料，应使得同一工程的荒料在花色上协调一致，以保证良好的装饰效果。

（3）工程用料应根据所需的数量、荒料的成材率、加工中产品的合格率选用数量适宜的荒料，在保证工程用量的前提下，尽量减少多余的加工量，以免造成浪费。

（4）根据产品的规格尺寸选用几何尺寸适宜的荒料，以免在荒料的长度和高度方向上留有过多的余量，使得荒料的利用率最高，提高成材率。

（5）装车时荒料的大面应当平行于锯切面，以保证板材的花纹一致，并具有较好的力学性能，同时能提高锯切效率。

（6）荒料装车时，底部必须备有垫木，垫木必须垂直于锯切方向。垫木的截面应不小于 20cm×15cm，以保证垫木能够承受荒料的压力；垫木的长度应与台车的宽度基本相等。

（7）当荒料表面不规整时，应当对荒料进行整形，以提高锯切效率，并减少无用的锯切。

整形后的荒料外形接近直角平行六面体，其大面如图 5-1 所示。大面指能够反映石材主要装饰特征的面，通常平行于岩浆流动方向或岩石的层理、劈理等构造方向。由于石材为各向异性体，所以选择不

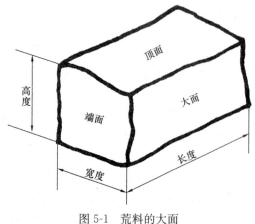

图 5-1　荒料的大面

同的锯切面得到的板材在花纹、力学性能上会存在差异。锯切面平行荒料大面时板材的力学性能最好。

5.1.3　锯切

生产薄板的锯切设备主要是圆盘锯机或双向切机，此外大理石薄板也可采用金刚石框架锯锯切。在这里以双向切机为例，来说明锯切工序，使用金刚石框架锯的锯切工序将在本章 5.2 节中作进一步的介绍。使用双向切机的锯切工序包含锯片与砥兰盘的选择、锯片的安装、开机下锯和卸板等步骤。

1. 锯片的选择

金刚石圆锯片有各种不同的直径，金刚石刀头的性能也有很大的差异，只有根据设备的性能、荒料的类型和所加工板材的规格选用合适的锯片与刀头，才能达到提高效率、保证质量、降低成本的最优效果。

大理石、花岗石薄板的常用规格通常为 $300 \times 300 \times 10$、$305 \times 305 \times 10$、$400 \times 400 \times 12$、$457 \times 457 \times 12$、$600 \times 600 \times 15$、$610 \times 610 \times 15$（mm×mm×mm）。锯切薄板常用的锯片直径为 $\phi900\text{mm}$、$\phi1200\text{mm}$、$\phi1600\text{mm}$。通常锯片的直径越小，锯切时锯片的偏摆也越小，所锯切的板材的厚度偏差也小，因此用小直径的锯片锯切小规格的薄板可以减小厚度偏差；锯片的直径越小，刀头的厚度也越薄，锯缝就窄，能耗也低。例如 $\phi900\text{mm}$ 的锯片刀头厚度通常为 4.5mm；$\phi1200\text{mm}$ 锯片的刀头厚度为 7.5mm；$\phi1600\text{mm}$ 锯片的刀头厚度为 9.2mm。随着刀头厚度的增大，锯缝也随之增宽，锯切能耗随之增加，成材率降低；而且锯片的直径越小价格也越低，例如 $\phi1600\text{mm}$ 锯片基体的价格是 $\phi1200\text{mm}$ 锯片基体价格的 1 倍，是 $\phi900\text{mm}$ 锯片基体价格的 4 倍，所以使用小直径的锯片可以降低锯切成本。表 5-1 为不同直径的锯片所适宜加工的薄板规格。

表 5-1　不同直径的锯片所适宜加工的薄板规格　　　　　　　　（mm）

锯片直径	锯切板材宽度	最小锯切厚度
900	300、305	8
1200	300、305、400	10
1600	300、305、400、457、600、610	10

金刚石刀头的加工性能受金刚石的强度、粒度、浓度以及结合剂性能的影响，因此必须根据石材的类型选用适合的金刚石刀头，才能有效地提高锯切效率、降低锯切成本。例如锯切高硬度的花岗石则必须选用高强度、粗粒度、低浓度的金刚石和快速型的结合剂的刀头以提高效率；锯切较软的大理石则必须选用中等强度、浓度略高的金刚石和耐磨型的结合剂，以达到既保证锯切效率又降低锯切成本的效果。有关金刚石圆锯片的性能将在第 6 章 6.2.1 节中再作进一步的介绍。

2. 锯片的安装

凡暂不使用的圆锯片应将其平放在平台上或挂在贮存圆锯片的专用轴上，不要靠墙斜放，以免变形或破坏锯片的内应力。

锯片的安装应注意以下几个要点：

（1）应对装锯片的主轴和法兰盘进行清洗、除去铁锈、油污等。所有表面都要用细纱布擦拭干净。

（2）锯片安装在锯机上，应使其旋转方向和锯片基体上的箭头方向一致，并从开始一直到用完为止，不要改变方向；否则，刀头上的金刚石容易脱落而降低使用寿命。

（3）法兰盘是起定位、夹紧和传递力矩，保证锯片以正确位置安装在锯机主轴上，并使其有足够刚度，以减少切割时的偏摆和振动。故法兰盘内孔和主轴的配合应选用三级精度第三种动配合，法兰盘外径约等于锯片直径的 1/3。为避免造成径向跳动，锯片的中心孔径应与主轴直径很好地配合，公差应小于 0.1mm。

（4）检测锯片安装精度。用千分表检查主轴的径向摆动度、法兰盘和法兰盘组的端面摆动、锯片的径向跳动、锯片的端面摆动、锯片的平行度（即锯片平面平行于工作台移动方向）以及检查锯片主轴是否与工作台面平行（即工作台面与锯片平面互相垂直）。部分锯片安装精度要求如表 5-2 所示。

表 5-2　金刚石圆锯片安装精度要求　　　　　　　　　　　（mm）

锯片直径	最大径向跳动	最大端面偏摆	平行度误差	法兰盘直径
900	0.20	0.45	0.30	250
1200	0.20	0.60	0.30	300
1600	0.25	0.80	0.40	375
1800	0.25	0.90	0.40	400

3. 开机锯切

1）锯切注意事项

安装好的新锯片在锯切之前应对锯片开刃，使金刚石刃口出露后才能锯切。金刚石圆锯片的开刃可通过锯片锯切高耐磨蚀性的材料（如耐火砖、软砂石等）实现。锯片在使用过程中磨钝、打滑了也可以使用同样的方法开刃修复，使锯片恢复锋利。

锯切开始前应当让锯片先空转稳定后才能下锯进刀开始锯切，不可接触石材启动锯片；同样锯片必须退出锯缝后才能停止运转，或继续下刀。

下刀锯切后锯缝距荒料底部应当留有 20～40mm 的距离，不可切透荒料。当一块荒料锯切完后，再由水平锯片将条板切割下来，或由人工凿断条板与底座相连的部分，卸下条板进行后续工序的加工。

2）锯切工艺参数

使用金刚石圆盘锯锯切石材，应当根据被加工石材的类型和性质选择适宜的锯切工艺参数。锯切的工艺参数包括锯片的圆周线速度、锯切进给速度和吃刀深度。

（1）圆周线速度

圆周线速度应与石材的硬度和耐磨性相适应，圆周线速度的调整可以通过改变皮带轮的直径改变转速比或是通过变频调速系统来实现，后者的调速是一种无级调速，有较好的效果。有些锯机通过齿轮变速箱来调速，这种调速方式磨损较大，需经常维修保养。不同类型的石材所适用的圆周线速度如表 5-3 所示。

表 5-3　锯片的圆周线速度

石材类型	硬花岗石	中硬花岗石	软花岗石	硬大理石	软大理石	软砂石
线速度（m/s）	25～30	30～35	35～40	40～45	45～50	50～55

（2）进给速度

锯片的锯切进给速度也叫锯切进刀速度或走刀速度，进给速度主要决定于所锯切石材的性能，各种石材的适宜的锯切进给速度应经过生产试验来确定，由于普通锯切设备技术性能的限制，在调整锯切参数时较少对进给速度进行调整。对一般的锯切设备而言，当吃刀深度为 2cm 时，锯切硬花岗石的进给速度为 300～500mm/min，锯切大理石的进给速度为 2000～3000mm/min。如果吃刀深度变化了，进给速度也应按锯切效率（cm^2/min）作相应变化。

3）吃刀深度

吃刀深度也称下刀深度。在锯切不同类型的石材时，最经常调整的锯切参数是吃刀深度。吃刀深度的调整是通过启动升降电机来实现的，升降电机的转动带动垂直丝杆旋转，锯片也随之升降。锯切花岗石常用的吃刀深度为 10～25mm，锯切大理石的吃刀深度通常为 50～100mm，有时甚至可达 200mm。合理的吃刀深度既能保证锯切效率，又可延长锯片的使用寿命，因此操作者应当根据石材的类型与性能，通过试验来确定合理的吃刀深度，以得到最佳的锯切效果和效率。

圆周线速度、锯切进给速度和吃刀深度这 3 个锯切参数是相互影响、相互关联的，必须根据石材的类型与性能、设备的技术性能以及锯片的技术性能来调整与选择合理的锯切参数，以获得最佳的锯切效果。

锯切后的条板经冲洗、检验合格的，可进入下一道工序继续加工。

5.1.4　定厚

根据石材质量标准的有关规定，薄板的厚度偏差应在 0.5mm 之内，锯切工序由于加工精度较低而无法满足这种精度要求，因此必须经过定厚工序把板材的厚度控制在允许的范围内。薄板的定厚是由定厚机来完成的，使用定厚机对毛条板定厚时，必须注意以下几个问题：

（1）根据毛条板的宽度选用直径适合的铣盘或长度适合的铣辊来加工。如果铣辊的长度不能更换，而且铣辊与毛条板运动方向的角度也无法改变，应当先对宽度较大的条板定厚，后对宽度较小的条板定厚。

（2）定厚工艺的吃刀量应根据设备的性能、铣刀性能和石材的类型与力学性能来选择，设备的性能主要决定于铣盘或铣辊的数量，例如一台四铣盘的定厚机与一台单铣盘的定厚机相比，前者的总吃刀量大于后者。

（3）铣盘或铣辊与板材的相对运动速度应根据石材的类型、性能与吃刀量来选定。通常，对花岗石定厚时工件的进给速度约为 0.2～1.5m/min。

（4）定厚时必须对铣盘或铣辊进行充分的冷却，以免烧坏铣刀或烧板。

（5）经过定厚的毛条板的最大厚度应不大于薄板的标准厚度加上允许的正公差及研

磨抛光的加工余量之和。

5.1.5 研磨抛光

1. 概述

研磨抛光是板材加工中十分重要的一道工序，锯切好的石材条板只有经过研磨和抛光才能使石材绚丽的色彩和美丽的花纹充分地体现出来。正确地掌握研磨抛光的加工工艺对于提高生产效率、提高磨抛质量、降低磨具磨料的消耗、降低生产成本具有重要的意义。研磨抛光工序可以细分为粗磨、细磨、精磨和抛光等过程，其中粗磨、细磨、精磨是单纯的机械磨削过程，抛光则兼具物理化学作用。当磨料颗粒由粗磨到细磨、精磨、抛光时，磨料在石材表面磨削的痕迹由粗到细再到肉眼无法看到的痕迹，表面便呈现光滑、平整、细腻的效果，当磨痕深度小于 $110\mu m$ 时，被加工面呈现出石材清晰的花纹和镜面光泽。

研磨抛光可分为以下几个过程：

(1) 粗磨：要求磨具吃刀量深、磨削效率高、磨削的纹路粗、磨出的表面较粗糙，主要清除石材在定厚工序中留下的磨削痕迹，并使石材表面具有一定的平整度；

(2) 半细磨：清除粗磨痕迹，形成新的较细的磨痕，石材表面更加平整光滑；

(3) 细磨：细磨后的石材花纹、颗粒、颜色已开始显现出来，并呈现较弱的光泽；

(4) 精磨：加工后的产品，无肉眼可察觉的痕迹。表面更加平整光滑，石材的纹理已较清晰，光泽度约 40~50 左右；

(5) 抛光：抛光后的石材表面明亮如镜，石材的纹理、颜色更加清晰，光泽度可达 85 以上。

抛光包括"干抛光"与"湿抛光"，"干抛光"时不加冷却水，同时加大磨盘对石材的压力，石材表面温度升高、水分蒸发，磨料浓度增大，强化抛光效果，光泽度得到提高。待抛光面温度上升至烫手后，将板面加少量水，以起到降温作用，即"湿抛光"。抛光过程中不允许连续加水或大量加水，否则，过低的磨料浓度会降低抛光效率和效果；但也不能全部使用干抛光，过高的温度会烧坏板面，而且会使板面出现裂纹。

薄板的磨抛工艺所使用的设备通常有小圆盘磨机、手扶磨机、自动化多头连续磨机等。

前面已述及磨抛设备可分为单机作业的设备和自动化连续作业的设备。小圆盘磨机、手扶磨机属于前者，自动化多头连续磨机属于后者。单机作业的磨抛设备是通过更换不同号数的磨石（或称磨块）来完成从粗磨到抛光的全过程。

2. 磨石的选择

单机作业的磨抛设备通常使用 6~7 个不同型号的磨盘来完成磨抛工艺的全过程。每种磨盘上粘有含不同粒级磨料的磨石。磨石中磨料的粒级配比如下：

(1) 研磨大理石的磨石中磨料的粒径：

1 号磨石：30~36 目；2 号磨石：80~120 目；3 号磨石：240~320 目；4 号磨石：400~600 目；5 号磨石：800~1000 目；6 号磨石：1200~1600 目。

(2) 研磨花岗石的磨石中磨料的粒径：

1 号磨石：24～30 目；2 号磨石：80～120 目；3 号磨石：240～400 目；4 号磨石：600～800 目；5 号磨石：1000～1200 目；6 号磨石：1400～1600 目。

磨料粒径的选择原则是用最少的工序将石板磨平磨光，使之达到规定的质量要求。石材的研磨过程是一个物理过程，在由粗磨到精磨的过程中，磨料的粒度逐渐变细，磨削的痕迹也逐步变细。石材的抛光应根据石材的物理力学性能和矿物成分、化学成分选择不同的抛光材料和抛光工艺。抛光大理石常用的抛光材料有草酸钾（钠）、氧化铝等金属氧化物或白刚玉等材料；抛光花岗石常用的有白刚玉、氧化铬等金属氧化物。

3. 研磨抛光工艺

通常所说的磨抛工艺包括磨盘的转速、研磨压力、磨盘移动的速度和冷却水的用量，磨抛工艺的选择与使用对于磨抛效果与效率的影响非常重要。

（1）磨盘转速

在手扶磨机或小圆盘磨机上磨盘转速的调整通常是通过变换皮带轮的直径或是通过转换开关、变换主电机的电极数来实现的。手扶磨机的磨盘直径通常为 100～280mm，磨盘的转速为 500～750r/min，磨盘的圆周线速度为 6～12m/s。当研磨石英含量较低的花岗石（如辉长岩、闪长岩）时，取较高的转速。

（2）研磨压力

手扶磨机和小圆盘磨机的加压方式通常有气压、液压、机械加压和人工加压，磨抛时所加压力的大小应与磨石的硬度和石材的性能相适应，同时应根据毛板的厚度、平整度来调整。通常研磨压力应在 4～6MPa 之间选用。粗磨时增大压力有利于提高研磨效率，精磨时适当降低压力有利于改善研磨效果，抛光时增大压力可以提高抛光效率和质量。研磨压力除了关系到磨抛的质量与效果，还起着调节磨石硬度的作用。

（3）石材的研磨抛光过程中必须喷洒适量的水。在磨抛过程中加水的目的，一是为了冷却防止烧板；二是起冲洗磨屑改善磨抛效果、提高磨抛效率的作用；三是水可以调整磨石的硬度，当水量加大时磨石变硬，水量减小磨石变软，因此除了通过选择不同硬度等级的磨石外，还可以通过水量的多少起辅助调节的作用。

（4）磨盘移动的速度与磨盘移动的轨迹与磨抛质量与效果关系密切。当毛板厚度不均匀或平整度不良时，可以通过移动磨盘使之在厚度较大的地方停留较多的时间，增大磨削量来达到"磨平"的目的；当毛板厚度基本一致的情况下，应当使磨盘移动速度均匀而且磨盘移动的轨迹尽量少重叠，但不能不覆盖，以保证磨盘在石板任意位置上的磨削量一致，提高板材的平整度也提高磨抛效率。磨头移动速度的选择也与石材的类型有关，在相同情况下石材越软，磨头移动速度也越快。磨抛大理石时，磨头移动速度约为 0.6～1.0m/min；磨抛低石英含量或不含石英的石材（如闪长岩类、正长岩类、辉长岩类的石材）时，磨头移动速度可在 0.6～0.8m/min 之间选择；磨抛含石英较高的石材（如花岗岩类石材）时，磨头移动速度约为 0.2～0.6m/min。

（5）磨盘在移动到石板的边部时，为避免打坏板面和磨石，磨盘伸出板边的距离不应超过磨盘直径的 1/3。

（6）抛光过程中应根据石材的性质选择"干抛光"与"湿抛光"的加工量，以提高抛光的效果和效率，通常含石英较多的石材以"干抛光"为主；含石英较少的或不含石英的石材（如辉长岩类石材）在抛光时应以"湿抛光"为主，以防止"烧板"。

使用多头连续磨机作为研磨抛光设备时，磨抛工艺的选择原则与使用手扶磨机和小圆盘磨机时一样，所不同的是对于各磨头上的磨块号的配置应当根据磨机的性能、毛板的质量以及磨抛加工的目的来确定。

5.1.6 切断

经过研磨抛光的条板，还必须经过切断工序才能成为符合使用要求的规格板材。薄板切断加工的常用设备有纵向切机和横向切机以及多刀切机。切断工序是在锯切和研磨抛光工序之后进行的，因此切断加工对成品率的影响比先行工序更为重要。根据我国对石材行业有关标准的规定，板材的规格尺寸偏差只能有 1mm 的负偏差，不允许有正偏差，对板材角度的允许极限公差最低的只有 0.20mm，对板材的正侧面之间的夹角也有严格的限制，因此对于切断设备的技术性能、锯切工艺、锯片以及锯片的安装都有严格的要求。

1. 对切断设备的要求

与锯切设备相比，用于薄板切断的设备必须有较高的精度，在切割石材的过程中要求设备的稳定性好、锯片的振动小、偏摆小、运转平稳，以保证切缝小且直、切割面平整光滑、不崩边掉角。因此要求切机主轴应平行于工作台面且与工作台的移动方向垂直，垂直度偏差应不大于 0.05mm/m。

2. 对锯片的要求

用于切断工序的金刚石圆锯片与锯切毛板工序用的锯片有很大的差异，用于薄板切断的金刚石圆锯片的直径大多为 300～400mm，锯片基体的厚度约 1.6～2.2mm，金刚石刀头的宽度约 2.5mm，金刚石刀头之间的间隔（或称槽宽）约 8mm，也称窄槽型锯片。金刚石刀头的结构组成应选用 46～70 号的中等强度的金刚石和出刃快的结合剂，以保证切割效率和切割质量。

3. 锯片的安装要求

安装薄板切断用的金刚石圆锯片在精度上的要求如表 5-4 所示。

表 5-4　锯片安装极限偏差表 （mm）

锯片直径	最大径向跳动	最大侧向偏摆	平行度偏差	法兰盘直径
200	0.10	0.12	0.10	80
250	0.10	0.12	0.10	100
300	0.12	0.15	0.10	120
350	0.12	0.15	0.10	140
400	0.15	0.20	0.20	150
450	0.15	0.20	0.20	160
500	0.20	0.25	0.20	170

4. 切断工艺

（1）当石材厚度为 10mm 时，切割大理石薄板的走刀速度约为 2～5m/min；切割花岗石的走刀速度约为 0.5～1.0m/min。当所切割的石材厚度变化时，走刀速度应按切割效率（mm²/min）做相应变化。

（2）金刚石圆锯片的圆周速度的选择对于切割效率和切割质量都至关重要。圆周速度的选择应根据石材的类型与性质来确定。切割中等硬度的花岗石时，锯片的圆周速度应控制在 30～40m/s，圆周速度确定之后，就可以根据电机的转速和锯片的直径选择合适的皮带轮或通过变频调速系统进行调控。

目前我国生产的各种类型的纵向切机和横向切机使用变频调速的为数不多，大多数通用型的切断设备使用的是皮带传动和通过改变传动比来调速的方法，因此就必须根据设备条件选配合适的皮带轮。

（3）切割定位

准确的切割定位是保证产品质量和提高成品率的关键。切割定位应注意以下几点：

① 工作台上的靠尺是标定尺寸和角度的基准尺，纵向靠尺应与工作台移动方向平行、并与锯片平行，横向靠尺应与之垂直，这是保证尺寸定位和角度定位准确的前提。

② 尺寸定位

当靠尺定位准确后，纵向切割时只要使石材条板紧贴靠尺，则可保持条板两长边的间距、平行度和直线度；如果使用多刀纵向切机，只需调准相邻锯片的间距即可达到上述效果。

③ 角度定位

使纵向切割后的条板的长边紧靠横向切机的靠尺，由于横向靠尺垂直于锯切方向，即可保证横向切边与纵向切边互相垂直。

④ 锯片的垂直定位

为了减轻切割时发生的崩边现象，锯片应垂直下降到锯片边缘露出板材底面 10～15mm 处，如图 5-2 所示。

（4）冷却水应使用软水并添加冷却润滑剂，冷却水压应不小于 2MPa；冷却水量约为 15～25L/min。

（5）切断工序是一种高精度的加工工艺，应当保持锯片始终处于锋利状态，因此要及时给锯片开刃。

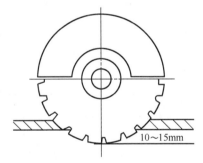

图 5-2　锯片的垂直定位

经过锯切、定厚、研磨抛光、切断后的石材已成为规格薄板，对于有些产品还须经过磨边、倒角。由于磨边倒角的工艺较简单，这里就不予以介绍了。

5.1.7　分色包装

石板薄板的生产经过锯切、磨抛、切断、磨边、倒角、检验、修补后则成为合格的产品。但是，石材是一种天然的材料，在颜色和花纹上必定存在差异，这些差异将影响到石材的整体装饰效果，因此还必须对石材分色。石材薄板的分色是一种专业性很强的工作，根据我国建材行业标准对大理石、花岗石板材技术要求中的有关外观质量的规定：同一批板材的色调花纹应基本调和。在这里"基本调和"是一种模糊的概念，如何做到"基本调和"？一方面是根据分拣工人的经验，另一方面是根据工程使用的要求来决定。

大理石、花岗石薄板经分色检验后则可进行包装。包装的目的也是为了便于分色，同时包装的目的还为了保护石材，便于运输、装卸、搬运、贮存、保管，也为了销售、使用、安装时更方便。

包装应符合以下几个方面的基本要求：

（1）包装和包装物应足够牢固。石材的相对密度大，成批量的石材运输质量也大，由于石材的货值较低，不可能给石材的运输提供较好的运输条件，因此必须保证包装物和包装在装卸和运输过程中能承受较大的质量和振动。

（2）包装必须科学。除了满足搬运、运输、贮存、保管等方面的要求外，还应注意做到使用方便，应根据使用对象和使用场所来合理地设计包装。对于需要长途运输的产品必须根据运输工具的特征来设计包装。例如，使用集装箱运输的石材在设计包装箱时，除了必须考虑双方的装卸能力外，还必须充分考虑集装箱的内腔尺寸，使得所设计的包装箱既能方便地装卸又不留有太多的空余地方。

（3）石材薄板是一种常用的装饰材料，如果是作为零售的薄板在设计包装时，还应考虑要有不同数量的包装，使得产品更为适销。

（4）包装的设计应考虑经济效益。包装箱是不可利用物品，但它又是产品中必须计算成本的部分，因此降低包装物的成本也是降低总成本的措施之一。

（5）包装应当考虑环保要求。废弃的包装物将造成环境污染，因此包装物的材料应当是可回收或可再生利用的。例如，现在日本等国家就把原先包装薄板的泡沫塑料盒改为纸盒包装，以减少白色污染。

通常情况下石材薄板都有固定的包装形式，例如对于 300mm×300mm×10mm 或 305mm×305mm×10mm 的薄板，我国通常的包装形式是：每 10 片薄板装在一个泡沫塑料盒中，为避免损伤磨光的薄板，装盒时石材磨光面相对着装放。为避免破损，石材薄板必须竖放。泡沫塑料盒的内腔尺寸为（305～308）mm×（305～308）mm×（102～105）mm，盒的外部尺寸为 330mm×330mm×140mm。每个木箱装 36 个塑料盒，分上下两层装箱，每层 18 盒。木箱的外部尺寸为 108cm×85cm×85cm。这种包装很适合于集装箱运输，因为普通集装箱的尺寸为 8×8×20（英尺）或 8×8×40（英尺）。装运石材一般使用 20 英尺的集装箱，这种集装箱的内腔尺寸为 230cm×230cm×590cm，横向可并排放两个木箱，纵向可排放 6 个木箱，上下叠放两层。通常 20 英尺的集装箱允许装运质量不超过 20 吨，如果每个集装箱装运 22 箱石材薄板，质量为 22×36×10×0.3×0.3×0.01×2.7＝19.25（吨），加上包装箱的质量，恰好接近允许的最大装运量。其他规格薄板的包装同样必须考虑这些因素。

5.2　大理石大板的加工工艺

大板的尺寸取决于荒料的块度，通常在 1200mm×2400mm 以上，厚度通常不小于

18mm。大板经切割加工后可成为不同规格的板材。大理石大板的加工设备主要有金刚石框架锯、自动化连续磨机和桥式切机。

大理石大板的生产工艺过程可分为以下几个步骤：

选料装车—安装锯条—开机锯切—吊卸毛板—补胶粘结—研磨抛光—切割—检验包装。

5.2.1　选料装车

大理石的颜色、花纹的变化较大，为了使得每一批规格板材或某一工程部位的用材能够做到颜色花纹协调一致，并能根据所需材料的规格、数量选用荒料，提高荒料的利用率，在选料装车中应注意以下各方面的影响因素：

（1）应根据工程用料的数量选用荒料，选料时应充分考虑到石材品种的成材率，既保证数量足够，又尽量少剩余。

（2）根据所需产品规格尺寸选用长度和高度适宜的荒料，使得切割后边角废料最少、板材利用率最高。

（3）荒料装车前应根据工程需要对荒料整形，减少无用的锯切、磨抛加工。

（4）根据锯机的加工能力，控制荒料的装车量，在不超过设备的加工能力的情况下，尽可能让设备满负荷工作，提高生产效率，降低单位锯切成本。

（5）由于不同品种石材存在物理力学性能的差异，不要把不同品种的荒料、特别是物理力学性能差异较大的石材拼装在同一台车上。

（6）拼装在同一台车上的荒料的高度应尽量接近，以免锯切初期锯框两侧负荷不均，延长锯切时间。

（7）荒料装车时台车上必须有垫木，装车时应使荒料垫稳、垫平，荒料的大面应平行于锯切平面。

（8）若荒料存在较多的孔隙与微裂隙，应先注胶加固荒料，避免锯切过程中开裂。

（9）荒料的底部应当与台车固定在一起，固定的目的是保证锯切时荒料不移动，锯切后毛板不倾倒。荒料的固定可使用水泥砂浆，对于吸水率较大的浅色大理石，为了防止水泥砂浆污染石材最好使用石膏锯末混合物固定。石膏锯末混合物的配合比为：400号石膏2份、砂子1份、锯末1份，加水调匀。

5.2.2　安装锯条

1. 锯条规格

金刚石框架锯的锯框有不同规格，所使用锯条的规格也不相同，有关金刚石锯条的结构与规格的技术参数将在第 6 章 6.2.2 节中予以介绍。

2. 安装锯条

使用金刚石框架锯锯切大理石大板时，锯切效率与质量以及锯条的使用寿命在很大程度上取决于锯条正确合理的安装。安装金刚石锯条时应注意以下几点。

1）锯条的张紧

金刚石锯条经张紧后具有一定的刚性，才能进行锯切。锯条的张紧可以用敲打铁楔的办法，也可以用液压张紧器来张紧。锯条的张紧力根据锯条的规格（长度、宽度、厚度）、锯条钢材的材质，以及所锯切的石材类型来确定。当使用 3.5m 以下的锯条锯切较软的石材时，每根锯条的张紧力约为 6～8 吨；当使用 3.5m 以上的锯条锯切较硬的石材时，每根锯条的张紧力约为 10～12 吨。锯条张紧力的大小主要是根据锯条的规格和技术参数来确定，通常锯条的生产厂家会在使用性能中予以注明。

安装锯条时可先通过楔铁把锯条初步张紧，然后再由液压张紧装置迅速、准确、均衡地张紧锯条；张紧力的大小可由控制屏上直接读取。

2）锯条安装精度检测

锯条垂直度可用铅锤水准仪进行检查，然后再用比长仪或千分表检查向下进给运动的垂直度。锯条平面应平行于锯条向下运动平面，其平行度可用比长仪测定，测定时锯条必须水平张紧，缓慢升降锯框运动，在锯条侧面垂直方向上的两个点上检测，锯条的水平度也可以用比长仪或千分表检测，测定时缓慢推动锯框，在锯框侧面水平方向上的两个点上检测。

根据意大利金刚石工具协会提供的检测标准为：

（1）锯条平行度允许偏差为：检查长度 400～500mm，最大允许偏差 0.15～0.20mm。

（2）锯条垂直度允许偏差为：检查长度为锯条宽度，最大允许偏差 0.02～0.04mm。

3）安装锯条

按上述要求先安装好中间一根锯条，并以中间锯条为基准，然后两边依次安装其他锯条，两侧安装的锯条数应对称相等。安装其他锯条时应根据所要锯切的板材厚度在相邻两根锯条之间夹入间隔板（或称定距块），并检查彼此之间的平行性，间隔板的平行度公差应在 0.1mm 以内。

5.2.3 锯切

1. 锯切准备

锯切前应先检查荒料在台车上是否固定好；固定好后用摆渡车将台车拉入锯机车镗就位并固定台车。

2. 开机下锯

锯割操作程序：开机—给水—启动升降进给电机—落锯—锯切—锯切加工结束—停止进给—上升锯框—停车—停水—停电—出台车。锯切过程如遇停水、停电特殊情况而停锯，重新开锯时，应先将锯框提升几厘米，然后按上述操作程序慢慢落锯重新开始锯切。

3. 选择合理的锯切进给速度（下锯速度）

锯切时下锯速度的控制是关系到锯切效率、锯切质量、锯切成本和锯条使用寿命的关键因素。锯切进给速度的选择必须根据锯机的技术性能、石材的类型与性质、安装的锯条数量等因素来确定。进给速度过快将造成锯条偏斜和锯齿损伤，进给速度太慢不仅影响生产效率而且会导致金刚石节块磨钝。锯条切入荒料的初始阶段应选择较慢的下锯速度，锯缝形成后可逐渐提高锯切速度，即将切完时应降低锯切速度。生产实践结果表明：锯切软、中硬大理石时，进给速度为 80～120mm/h；锯切较硬的大理石，进给速度可选择 60～80mm/h；使用高速锯时，进给速度可提高 1 倍。应当根据石材的硬度和磨蚀性分类，以便根据石材类型调整进给速度。

4. 锯条开刃

新锯条使用前或使用后，金刚石节块磨钝时，可用加少量 36～46 号碳化硅磨料锯割的办法或用水泥砂料块（质量比水泥：砂 ＝1：3）开刃，以恢复金刚石节块锐利性及清除锯条表面上石垢。

5. 冷却水的用量

冷却水的作用一是冷却，二是排屑。所以，冷却水的数量、质量和分布是影响金刚石锯条工作的重要因素。通常情况下用金刚石框架锯锯切大理石大板时用水量如下：

（1）每台框架锯装锯条数在 10 条左右，每条用水量为 10L/min；

（2）每台框架锯装锯条数在 10～20 条左右，每条用水量为 8L/min；

（3）每台框架锯装锯条数在 25 条以上时，每条用水量为 6L/min。

冷却水最好使用软水，并均匀喷洒在荒料上，冷却水不足或中断应立即停锯。

5.2.4 吊卸毛板

（1）将切完的毛板退离锯片 200mm 处停机；

（2）用小木楔将每条锯缝的两端塞紧；在两边加上大木楔和丝杆，将毛板顶紧，使之保持直立；

（3）将荒料台车上的毛板拉出后，在顶部锯缝中插上小木楔，以保持毛板稳固；

（4）若荒料未锯切到底，应切断或敲断毛板与底座的连接部；

（5）用夹板器夹起毛板，清洗并检验毛板；

（6）将检验合格的毛板吊放在板架上，毛板在板架上应与地面成 75°左右角度，太陡则不稳，太缓则易断。

5.2.5 补胶粘结

大理石比花岗石脆弱而且也具有更多裂纹或隐裂隙，因此有些大理石板材在锯切过程中发生破裂，有些在卸板时发生破裂，最容易造成破裂的是在研磨抛光的过程中。为了避免或减少破裂所造成的损失，在加工的不同阶段应根据荒料中裂隙发育的具体情况对石材进行补胶粘结增强。

大理石大板的粘结修补是对大理石强度的一种增强作用，根据裂隙发育的具体情况有两种应用方法。当大理石荒料中裂隙比较发育，容易在卸板时发生破裂的应当在卸板之前进行补胶增强。具体做法是在锯切结束之后把台车拉出锯镗—冲洗毛板—烘干或晾干毛板—把配好的渗透粘补的 307 胶由毛板顶部沿锯缝渗入—经 6～10h 固化即可卸板。卸板后还应经进一步粘结补强后才可进行研磨抛光。对吊卸后大理石毛板的粘补用胶仍然使用 307 渗透胶，在对毛板烘干或晾干后将胶涂刷于毛板的背面，在胶还未固结时铺贴上纤维增强网，经充分固结后即可进入下一道加工工序。

5.2.6　研磨抛光

大理石大板的研磨抛光通常使用多头连续磨机或桥式磨机，对于规格尺寸较小的大板也可使用手扶磨机加工。用于加工大理石的连续磨机的磨头数通常为8～12个，磨头的加压方式多为气压式。

经过粘补增强加固的大理石毛板可以在连续磨机上进行磨抛加工。有关连续磨机各磨头上磨块号的选择、磨抛工艺参数的确定等都与磨抛大理石薄板时的选择、确定方法相同。但是用于大理石大板磨抛加工的连续磨机，在结构上不同于加工薄板的磨机，两者之间最大的区别是用于大板研磨加工的连续磨机的磨头是安装在可做横向摆动的大梁上，随着大梁的摆动完成对大板横向上的研磨抛光加工。大梁的横向摆动速度与传送带的纵向送板速度的选择与加工质量密切相关，通常大梁的横向摆动速度为4～8m/min，传送带的纵向送板速度为0.5～1.0m/min。横向摆动速度的选择还受毛板宽度的影响，毛板宽度较大时摆动速度可快些；毛板宽度较窄时摆动速度应慢些。磨头相对于石板纵、横方向运动速度的最佳选择原则是使得磨头在石板上任意点上的停留时间一致，同时也使得磨抛效率最高、效果最好。

5.3　花岗石大板的加工工艺

花岗石大板的生产工艺过程主要是锯切—研磨抛光—切断。

在各类石板材的加工工艺中花岗石大板的加工工艺最为复杂。目前国内的石材生产加工企业用于锯切花岗石大板的设备有框架式砂锯、多绳式金刚石串珠锯和大直径的金刚石圆盘锯。这些锯切设备各有优缺点，其中大直径金刚石圆盘锯设备投资小，操作简单方便，但大直径金刚石锯片价格高昂，相较于其他锯切设备锯切效率较低，因此较少用于花岗石大板的锯切。金刚石框架锯设备投资中等，但由于锯条做往复运动，金刚石刀头上的胎体不易把持住金刚石颗粒，刀头损耗大且只能锯切硬度较低的石材，目前未在花岗石生产中得到应用。框架式砂锯是20世纪80年代后期发展起来的花岗石大板的锯切设备，目前在我国的许多石材企业中仍然是主要的锯切设备。框架式砂锯具有生产效率高的优点，但是对操作技术要求高，存在毛板平整差、废弃的砂浆资源化处理较难、设备占地面积大等缺点。多绳式金刚石串珠锯设备投资较高，但具有锯切效率高、锯切质量好、设备占地面积小、操作简便的优点。近年来随着多绳式金刚石串珠锯以及金刚石串珠绳生产的国产化，锯切成本下降，多绳式金刚石串珠锯切花岗石大板正逐渐成为一种对传统砂锯机加工方法更新换代的加工方式。

5.3.1　花岗石大板的框架式砂锯锯切

锯切是花岗石大板生产中的第一道工序，锯切能力的大小是石材企业生产能力的重要标志；锯切质量的好坏直接关系到产品质量的优劣和生产成本的高低。同时，花岗石大板的锯切工艺也是石材加工中技术含量较大的环节。下面将分别以框架式砂锯及多绳式金刚石串珠锯为例，来说明花岗石大板的锯切过程。

1. 锯切工艺过程

作为石材的锯切设备，框架式砂锯与金刚石框架锯在锯切对象、锯切原理上有着很大的差异。金刚石框架锯在锯切石材时主要是依靠锯条上的金刚石刀头（或称金刚石节块）磨削石材，达到切割石材的目的，锯条上焊接的金刚石刀头起着"锯齿"的作用。目前金刚石框架锯主要是用于大理石大板的锯切，在软花岗石石材的锯切中也有少量应用。框架式砂锯的锯条只是一根平直的钢带，其上没有任何锯齿；起"锯齿"作用的是在锯切过程中不断地补充到锯切面上的钢砂。为了使钢砂能够及时地、顺利地补充到锯切面上，框架式砂锯比金刚石框架锯多了一系列的辅助设备，用好这些辅助设备才能更好地发挥砂锯的作用。

花岗石大板的锯切成本在大板生产的总成本中约占 65% 左右，锯切工艺的优劣不仅影响到设备的生产效率、产品的质量，也决定着花岗石大板的生产成本。实际生产中，不同的企业在使用框架式砂锯生产花岗石大板中锯条与钢砂的消耗差别可高达 2～3 倍。通过改善锯切工艺可有效降低锯条和钢砂消耗以及能耗，从而降低锯切成本。

框架式砂锯的锯切工艺，可分为以下 11 个工艺过程，如图 5-3 所示。

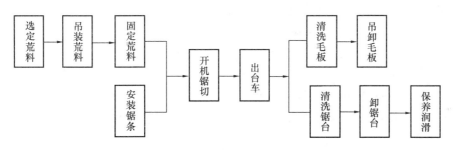

图 5-3 花岗石大板锯切工艺流程示意图

1) 荒料的选择

荒料的选择是锯切工艺的关键工序，荒料选择时应遵循的要求如本章 5.2.1 节中所述，除了必须按照工程要求选择所需要的花色品种和规格尺寸外，还必须根据锯机的加工能力选择加工性能相同的和规格尺寸适宜的荒料拼装在台车上，让锯机尽可能满负荷工作，以提高设备的生产效率。现代化的框架式砂锯的有效加工尺寸可达到 300cm×450cm×200cm 以上。这种大块度的荒料在吊装和运输上都存在着较大的困难，因此通常是把两块或三块荒料拼装在台车上，用混凝土把它们粘结为一个整体进行锯切。拼装荒料时应注意以下几点：

(1) 应使拼装在同一台车上荒料的品种相同或可锯性应相同，荒料的高度应相近。

由于花岗石的花色品种繁多，不同品种的石材的矿物成分和结构构造相差很大，因此不同石材的可锯性差异很大，锯切时不同类型的石材下锯速度的差异可达 2～3 倍甚至更高。例如，以 BARSANTI-350 型砂锯锯切 G3557 花岗石时，下锯速度的为 17mm/h；而同样的锯机在锯切 G3554 花岗石时下锯速度可达 35mm/h，效率相差一倍多。如果把这两种石材拼装于同一台车上，那么下锯速度也就只能按较低的速度锯切，所以荒料的拼装方式影响锯切效率。

例如有 4 块高度都为 180cm 荒料，A 和 B 是 G3557，C 和 D 是 G3554。当把 A 和 B 装于同一台车时，锯切的时间 $t_1 = 1800/17 = 105.9$h。把 C 和 D 装于同一台车时，锯切时间 $t_2 = 1800/35 = 51.4$h。总锯切时间 $t = t_1 + t_2 = 105.9 + 51.4 = 157.3$h。但是，若把 A 和 C，B 和 D 块装于同一台车上，锯切时的下刀速度只能按较慢的速度下刀，即每小时的下刀速度都只能是 17mm，这样 4 块荒料的总锯切时间 $T = 105.9 \times 2 = 211.8$h。显然 $T > t$，说明不同的拼装方法将影响到锯机的生产效率。

不合理的荒料拼装方法不但影响锯切效率，还会对设备选成危害。因为锯切性能不同的石材时，锯条的受力状况也不相同，当把 G3557 和 G3554 拼装于同一台车上锯切时，锯框左右两侧受力状况是不相同的，这样会对锯切设备造成危害。

拼装荒料时除了应保证石材的品种相同或可锯性相同外，还应使荒料的高度相接近，这也是提高生产效率、保护设备的有效措施。因为荒料的高度的差异将使得锯框两侧的锯条不能同时进入锯切状态，也造成锯框两侧受力不均，对设备造成危害。荒料的高度差异对锯切效率的影响可以由图 5-4 和图 5-5 来说明。

图 5-4 表示把两块高度相差较大的花岗石荒料装到一个台车上的情况，图 5-5 表示把两块高度相近的花岗石荒料装到一个台车上的情况。

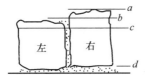 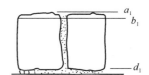

图 5-4　荒料高度相差较大　　　　图 5-5　荒料高度相近

在锯切花岗石的时候，最初下锯速度要比正常的下锯速度低，一般为正常下锯速度的 $1/2 \sim 1/3$。以 G3587 花岗石为例。正常下锯速度为 30mm/h，但是最初进刀速度仅为 12mm/h。由于荒料在宽度和长度方向上都存在不平整，要使锯条进入正常锯切状态，一般要经过 10 个小时左右。

在图 5-4 中，假设左边一块荒料高 1.8m，右边一块荒料高 1.9m，那么 a 线到 b 线距离为 100mm。从 a 线到 b 线的这一段时间里，只有右边一块荒料处于锯切状态，其下锯速度为每小时 12mm，锯切所需时间为 8.3h，而左边一块荒料是还未进入锯切状态的。当锯切到 b 线的时候，尽管对于右边一块荒料来说已进入正常锯切状态，可以把下锯速度提高到每小时 30mm，但是由于左边一块荒料还刚刚开始锯切，不允许提高下锯速度，所以锯框仍要按每小时 12mm 的速度下锯。假设锯切到 c 线时即入锯完全，从 b 线到 c 线的距离也为 100mm，那么，从 b 线到 c 线也要锯切 8.3h，也就是说最初下锯时间共用去 16.6h。而正常锯切速度为每小时 30mm，可计算得到正常锯切时间为 $(1900 - 200) \div 30 = 56.6$h。所以总锯切时间为：$8.3 + 8.3 + (1900 - 200) \div 30 = 73.2$h。

在图 5-5 中，两块花岗石荒料的高度基本一致，都是 1.9m。这样，两块荒料可以同时开锯，从 a_1 到 b_1 最初锯切时间共用 8.3h 就可以了。自 b_1 线开始，锯框进入正常锯切状态，按每小时 30mm 的速度落锯，这样，第 2 个台车总锯切时间为：$8.3 + (1900 - 100) \div 30 = 68.3$h。

第一个台车出板材平方数少，但所用的时间却比第 2 个台车多 5.7h。这就说明了选取高度相近的荒料装在同一个台车上对于提高生产效率的意义。

（2）锯切面平行荒料的大面

由于石材的力学性质是各向异性的，在不同的方向上有不同的抗折强度和抗压强度，因此选定荒料装车还要注意使荒料的大面与锯条的方向一致。也就是说，锯切面必须与荒料的大面平行，这样不仅锯切阻力小、锯切速度快，而且锯切下来的石板抗折强度大，不易断裂。

（3）荒料整形与荒料几何质量评价

荒料选定后，在装车前还要对荒料进行整形。如果荒料形状不规整、凹凸不平，呈菱形或三角形，则造成无用锯切量增大，锯条、钢砂、电力的消耗增大，荒料的出板率降低，每台车的产量也低，这样就会造成成本上升，生产效率降低。对荒料进行整形的方法，可以使用大直径金刚石圆盘锯锯切、金刚石串珠绳锯切的方法或钻孔劈裂法，也可以使用人工修整的办法。

为了选定荒料时能有一个客观的几何尺寸标准，提高经济效益，可以用荒料的"成方性"和"相对成方性"来评价荒料的几何质量。

所谓荒料的"成方性"就是荒料的外形趋向理想的直角平行六面体的程度，其程度的大小用体积之偏差表示。荒料的"成方性偏差"为荒料的外接直角平行六面体体积与内接直角平行六面体体积之差。

具体的计算方法如下：

设定荒料的内接直角平行六面体的长为 L，宽为 W，高为 H；荒料的外接直角平行六面体的长为 $L+\delta L$，宽为 $W+\delta W$，高为 $H+\delta H$。荒料的"成方性"的偏差值则为：

$$Ky = (L+\delta L) \times (W+\delta W) \times (H+\delta H) - L \times W \times H \tag{5-1}$$

对于某块荒料的"成方性"实际偏差值，可以通过测量得出。比如选定了一块荒料，其尺寸为：内接直角平行六面体的长为 $L_2=280$cm，宽为 $W_2=150$cm，高为 $H_2=140$cm；外接直角平行六面体的长为 $L_1=284$cm，宽为 $W_1=153$cm，高为 $H_1=142$cm。这样可以计算出它的实际"成方性偏差"值：

$$V_1 - V_2 = L_1 W_1 H_1 - L_2 W_2 H_2 = 284 \times 153 \times 142 - 280 \times 150 \times 140 = 290184\text{cm}^3$$

式中，L_1 为长度的最大尺寸；W_1 为宽度的最大尺寸；H_1 为高度的最大尺寸；L_2 为长度的最小尺寸；W_2 为宽度的最小尺寸；H_2 为高度的最小尺寸。

考虑到荒料的体积大小不同，对于体积不同的荒料，不可能用"成方性"概念与荒料的"成方性"实际偏差值去直接去评价与比较荒料的几何质量，比如第一块荒料尺寸为 $L_1=296$cm，$W_1=177$cm，$H_1=162$cm，$L_2=290$cm，$W_2=159$cm，$H_2=151$cm；而第二块荒料的尺寸为 $L_1=196$cm，$W_1=177$cm，$H_1=162$cm，$L_2=190$cm，$W_2=159$cm，$H_2=151$cm。从常识判断，第一块荒料的几何形状比第二块荒料"方正"，但是计算出来的"成方性"偏差值却是第一块大于第二块。正因为如此，为了准确地判定某块荒料的几何质量，有人提出了"相对成方性"的概念，即用"相对成方性"偏差的大小来判定花岗石荒料的几何质量的高低。

荒料的"相对成方性"偏差是它的外接直角平行六面体体积 V_1 减去它的内接直角平行六面体体积 V_2 所得的差与它的内接直角平行六面体的体积 V_2 之比。用公式（5-2）表示为：

$$a = \frac{V_1 - V_2}{V_2} \times 100\% = \frac{L_1 \times W_1 \times H_1 - L_2 \times W_2 \times H_2}{L_2 \times W_2 \times H_2} \times 100\% \qquad (5\text{-}2)$$

式中，a 为荒料的"相对成方性"偏差数值，它实际上是一个百分比；L_1、W_1、H_1 为荒料的外接直角平行六面体的长、宽、高；L_2、W_2、H_2 为荒料的内接直角平行六面体的长、宽、高。

根据这样的定义，可以规定出一等品荒料的"相对成方性"允许偏差值是多少；合格品荒料的"相对成方性"允许偏差值是多少。然后以这些允许偏差值为依据，判定某块具体荒料的几何质量。比如说以表 5-5 来规定荒料的"相对成方性"允许偏差值。

表 5-5　花岗石荒料相对成方性允许偏差

等级	锯面荒料		劈面荒料	
	一等品	合格品	一等品	合格品
相对成方性允许偏差	12%	16%	17%	25%

在表 5-5 中，不需要分出荒料属于 Ⅰ、Ⅱ 类体积还是 Ⅲ 类体积，因为它对于任何体积都是适用的。

例如有一块劈面荒料，其尺寸是 $L_1 = 295\text{cm}$，$W_1 = 165\text{cm}$，$H_1 = 151\text{cm}$；$L_2 = 280\text{cm}$，$W_2 = 154\text{cm}$，$H_2 = 140\text{cm}$，实测的"相对成方性"偏差 a 计算如下：

$$a = \frac{L_1 \times W_1 \times H_1 - L_2 \times W_2 \times H_2}{L_2 \times W_2 \times H_2} \times 100\%$$

$$= \frac{295 \times 165 \times 151 - 280 \times 154 \times 140}{280 \times 154 \times 140} \times 100\%$$

$$= 21.75\%$$

计算结果与表 5-5 中规定荒料的"相对成方性"允许偏差值比较后可以判断出，这块荒料达不到"一等品"的要求，而能达到"合格品"的要求，因而它是一块合格的劈面荒料。

从以上计算可以看出，把花岗石荒料的"相对成方性"概念引入花岗石荒料的几何质量指标之中，对装台车时的荒料选定、对采购荒料时分级定价，都能提供一个简便的、统一的客观标准，这样便可以减少在荒料选定和荒料定价中的随意性。

2）吊装荒料

荒料选定并经过修正之后，就可以把它吊装到台车上去了。吊装荒料是一项简单而有危险的工作，因而必须认真慎重，万万不可疏忽大意。在使用门式起重机吊装荒料之前，首先应检查机器周围有无障碍物。有无作业人员，如果有障碍物应予以清除，有作业人员应请他们暂时离开。吊装荒料的钢丝绳也应该仔细检查，看看是否有断丝现象，发现断丝现象应更新。即使用新钢丝绳也应该首先确认它的承重力是否与所吊装的荒料相适应。在正式吊装之前应做起吊试验，如发现荒料倾斜要重新捆绑，直至确认荒料在吊装时能够平稳起落时才可正式吊装。

3）固定荒料

把荒料吊装到台车上，要用混凝土把它固定。固定荒料的混凝土有三部分，如图 5-6 所示。

其一是底部混凝土。底部混凝土看起来是固定荒料，实际上它的主要的作用还是固定毛板，使毛板保持直立。当锯框落到底部的时候，即整块荒料锯切完毕的时候，各片毛板不再互相连在一起，也就是说，各片毛板之间失去了共同的底盘。如果底部预先没有垫混凝土，当毛板失去共同底盘的时候，毛板就有可能倾倒破碎，造成重大损失。为了避免这种情况的发生，在把荒料吊装到台车上之前，预先在台车上铺垫一层混凝土。这样做，即使锯框落到底部，荒料完全锯完，一片片的毛板仍然能保持直立。

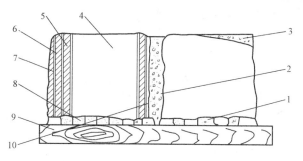

图 5-6　固定荒料

1—底部混凝土；2—中间混凝土；3—顶部混凝土；
4—荒料；5—毛板；6—锯缝；7—毛板边皮；
8—底部垫块；9—垫木；10—中部毛板边皮

其二是中间混凝土。中间混凝土的主要作用是增加荒料的出板率，提高荒板的产量。一般在不用中间混凝土的情况下，锯到一定程度就要停锯，在两块荒料之间用木楔加固中间毛板边皮。中间毛板边皮一般厚度在 70～100mm 左右。如果浇灌了中间混凝土，两块荒料便胶结为一体，在锯切过程中不需要停锯放置木楔加固，中间边皮的厚度也可以降低，大约降到 10～40mm，每块荒料可以多产 1～2 片毛板。同时，由于中间省去装木楔的时间，也减少了停锯时间，提高了设备运转率，这也为提高砂锯的产量创造了条件。

其三是顶部混凝土。顶部混凝土的作用是把凹凸不平的荒料顶面补平。这对提高生产效率有较大的作用。上边已经提到，在刚开始锯切的下锯阶段，落锯速度一般是正常落锯速度的三分之一左右，也就是每小时仅落锯 8～10mm。一般情况下，经过 10 个小时可以进入正常锯切阶段，但是，如果荒料的顶面凹凸不平，存在局部没有形成锯缝的状况，因而钢砂不集中，则不能以正常速度落锯。如果勉强以正常速度落锯，锯条就会跑偏、使毛板厚薄不均，甚至扭断锯条。如果在荒料的顶面铺上混凝土（图 5-6），把荒料的顶面填平补齐，就能够在较短的时间内全面形成锯缝，使砂锯尽快进入正常锯切阶段。可以通过锯条的受力状况来说明使锯条跑偏的原因。如图 5-7 所示，如果荒料顶部不平，当锯条挤压钢砂锯切荒料的时候，锯条要受到一个与石料顶面垂直的力 F_1，F_1 分解为竖向力 F_2 和水平力 F_3。F_2 与锯条的工作压力大小相等、方向相反。F_3 垂直于锯切方向，使锯条发生垂直于锯切方向的偏移，这就是锯条跑

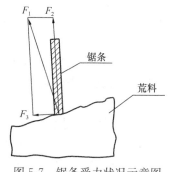

图 5-7　锯条受力状况示意图

偏的原因。如果用混凝土把荒料的顶部填平补齐，则 F_3 为零，就不存在使锯条偏移的作用力了。

4）安装锯条

框架式砂锯锯条的安装步骤与要求与金刚石框架锯锯条的安装要求相同，详见本章 5.2.2 节中的内容。锯条安装好后应当用液压张紧器张紧。

正确地安装锯条不仅是保证锯切工艺顺利进行的基础，也是降低锯条、钢砂消耗和降低能耗的有效措施。因为无论锯条存在垂直方向或水平方向的偏斜都会使锯缝加宽，造成锯条和钢砂消耗的增加以及能耗的增加。在安装锯条时应当用竖夹式水平仪对锯条进行垂直度检测，一般情况下使用宽度为 110～120mm 的锯条倾斜量应小于 0.02mm，使用长度 3800mm 以下的锯条偏斜量不大于 0.80mm。根据荒料的装车固定形式，锯条的装配方法有两种：当拼装于同一台车上的两块荒料之间灌注有混凝土时，两块荒料成为一个整体。安装锯条时可以将锯条全部装到锯框上，然后再将台车推入锯框之下。这种安装锯条方法的优点是减少装卸锯条的时间，从安装锯条锯切第一车荒料后到锯切第二、三车荒料都不必装卸锯条，因而节省了装卸锯条的时间，提高了锯切工作效率。其缺点是浪费了两块荒料之间约 20cm 宽度部分的锯条和灌注的混凝土。当拼装于同一台车上的两块荒料之间不灌注混凝土时，应当把台车先推入锯镗，根据荒料的实际位置安装锯条。其优点是节省了两块荒料之间的锯条消耗和浇灌混凝土的材料和工时。其缺点是荒料边皮浪费大，平均每块荒料至少少锯切下两片毛板。

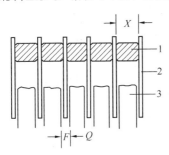

图 5-8　间隔板与
毛板厚度的关系
1—间隔板；2—锯条；3—毛板

安装锯条时，必须根据所要锯切的毛板厚度在两根锯条之间安装间隔板（或称定距块），如图 5-8 所示。间隔板的厚度是决定毛板厚度的关键因素，因而要进行认真的核对和必要的计算。

间隔板的厚度可以用下列公式求得：

$$X = B + F - Q \qquad (5\text{-}3)$$

式中，X 为间隔板的厚度；B 为毛板厚度；F 为锯缝宽度；Q 为锯条厚度。

毛板的厚度一般应根据工程的要求来确定。例如，所需要的磨光板厚度为 20mm，研磨抛光的加工损失量为 1mm，毛板的厚度应为 21mm。锯缝的宽度决定于锯条的厚度、钢砂的粒度及锯切工艺。一般说来，锯条厚度越大，钢砂粒度越粗，则锯缝越宽；落锯速度越快，砂浆流动性越好，则锯缝越窄。对于一个具体的加工企业来讲，锯条的厚度、钢砂的粒度、锯切工艺基本上是稳定不变的，所以可以根据实际情况确定一个常用的锯缝宽度。通常使用摆式砂锯当锯条厚度为 4.2～4.8mm 时，锯缝宽度约为 7.2～7.8mm。

例如，某工程要求磨光板厚度为 20mm，锯条厚度为 4.2mm，锯缝宽度为 7.2mm。根据以上计算方法，间隔板的厚度应为：

$$X = B + F - Q = 21 + 7.2 - 4.2 = 24 (\text{mm})$$

如果工程需求的磨光板厚度为 25mm，那么就应该更换厚度为 29mm 的间隔板来装夹锯条。

通常宽度为 100～120mm 的锯条锯切中等硬度的石材总高度约达 450cm 左右，即可锯切 2～3 车的荒料。当锯条锯切过一车荒料后，锯

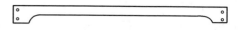

图 5-9　磨损后的锯条

条的中间部分被磨损而变窄，而两端的宽度仍保持原始状态，如图 5-9 所示。这时如果锯切比第一车更长的荒料，就有可能使锯条两端的凸出部分撞击荒料造成荒料的移动。因此在安装新锯条后所安排锯切的荒料长度应当逐渐减短，即安装新锯条后第一车可锯切较长的荒料，第二车的荒料应比第一车短，第三车的荒料比第二车短。也可以在锯切第一车荒料后将锯条上下翻转使用这样就可以锯切更长的荒料，但是多了卸装锯条的工序。

在安装旧锯条时应注意，如果锯条的宽度已不足 40mm，就不要再安装使用了，因为不足 40mm 的锯条无法锯完 140cm 高度的荒料，如果锯切过程中锯条断裂则造成锯条两侧毛板的报废。因此在安装锯条时还应注意到需要锯切的荒料的高度，只有根据石材的加工性能合理地安排所要锯切的荒料规格尺寸，才能更有效地提高锯条的利用率，达到降低锯条消耗的目的。

5）开机锯切

荒料装车固定并经 3～5 天的充分固结后就可以开机锯切了。准备锯切之前要进行一系列的检查工作，确保台车上荒料的外廓尺寸不超出锯机的有效锯切尺寸、荒料台车稳固就位、砂泵运转正常、洒浆车、锯框的水平度和大连杆的位置达到工作要求等。

开机锯切的具体操作顺序如下：

（1）把贮浆池中的砂浆放入砂浆井中；

（2）打开砂浆泵主阀门；

（3）快速下降锯框，使锯条接近荒料顶部；

（4）启动主电机；

（5）启动洒浆车电机；

（6）启动砂浆泵电机；

（7）启动进给电机开始锯切；

（8）启动钢砂喂料机电机；

（9）启动石灰搅拌器电机；

（10）接通各种保护装置电源。

锯切一车荒料大约要花 2～3 天的时间，在锯切过程中应当经常检查砂锯及其辅助设备的各部位有无异常声音，工作是否正常，电流、电压是否都在额定范围内，以保证锯切顺利进行。

初始阶段的下锯速度应根据石材类型控制在 8～10mm/h，约经过 10h、待到锯缝形成后再调整落锯速度到正常值。下锯速度的选择不但关系到砂锯的锯切效率，也影响到钢砂、锯条的消耗和电力消耗。砂锯进入正常锯切阶段后的下锯速度的选择主要应根据设备的技术性能、锯条与钢砂的技术性能、石材的类型与力学性质结合砂锯操作的

实践经验来确定。由于石材的矿物成分及其含量变化复杂，锯机的类型与性能种类繁多，锯条与钢砂的质量优劣不一，因此下锯速度的变化范围可达 10~20mm/h。

当锯条切入荒料 40cm 左右时，应停锯并把锯条略为抬起，在锯缝两端的同一高度上塞入小木楔，以使石板保持稳固。当锯切到离荒料底部 30cm 左右时，再停锯加入一排木楔。当荒料锯切完毕即可停机，卸下木楔，提升锯框使锯条退出锯缝，然后重新插入木楔保持毛板的直立稳固。图 5-10 为锯切中的荒料照片，图 5-11 为锯切完毕的荒料照片。

图 5-10　锯切中的荒料　　　　　图 5-11　锯切完毕的荒料

6）出台车

锯切好的毛板在锯框下经初步清洗，回收了锯缝中的钢砂后，就可以把台车拉出锯镗。出台车前应当对荒料进行加固，以免台车运行过程中毛板倾倒破损。台车拉出锯镗后通过摆渡车拉入洗板间。

7）清洗毛板

锯切之后的毛板要经过两次清洗工序。在锯镗里的初步清洗是为了回收钢砂，对毛板的彻底清洗是清除毛板上嵌入的钢砂、石渣，以免对磨光工序造成困难。为什么不在锯镗内对毛板进行一次性的彻底清洗呢？因为彻底清洗毛板所用的大量的水会稀释砂浆，破坏砂浆的成分比例，影响下一车荒料的顺利锯切。同时要把毛板彻底冲洗干净也需要把毛板一片片吊起冲洗，这在锯镗里是难以做到的。对毛板进行彻底的冲洗，水压应达到 30MPa，水流要细小，否则不易把嵌在毛板上的钢砂冲洗掉。

8）吊卸毛板

吊卸毛板是与毛板的清洗和检验同时进行的，毛板的吊卸是由夹板器完成的。每次只能夹吊一片毛板，这样既便于对毛板的冲洗也便于对毛板的检验。通过对毛板的检验以确定每一片毛板是否可以进入下一道加工程序，也可以对毛板上的色斑、色线以及锯切时形成的深度较大的砂沟进行分析，确认毛板的哪一面更适合作为磨光面。

吊卸下的毛板经检验后按顺序堆放在板架上，毛板在板架上的堆放角度应与地面成 75°左右的夹角。

9）清洗锯台

台车拉出锯镗后就可以对锯台进行清洗。清洗锯台有两个目的，一是把锯台内侧立柱、道轨、帘布、挡板上的钢砂冲入砂浆井回收利用，二是清除栅板上的碎石、木楔、水泥块等，保证下一车荒料锯切时砂浆能顺利循环。

10）卸锯片

卸锯片时应先用液压张紧泵放松锯条，敲下楔铁即可卸下锯条。卸下的锯片如果宽度在 5cm 以上的，可以根据锯条的宽度安排锯切适宜高度的荒料，但一定要保证剩下的锯片有可能把荒料锯到底。

11）润滑保养

每锯切完一车荒料，清洗完锯台后都要按规定对锯机进行润滑保养，以维护设备的完好性、延长设备的使用寿命。

2. 框架式砂锯的辅机

框架式砂锯是由主机和辅机组成的。主机是锯切的基本设备，辅机是保证主机能够充分发挥其功能的必要设备。为了使砂锯能达到预定的生产能力、实现高效、优质、低耗的目标，使用好辅机是重要的保证措施。

框架式砂锯的辅机包括砂浆泵、钢砂喂料机、钢砂回收器（或称钢砂分离器）、灰浆混合器、灰浆搅拌桶和液压张紧器。

1）砂浆泵

框架式砂锯在工作过程中需要把含有钢砂和其他成分的砂浆不断地洒入锯缝中。砂泵的作用就是将砂浆井中的砂浆通过管道提升到砂锯顶部，再由洒浆车均匀地洒到荒料的锯缝中，因此砂浆泵的作用就是为砂浆的循环提供动力源。

砂浆泵所运送循环的物质是含有钢砂、石灰、石粉的砂浆，这些物质对泵壳和叶轮的磨蚀相当强烈，因此为了减轻泵壳和叶轮的磨损，应当在泵壳和叶轮上加装橡胶衬套。实践证明，使用橡胶衬套可以使砂泵使用寿命延长 2～3 倍。通常使用铸钢叶轮，每 2～3 月需要更换一次叶轮，而使用衬胶钢芯叶轮每 5～6 月才更换一次叶轮。减少叶轮的更换次数不但节省了更换叶轮的费用，更重要的是减少了停锯的时间、提高了砂锯的工作效率。使用橡胶衬套还能减轻叶轮的质量、节约电能，延长轴承的使用寿命。

砂泵的转速一般为 970～980r/min，叶轮直径 360～420mm，输浆管直径 125mm 左右，电机功率 22～36kW。砂泵安装于框架锯地表水平以下的砂浆井中，由电葫芦提升控制其在砂浆井中的位置，如图 5-12 所示。砂泵的合理选用不仅关系到砂锯的工作效率，还影响到材料的损耗和锯切成本。砂泵是砂浆循环的动力源，砂泵的功率太小，砂浆的供应量不足，锯条直接与荒料接触，不但增大了锯条的损耗也降低了下锯速度，影响了锯切效率。砂泵的功率太大，砂浆供应

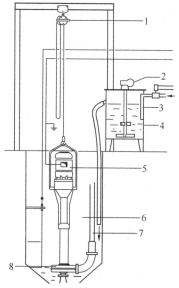

图 5-12　砂锯的辅机

1—电动葫芦；2—石灰搅拌器电机；
3—进水管；4—灰浆搅拌桶；5—砂
泵电机；6—砂浆井；7—输浆管道；
8—砂浆泵

量过剩，不但造成电能的浪费，也加速了叶轮、泵壳和输浆管道的磨损。合理选用砂泵是降低锯切成本的有效措施。如果以每台砂锯每年工作 280d，每天工作 20h 计算，一台 22kW 的砂泵每年耗电量为：$22 \times 20 \times 280 = 123200$kW·h；同样一台 30kW 的砂泵每年耗电量为：$30 \times 20 \times 280 = 168000$kW·h。耗电量相差 $168000 - 123200 = 44800$kW·h，如果每度电的电费为 0.7 元，全年电费相差可达 $44800 \times 0.7 = 31360$（元），如果加上叶轮、泵壳、管道的过量磨损，相差的费用就更大了。那么应当如何合理地选用砂泵呢？前面已经知道砂泵在锯切过程中是为砂浆的循环提供动力源的，因此锯切时砂浆的需求量就决定了砂泵必须提供的砂浆输送量。影响砂浆需求量的因素有荒料的长度、锯条数、落锯速度、岩石类型与力学性质、钢砂的硬度与耐磨性。因此可以根据以下公式来计算砂浆的需求量：

$$Y = 5N \times L \times W \times V \tag{5-4}$$

式中，Y 为砂浆需求量（m³/h）；N 为锯条数（条）；L 为荒料长度（m）；W 为锯缝宽度（m）；V 为下锯速度（m/h）。

锯缝宽度 W 的值随锯条厚度而变化，通常摆式框架锯的锯缝宽度约为 $7.2 \sim 7.5$mm。下锯速度 V 主要受石材力学性质和砂锯技术性能的影响，例如使用上摆式砂锯锯切普通花岗石类石材时，下锯速度一般为 $18 \sim 20$mm/h 左右。锯框上所安装的锯条数 N 随荒料的宽度和毛板的厚度而变化。

购买框架式砂锯时，配套电机的容量一般是根据满负荷锯切最薄的大板时所安装的锯条数来设计的。根据我国石材企业的生产实践表明，通常荒料的长度和宽度都达不到设计要求的长尺寸，而且在锯切加工的毛板中大约有 1/3 的毛板厚度在 2.5cm 以上，由此可见砂泵电机容量设计所造成的电能浪费是相当普遍的。因此石材企业应按照自己的产品结构和荒料规格购置砂泵电机，以减少电能损失、降低生产成本。

砂浆成分中钢砂的相对密度很大，最容易发生沉淀。为了防止钢砂沉淀，在建造砂浆井时必须使循环的砂浆沿砂浆井壁的切线方向流入，以促使砂浆在井内形成循环流动。流入砂浆井的管道内径约为 $350 \sim 420$mm，坡度以 $28 \sim 30°$ 为宜。管道以瓷管为宜，因为瓷管内壁光滑，不易堵塞、也不生锈，有良好的耐磨性，可以长期使用不必更换。

2）钢砂自动喂料机

钢砂自动喂料机的作用是根据锯切的需要定时定量地向砂浆井中增加新钢砂，以保证砂浆具有良好的磨削性能。钢砂自动喂料机有多种形式，但无论是哪一种类型的喂料机所控制的都是单位时间里钢砂的添加量。

单位时间里钢砂的添加量取决于石材的类型与性质、锯条数、荒料长度和下锯速度等，也和钢砂的性能、质量有关。计算钢砂添加量的经验公式如下：

$$P = k \times N \times V \times L \tag{5-5}$$

式中，P 为每小时添加钢砂质量（kg/h）；k 为钢砂消耗系数（每平方米毛板消耗的钢砂量 kg/m²）；N 为锯条数；V 为落锯速度（m/h）；L 为荒料平均长度（m）。

钢砂消耗系数 k 值的选择是按石材的类型、性质以及锯机的类型和技术性能，根据经验来确定的。例如，使用复摆式砂锯和福建龙海多棱钢砂厂生产的钢砂锯切辉长岩类的"山西黑"荒料每平方米毛板消耗钢砂 2.2kg，荒料平均长度 2.5m，安装锯条 78

根，每小时下锯 35mm，则每小时钢砂添加量为：

$$P = k \times N \times V \times L = 2.2 \times 78 \times 0.035 \times 2.5 = 15.015 \text{kg/h}$$

应注意的是，所计算的 15.015kg/h 是指在正常锯切状态下单位时间的钢砂添加量，而在锯切的初始阶段落锯速度较低时钢砂的添加量也应按比例减少。

3）钢砂回收器

钢砂回收器也称钢砂分离器，这是砂锯的一个重要的辅助设备，正确地使用钢砂回收器对于降低钢砂消耗具有十分重要的意义。

新钢砂的规格在 25 目左右，其平均直径在 0.9～1.0mm 范围内。随着锯切工艺的进行，钢砂本身也被逐渐磨细，因而砂浆井内的钢砂的粒径是从 1.0mm 开始递减的，最终成为非常细的颗粒与石粉及砂浆混在一起，也就是说，砂浆井内的砂浆中包含着 1.0mm 以下的各种粒径的钢砂。

新加入的钢砂，由于粒径较粗，其锯切效果并不太好，而粒径为 0.5～0.8mm 的钢砂锯切效果最好，粒径<0.4mm 的钢砂则基本失去锯切作用，而成为阻碍锯切的废料和石粉灰浆混在一起。

钢砂回收器（或者称作钢砂分离器）的作用，就是把粒径<0.4mm 的钢砂和粒径>0.4mm 的钢砂进行分离，把粒径<0.4mm 的钢砂排出井外，而把粒径>0.4mm 的钢砂回收到井内。在实际操作中，要完全做到上述的分离与回收是很难的，总有一些粒径较大的钢砂被排掉，只能做到尽量不要把粒径>0.4mm 的钢砂排出井外，这主要是通过确定合理的排浆持续时间和排浆间隔时间来实现。排浆持续时间和排浆间隔时间确定以后，可以通过自动控制系统输入数据，钢砂回收器就根据要求自动地排出废浆，并回收其中还能使用的钢砂。

确定一个较为合理的时间对于降低锯条和钢砂的消耗有很大的作用。如果排浆持续时间过长而排浆间隔时间过短，就可能把尚可利用的钢砂排到池外；反之，如果排浆持续时间过短而排浆间隔时间过长，就可能使砂浆井内聚集较多的石粉和细钢砂，这些石粉和过细的钢砂阻碍着钢砂运动，使钢砂的切削能力降低，这样不但降低了锯切速度，而且浪费了钢砂。

排浆持续时间和排浆间隔时间的确定都与单位时间内毛板的锯切面积有关，实际上是受岩石类型、荒料长度、锯条数和下锯速度的影响，当然也受钢砂性能与质量的影响。根据实践操作经验，排浆的间隔时间约为 15～35min，排浆持续时间约为 10～25s，即每隔 15～35min 排浆一次，每次排浆 10～25s。通常排浆间隔时间越长，排浆持续时间也相应增长。

如何才能正确地确定这两个时间要素呢？那就需要经过实践测试来确定。测试的具体办法是在锯切过程的不同阶段每间隔一定时间（例如间隔 2h）用小桶在洒浆车下接装一桶砂浆，用磁铁分离出其中的钢砂，经烘干后称重、过筛，把 0.4mm 以上的钢砂分离出来。在正常情况下，0.4mm 以上的可用钢砂约占所分离出钢砂质量的 50% 左右，如果可用钢砂量低于 40%，则说明排浆间隔时间太长。用同样的方法收集每次排放掉的废砂浆，分离出其中的钢砂，经烘干后称重、过筛，把 0.4mm 以上的钢砂分离出来。正常情况下其中 0.4mm 以上的钢砂含量应在 7%～8% 以下，如果可用钢砂的含量太高，说明排浆持续时间太长，应相应减少排浆持续时间。

经过反复的试验检测，就能根据所用的锯切设备和不同类型、不同规格尺寸的荒料总结出行之有效的钢砂分离器使用规律，用以指导今后的生产实践。

还必须注意的是，在锯条完全进入荒料之前，不要进行废浆的排放，以保证在锯切初期形成垂直于荒料的理想锯切轨迹。

4）石灰混合器和灰浆搅拌桶

石灰混合器和灰浆搅拌桶是用来把生石灰和水混合搅拌形成灰浆并防止灰浆沉淀固结的设备。混合搅拌后的灰浆可根据锯切需求，按照操作者输入的数据定时定量地添加到砂浆井中，保证砂浆的成分稳定并使之始终具有最佳的锯切性能。

5）液压张紧系统

液压张紧系统是一种可以快速、均匀地把安装在锯框上的锯条拉紧或放松的辅助设备，使用液压张紧系统来装卸、拉紧锯条，不但可以节省装卸锯条的时间，还可以保证锯框上的锯条都能具有均匀而适合的张紧力。锯条的张紧状况对于提高毛板的平整度、降低钢砂和电能消耗、提高锯切效率具有十分重要的意义。锯条拉得太紧，会把锯条拉断，这不但造成锯条的浪费，还造成毛板的报废；反之，锯条没有拉紧，刚锯切出的毛板高低不平，锯缝过宽，电耗、锯条和钢砂的消耗也随之提高，下锯速度也明显受影响。

液压张紧系统主要由液压泵、液压缸、阀门和调控系统所组成。液压泵是张紧系统的动力源，经液压泵加压后的液压油经调控系统和阀门流入液压缸内，推动活塞做伸缩运动，活塞杆带动锯条拉钩张紧或放松锯条达到控制锯条张紧或放松的目的。

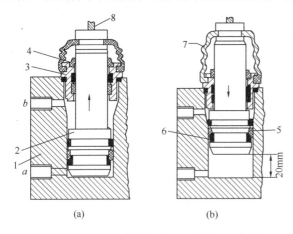

现以 GASPARI 公司的 JS5 型砂锯所配置的液压张紧系统为例，来说明液压张紧系统的使用要点。这种锯机的液压缸安装在锯框的前端，其内部构造如图 5-13 所示。每根锯条配有 2 个液压缸，当锯条安装完毕，并用楔铁预紧调直锯条之后，启动液压泵，液压油从 a 孔进入液压缸内，推动活塞杆向外移动，活塞杆推动锯条拉钩向外移动把锯条拉紧。液压缸内原有的液压油经 b 孔流向液压泵，如图 5-13（a）所示。液压油的流向是由装在液压泵上的阀门来控制的。当需要放松锯条时再搬动阀门使液压油

图 5-13　框架式砂锯液压缸工作原理示意图

1—缸体；2—活塞杆；3—缸体盖；4—油封；5—活塞杆导轨环；6—活塞环；7—波纹管；8—锯条拉钩；a、b—油管接头

从 a 孔流入液压泵，同时液压泵中的液压油从 b 孔流入液压缸，如图 5-13（b）所示。

使用液压张紧系统拉紧锯条的关键是使锯条有足够的张紧力，但不能拉断锯条。因此在设置液压缸内的压力时必须根据锯条的抗拉极限强度、弹性模量以及锯条截面积的变化等因素进行调控。以下仍以 JS5 砂锯的液压张紧系统为例，来说明其工作原理和使用要点。

这种砂锯所用的液压缸是推力双作用单杆差动液压缸。它的大端截面积 S_a 为：

$$S_a = \pi(D/2)^2 = 3.1415 \times (40/2)^2 = 1257mm^2$$

当启动液压泵使液压缸内的压强为 30MPa 时，活塞杆受力为 F_a：

$$F_a = 1257 \times 10^{-6} \times 30 \times 10^6 = 37710N$$

活塞杆受力推动锯条拉钩拉紧锯条。由于每根锯条配有两个液压缸，因此每根锯条所受拉力为：

$$37710 \times 2 = 75420N$$

如果新锯条的宽度为 120mm、厚度为 4.2mm，它的截面积为：

$$A = 120 \times 4.2 = 504mm^2$$

它所受的拉应力 σ_L 为：

$$\sigma_L = 2F_a/A = 2 \times 37710/504 \times 10^{-6} = 149.6MPa$$

锯条的抗拉强度 σ_p 一般应为 735MPa，福建省某锯条公司生产的锯条抗拉强度为 800～900MPa。以 0.5 的极限强度计算，锯条的抗拉强度极限值 σ_p 为：

$$0.5 \times 735 = 367.5MPa$$

显然，149.6＜376.5，即 $\sigma_L < \sigma_p$，因此对于新锯条来说，施加 30MPa 的应力是不会引起锯条断裂的。同时从实践经验可知，在正常情况下对锯条施加 75420N 的拉力是足以将锯条拉紧的。

锯条在受拉力作用时会发生拉伸变形，假设锯条的伸长量为 ΔL：

$$\Delta L = (N \times L)/(E \times A)$$
$$= (75420 \times 4.0)/(200 \times 10^9 \times 504 \times 10^{-6})$$
$$= 2.79 \times 10^{-3}m$$
$$= 2.79mm$$

式中，$N = 2F_a = 75420$，为锯条所受到的拉力；$L = 4.0m$，为锯条长度；$A = 504 \times 10^{-6}m^2$，为锯条的截面积；$E = 200 \times 10^9$，为锯条的弹性模量。

从图 5-13（b）可以看出，活塞杆的活动范围是 0～20mm（2.79＜20），所以活塞杆受力之后有足够的活动范围把锯条拉紧。以上计算结果表明，对于长度为 4m，厚度为 4.2mm，宽度为 120mm，弹性模量为 200×10^9，抗拉强度为 735MPa 的锯条，对液压缸施加 30MPa 的应力时可以把锯条拉紧，又不会把锯条拉断。

对于使用过 1 次或 2 次的锯条来说，它的宽度和厚度都减小了。要把它拉紧就不需要使液压缸产生 30MPa 的压强了。对于厚度为 4.2mm、宽度为 120mm 的锯条来说，使用过 1 次后的锯条加压 25MPa 就够了，使用过 2 次的锯条一般只要加压 20～21MPa。用这种锯条锯切高度为 160cm 的中等硬度的石材，锯条的磨损情况如表 5-6 所示。

表 5-6　锯条磨损状况表

	新锯条	使用过一次	使用过两次
施加液压（MPa）	30	25	21
锯条宽度（mm）	120	93	65
锯条厚度（mm）	4.2	3.8	3.3
剩余宽度（mm）	93	65	35

把使用过一次的锯条用于锯切第二车荒料时，分析一下锯条的受力情况：

液压缸产生的推力 $F_a = 1257 \times 10^{-6} \times 25 \times 10^6 = 31425N$

每根锯条受到的拉力为 $31425 \times 2 = 64850N$

锯条截面积 $A = 93 \times 3.8 = 353.4mm^2$

锯条所受到的拉应力 $\sigma_L = 64850/(353.4 \times 10^{-6}) = 183.5MPa$

$183.5 < 367.5$，由于锯条所受的拉应力小于锯条的抗拉强度极限，所以锯条不会被拉断。这时锯条的拉伸变形量 $\Delta L = (84850 \times 4.0)/(200 \times 10^9 \times 353.4 \times 10^{-6}) = 4.8mm$。

$4.8 > 2.79$，这说明虽然在锯切第二车荒料时液压系统的液压降低了，但锯条的拉伸变形量仍然比使用新锯条时大，因此应当启动液压泵使锯条进一步绷紧，否则锯条在锯切过程中变得松弛了会影响毛板的平整度，造成毛板的厚薄不均或凹凸不平。因此在锯切过程中要经常对锯条的张紧力进行调整。

对于使用过两次的锯条在锯切第三车荒料时，锯条的受力情况如下：

锯条截面积 $A = 65 \times 3.3 = 214.5mm^2$

液压缸产生的推力 $F_a = 1257 \times 10^{-6} \times 21 \times 10^6 = 26397N$

锯条的拉伸变形量为 $\Delta L = (26397 \times 4.0)/(200 \times 10^9 \times 214.5 \times 10^{-6}) = 4.06mm$

每根锯条受到的拉力为 $2F_a = 26397 \times 2 = 52794N$

锯条受到的拉应力为 $\sigma_L = 52794/(214.5 \times 10^{-6}) = 246MPa$

$246 < 367.5$，即 $\sigma_L < \sigma_p$，所以在锯切第三车荒料的初期锯条仍然不会断裂。但是在锯切第3车荒料的末期，锯条宽度变为35mm，厚度变为2.8mm，截面积只有98mm²，如果液压系统施压为21MPa，每根锯条受到的拉力为 $1257 \times 10^{-6} \times 21 \times 10^6 \times 2 = 52794$，锯条受到的拉应力为：$\sigma_L = 52794/98 = 538.7 > 367.5$，即 $\sigma_L > \sigma_p$，锯条的拉应力大于锯条的抗拉强度极限，锯条被拉断。这说明120mm的锯条在锯切第3车荒料时很可能未锯到底锯条就断了（如果石材较软或高度不大也可能可以锯完）。如果锯切的中途锯条断裂，不但造成锯条、钢砂、电能的损失，还会使得锯切了一半的毛板报废，损失将是很大的。所以应当根据锯条的情况和所要锯切的荒料的硬度合理地选择荒料的高度，以保证锯条可以将荒料锯切完，而剩余的锯条又不造成浪费。

从以上的分析和计算可以看出，单纯使用120mm的锯条缺乏合理性，因为在锯切两车荒料之后剩余的65mm宽的锯条就不能继续使用了，而要废弃丢掉，提高了锯切成本。根据以上情况，锯条生产厂家开发出不同宽度和厚度的锯条以适应不同的锯切情况。目前可供选择的锯条规格有宽度为90mm、100mm、110mm、120mm和厚度为4mm、4.2mm、4.5mm、4.8mm和5mm的锯条。所以在选择锯条的规格时，应根据荒料的规格运用以上的计算方法选用合适的锯条，以减少锯条的浪费、降低锯切成本。例如锯切中等硬度、高度为160cm左右的荒料，选用宽度为100mm的锯条锯切两车荒料后剩余的锯条约45mm，比使用120mm的锯条少浪费20mm，降低消耗16.6%。对于高度在190~200cm左右的荒料仍可选用宽度为120mm的锯条。而使用宽度为90mm的锯条锯切两车高度为120cm的荒料，锯条的浪费较少。因此在生产实践中应当善于总结经验，探索锯切单位高度（例如每10cm或100cm）不同类型的荒料对锯条宽度和厚度的磨损数据，以作为选用锯条的依据。

通常液压张紧系统都配备有安全保护装置（或称报警系统），安全保护装置的作用是当锯条发生变形被拉长或锯条断裂引起活塞位移，导致液压缸压力降低，当液压缸的压力降低到报警预置压力以下时，液压系统中的压力-电信号传感器会启动报警装置，并关闭各电机的电路，使得砂锯停止工作。安全保护装置安装在控制屏上，操作者可根据锯条的截面积和锯条的弹性模量，并根据液压缸的油压计算出锯条的拉伸变形量，以及相关的液压允许变化范围，预置入报警压力。由以上的计算结果可知，当锯条被磨损后或锯条的张紧力变化时，锯条的拉伸变形量也随之变化，因此在一车荒料锯切过程中的不同阶段这种拉伸变形量是逐渐增大的，在预置报警压力时应考虑到这个变化范围。

3. 砂浆工艺

锯切花岗石的"锯条"是没有锯齿的，单纯用"锯条"是不能锯开花岗石荒料的，要锯切出石板，必须给"锯条"配上"锯齿"。花岗石板材生产中所用的钢砂，就是起"锯齿"作用的。钢砂是混合在砂浆之中的，砂浆的浓度、砂浆的相对密度、砂浆中钢砂的粒度、各种粒度所占的百分比、砂浆中的石灰的添加量等问题都直接关系到钢砂能不能充分发挥"锯齿"作用。

1）砂浆的组成

砂浆的组成为水、石渣、钢砂和石灰。各组分所占的质量百分比对于锯切效果有极大的影响。根据意大利专家研究的成果，各种组分所占的比例符合表 5-7 所列数据时砂浆具有最佳的锯切效果。

表 5-7　砂浆的成分

成分	含水时的质量比（%）	脱水后的质量比（%）	体积比（%）	相对密度（g/cm³）
水	38.21	—	70.00	1.00
石渣	32.39	52.56	20.80	2.70
钢砂	23.75	37.79	5.50	7.85
石灰	5.65	9.65	3.70	1.50

根据表中所列各组分的体积比例及其相对密度可以计算出砂浆的整体相对密度。

水：$70\% \times 1.00 = 0.700$；石渣：$20.80\% \times 2.70 = 0.562$；

钢砂：$5.50\% \times 7.85 = 0.432$；石灰：$3.70\% \times 1.50 = 0.055$；

砂浆整体相对密度：$0.700 + 0.562 + 0.432 + 0.055 = 1.749$

通过以上计算可以知道，砂浆的相对密度约为 $1.749g/cm^3$，也就是说，具有最佳锯切效果的砂浆相对密度为 $1.749g/cm^3$，但是相对密度为 $1.749g/cm^3$ 的砂浆不一定具有最佳的锯切效果。测量砂浆的相对密度，可以大致判断砂浆中钢砂的含量。但是，仅仅通过砂浆的相对密度来评价砂浆的状况是很不够的，因为砂浆中各种粒径的钢砂的比例是不能根据相对密度判断出来的，石灰的含量也是不能通过相对密度判断出来。而且砂浆相对密度的测定比较困难，取样、称量也比较费时间，因而需要研究出更为科学地、定量地控制砂浆状态的方法。

2）钢砂的粒径

钢砂粒径的大小是用号数来表示的。钢砂的号数可以通过不同目数的筛子来检验。筛子的目数是这样规定的：在1英寸长度上，单列筛孔的个数是多少，这个筛子就叫做多少目的筛子。例如，25目的控制筛，在1英寸长度的一列当中有25个孔（包含筛网的材料），孔径为0.7mm。而20目的控制筛，在1英寸长度的一列当中有20个孔，孔径为0.85mm。

钢砂粒径在0.5～0.8mm范围时，锯切效果最好，因而用25号钢砂比较合适。如果粒径过粗，会造成毛板沟纹太深的现象，给研磨工序带来困难。反之，如果粒径太细，钢砂又很快地被磨细、磨碎，加大了钢砂的消耗。钢砂是砂浆中最重要的组分，不但钢砂的粒度影响着锯切效果，钢砂的成分、形状、硬度、强度、组织结构也都直接影响着锯切效果。

3）石灰

钢砂虽然是砂浆的最重要成分，但是要使钢砂充分地发挥作用，使锯切出来的板材平整，并且尽可能地降低钢砂的消耗量，却要依靠钢砂的载体——石灰浆。在砂浆井中适当地添加石灰，不但能降能锯条和钢砂的消耗量，而且能提高生产效率，改进产品质量。

目前用砂锯锯切花岗石板材的时候，大都采用砂泵自动加砂，同时在砂浆井内加入适量的石灰。石灰浆具有良好的滑动性，因而使砂浆的流动性增强了。

如果砂浆中不添加石灰，钢砂和石渣混合组成的砂浆流动性不好，往往在锯缝的某些部位堆积较多的钢砂，而在另一些部位钢砂却很少。这样在钢砂多的部位，由于锯条的撞击，钢砂容易发生破碎，因而就增大了钢砂的消耗；而在钢砂少的部位，由于锯条和石料直接摩擦，使锯条迅速磨损，增大了锯条的损耗。

砂浆井内加入石灰之后，由于砂浆流动性增强了，使钢砂迅速聚集到锯缝的底部，不至于填塞在锯缝的侧面，从而避免了钢砂在锯条的侧面和毛板面之间滚动。钢砂在锯条面和毛板之间滚动，是一种无效的工作，这种工作不但浪费了钢砂、消耗了电力，而且增大了板面的粗糙度，使板面凹凸不平，增大了研磨抛光的难度。

砂浆井内添加石灰的另一个作用是除锈。早期使用砂锯时，砂浆中是不加石灰的。那时候生产的毛板，表面往往布满铁锈、沟槽很深，这样给磨光工序增加了困难。后来在砂浆中加入石灰，由于增加了砂浆中的 $[OH]^-$ 的含量，从而增大 Fe^{2+} 的溶解度，降低了铁锈生成的速度；即使生成了铁锈，石灰液也会把它从毛板上清洗掉，使板材保持绚丽的天然色彩。

砂浆中添加了石灰后，增大了溶液的相对密度，使得钢砂不易快速地发生沉淀，改善了砂浆成分的均匀性。

综上所述，在砂浆中适当地添加石灰是非常必要的。那么，添加多少石灰才"适当"呢？这要根据石材的性质、钢砂的形状和粒度、锯条和钢砂的抗锈蚀能力等多方面因素决定。对一般的生产状况来说，石灰占砂浆质量的5.65％比较合适。应当如何保持砂浆中石灰的含量比例呢？砂浆中石灰的理论消耗量决定于落锯速度、荒料长度、石板片数、锯缝宽度、钢砂性质等因素，而石灰的实际保有量还与钢砂和回收器的钢砂回收率、每小时排浆次数等因素有关。在每次排浆的过程中，钢砂、水、石灰、石渣都经过钢砂分离器，有用的钢砂返回到砂浆井中，无用的钢砂随着石渣、水、石灰被排掉，所以每经过一次排浆砂浆中各组分的比例都会发生变化。在这样复杂的情况下应该怎样确定石灰的添加量呢？可以先计算出 1kg 钢砂锯切下来的石渣量，然后根据石渣和石灰的比例计算出 1kg 钢砂相对应的石灰质量，通常称之为石灰钢砂系数。根据石灰钢砂系数和钢砂的添加量就可以很方便地确定石灰的添加量。

要使钢砂很好地发挥锯切作用，砂浆井中的砂浆必须保持一个较为稳定的浓度。但是由于水分的蒸发损失和排除废浆，砂浆井中的液位会降低，砂浆的浓度会发生变化。要使砂浆的浓度保持稳定，就要适时地向井中补充适量的清水。那么砂浆中水分是如何来补充的呢？自动化砂锯的砂浆供应系统中，是通过液位感应器（或称液位探针）来控制自动加水阀的，就是通过感应器来测量砂浆井中液位的高低，并通过自动调控系统向砂浆井中补充适量的清水，保持砂浆的浓度稳定在理想的范围内。

5.3.2　花岗石大板的金刚石绳锯锯切

金刚石多绳锯锯切花岗石大板的原理与工艺不同于砂锯，它是将多条闭环串珠绳张紧在金刚石串珠锯轮系上，在驱动轮的带动下做高速运动，通过绳锯串珠上的金刚石颗粒对石材的匀速连续磨削运动实现石材大板的批量切割，在锯切过程中不需要消耗钢砂、石灰。多绳式金刚石串珠锯的锯切效率是传统砂锯的 10～15 倍，而锯切能耗却远低于传统砂锯。

1. 选料装车

选择荒料时，荒料的花色、尺寸应该满足工程要求，锯切面平行大面，应尽量提高荒料的成材率及锯机的生产效率。若荒料裂隙较多或形状不规则，而又价值较高，则需要对其进行灌胶处理，以便顺利完成切割，提高荒料出板率。

荒料装车时，先在料车上摆放两块条石（或水泥预制块），然后在其上铺一层快干水泥，5～10min 后再将整形过的待切荒料吊至台车上。最好将台车上出刀侧条石底座布置成略高于进刀侧条石 2～3cm，这样待荒料摆放妥当后，可使出刀端荒料顶部高于进刀端荒料顶部5～10cm，如图 5-14 所示，这样摆放荒料的目的在于让绳子在出刀端先切进荒料（点接触），而进刀端滞后 15～20min 切进荒料，这样就可以避免绳子以平行接触切入荒料，产生因导正不好，使绳子

图5-14　待切荒料的摆放（出刀端顶部略高于进刀端顶部 5～10cm）

振动、冷却水流冲击而造成板材上端厚薄不均的可能性，同时也有利于快速进刀切入荒料。

2. 安装串珠绳

装绳要按照绳锯箭头方向与设备运转方向一致的原则，不得反向使用。装绳过程中，要小心操作，绳子有卷曲缠绕时要小心解开，不能有钢绳打折或塑料挂伤的情况。整组绳安装好张紧后，检查绳长是否合适，有无绳子过短或过长的情况。

绳子的张紧力最好需随着锯切时间的增加，而适当有所降低，直到整组绳消耗完。正常锯切使用时，张紧力为 220～240kg，可按绳锯工作前期 240～250kg，中期 230～240kg，后期 220～230kg 来设置。

3. 开机锯切

1）串珠绳的开刃

每组新绳应先锯切 2～3 级的软或中硬度的花岗石进行开刃，且荒料块度应足够让整组绳锯全部参与切割。开刃后，若连续多刀切割 5 级及以上的硬花岗石，可能会导致绳锯串珠金刚石出刃变差，切割效率降低。因此应尽量安排软硬石材交替锯切，在锯切完一车硬花岗石荒料后，再安排锯切中软花岗石，以确保绳锯保持持续出刃，一直处于良好锯切状态。

2）锯切工艺参数

多绳式金刚石串珠锯锯切工艺参数主要有：下刀速度、线速度、切割电流、张紧力、冷却水管位置及水量大小设置等。

下刀速度指绳子自上而下的切割速度。目前设置下刀速度的方式有两种，一是根据待切荒料的软硬程度来设置，另一种是根据切割上限电流，手动或机器自动调节下刀速度。需要注意的是切割过程中，尽量不要调整下刀速度，这样可能产生拉痕；如果需要提高，可以在切割第 2 车荒料时调整。

线速度的设置与所锯切石材的性质有关，随着石材硬度的提高，线速度应下降。新绳锯切中硬和磨蚀性较强的石材时，前 1～3 刀开刃过程中采用线速度依次为 28m/s、29m/s、29m/s，其后增加到正常切割要求的线速 30m/s。对于 5～6 级的硬石材，正常切割的线速度为 26～28m/s。

冷却水管位置及水量大小应根据待切荒料长度来设置。通常每块荒料只需设置 3 支冷却水管，即可起到较好的冷却、排屑作用。水喷出方式可采用喷射法或直浇法，喷射法的水压较大，可交叉喷射到不同的切缝，但水量不好控制。直浇法的每个切缝对应一个水龙头，通过控制阀门调整水量，让冷却水以较低速度直接流入切缝。通常在开刃时的冷却水量要稍小一些。合适的冷却水量可参见锯机设备的要求。

5.3.3 花岗石大板的磨光

1. 磨块的选用

花岗石大板的磨光是在自动化多头连续磨机上完成的。用于花岗石大板磨光的连续磨机应当有 12 个以上的磨头才能磨出较为理想的效果。自动化连续磨机能根据石板的宽度和传送带的行进速度自动地设置大梁的横向摆动速度，使石板上的任意部分都能得到同样均匀的研磨加工，提高了加工效果的均匀性。要完成大板的磨光除了需要连续磨机外，还需要悬臂吊、翻板机、辊道、热风机等辅助设备。

与其他磨抛设备一样，花岗石大板的磨抛工艺也包括铣平、粗磨、细磨、精磨和抛光等几个工序。用于花岗石大板磨光的连续磨机通常有 12～16 个磨头，磨头数最多的磨机甚至可达 24 个，通常各个磨头上安装着不同号数的磨块，因此对于多头连续磨机上各磨头上所安装的磨块号应当有一个合理的安排，才能获得最佳的磨光效果。无论使用多少个磨头的磨机，各个磨头上所安装的磨块都应当能够在石板通过该磨头的工作范围的时间内，把前一个磨块在研磨加工的过程中所留下的磨痕消除掉，当然在这期间磨块也在石板上留下新的磨痕，只不过新的磨痕比原先的磨痕更细微。如此经过多个磨头上越来越细的磨块的研磨，石板被研磨得越来越细，最后经过抛光磨块的加工，就成了具有良好光泽度的磨光石板。那么应当怎样科学地配置各个磨头上的磨块号，使得磨光工序也能取得优质、高效、低耗的效果呢？

实践经验和试验结果表明，多头连续磨机上各磨头上安装的磨块中磨料的粗细粒径应当有一个比例，这个比例系数的确定受以下几个因素的影响：

（1）磨机的磨头数。磨头数越多，相邻两磨头上磨块中磨料的粒径差越小。

（2）毛板的质量。毛板的平整度好、板面上纹沟浅，粗磨磨块中磨料的粒径可以较细；反之，如果毛板粗糙不平，为了保证一定的加工效率，粗磨应当使用较粗磨料。

（3）对磨光板质量的要求。如果希望磨光板具有较高的光泽度，抛光之前磨光板应当有较高的光泽度，精磨的最后一个磨头上磨块中磨料的粒径应当较细；反之，如果加工要求的是亚光板，那么最后一个磨头上磨料的粒径只要达到 500 目就够了。

2. 磨块号配置的计算

1）计算第一个磨头上磨块中磨料的粒径 a_1

第一个磨头上的磨块是用于铣平或粗磨的，因此这个磨块的选用与毛板的粗糙程度有关，可采取下式计算：

$$a_1 = PR^2 \tag{5-6}$$

式中，a_1 为第一个磨头上磨块中磨料的粒径（mm）；R 为毛板的粗糙度（mm）；P 为磨料的粒度系数，通常情况下 P 的值可取 1。

例如，毛板的粗糙度为 1.05mm，磨机的第一个磨头上磨块中磨料的粒径 a_1 为：

$$a_1 = R^2 = 10.5^2 = 1.10 \text{(mm)}$$

2）计算最后一个精磨磨块中磨料的粒径 a_n

在花岗石自动连续磨机中，最后有两到三个磨头是用来抛光的。抛光前要进行精磨，精磨一般用 1～2 个磨头。经过精磨板材的光泽度一般可以达到 55～65。精磨后再进行抛光，光泽度则可以达到 85～95。这里要讨论的磨块中磨料粒径的选择，不涉及抛光用的磨块，因为抛光过程的工作机理与精磨、细磨、粗磨等工序的工作机理有很大的区别。精磨及以前的几个工序主要的工作机理是机械磨削，因而可以用一个等比公式计算磨料的粒径。而抛光工序的工作机理除了机械磨削之外，尚有较复杂的物理化学变化，因而不能用一个简单的等比公式去计算其磨料的粒径。抛光磨块的结合剂与磨光用的磨块的结合剂完全不同，其制造工艺也完全不同，这也说明了不宜用等比公式去计算抛光磨块的磨料的粒径。另外，无论抛光磨头是两个还是 3 个，都用同一种磨块，这也从另一方面说明了不必计算抛光磨块中磨料的粒径。以上这些都说明，要确定的 a_n 是指最后一个精磨磨头上的磨块中磨料的粒径。例如，有一台12个磨头的磨机，有两个是抛光磨头，去掉这两个磨头尚有10个磨头。这第10个磨头肯定是精磨磨头，第9个磨头也可能是精磨磨头，但这两个磨头用的磨块的号数是不一样的。在这里 a_n 应是指第10个磨头上磨块中的磨料粒径，a_{n-1} 是第9个磨头上磨块中磨料的粒径。a_n 一般不需计算，而是根据所要达到的精磨光泽度来确定的。如果精磨光泽度要达到65，则磨料粒径应为0.009mm，磨块号数应为1800号；如果光泽度要达到60，则磨料粒径应为0.010mm，磨块号数应为1500号；如果精磨光泽度要达到55，则磨料粒径应为0.013mm，磨块号数应为1200。

假设要使精磨光泽度达到60度，磨料粒径应选0.010mm，磨块号数选1500号，那么 $a_n=0.010$mm。

3）计算等比系数 Q

$$Q = \sqrt[n-1]{\frac{a_n}{a_1}} \tag{5-7}$$

式中，$a_1=1.10$mm，$a_n=0.010$mm，$n=10$（12个磨头减去2个抛光用的磨头）

$$Q = \sqrt[n-1]{\frac{a_n}{a_1}} = \sqrt[10-1]{\frac{0.10}{1.10}} = 0.593$$

4）计算第一个磨头所用的磨块号数

前面已计算出第一个磨头上所用的磨块中磨料的粒径为1.10mm，由表5-8中可以查得，磨料平均粒径为1.10mm的磨块是16号。

表5-8　磨料粒径与磨块号

磨块号	磨料粒径（mm）	磨块号	磨料粒径（mm）	磨块号	磨料粒径（mm）	磨块号	磨料粒径（mm）
16	1.10	60	0.32	180	0.09	600	0.027
20	1.00	70	0.25	220	0.075	700	0.023
25	0.88	80	0.22	240	0.067	800	0.020
30	0.75	90	0.20	280	0.057	1000	0.016
36	0.62	100	0.18	320	0.048	1200	0.013
46	0.42	120	0.15	400	0.040	1500	0.010
54	0.35	150	0.12	500	0.032	1800	0.009

5）计算第二个磨头上所用的磨块号数

因为磨机上各磨头上所用的磨块中磨料的粒径成等比关系，因此可以用公式 $a_2 = a_1 Q$ 计算出第二个磨头上所用的磨块中磨料粒径 a_2：

$$a_2 = a_1 Q = 1.10 \times 0.593 = 0.652 \text{mm}$$

查表5-8可知，$a_2=0.652$ 在0.62和0.75之间，而更接近0.62，因而用36号磨块较合适。

6）确定其他磨头所用磨块号数

用公式 $a_n = a_{n-1}Q$ 计算其他磨头上所用磨块中磨料的粒度和磨块号，所得结果如下：

$a_3 = 0.652 \times 0.593 = 0.387$mm；对应的磨块号为 46 号。

$a_4 = 0.387 \times 0.593 = 0.229$mm；对应的磨块号为 80 号。

$a_5 = 0.229 \times 0.593 = 0.136$mm；对应的磨块号为 120 号。

……

$a_9 = 0.028 \times 0.593 = 0.017$mm；对应的磨块号为 1000 号。

$a_{10} = 0.017 \times 0.593 = 0.010$mm；对应的磨块号为 1500 号。

以上计算结果只对粗糙度为 1.05，抛光前的板材要求的光泽度大约为 60 的十二头连续磨机是适用的。如果毛板粗糙度或抛光前的板材的光泽度要求改变了，那么就应该重新计算，另行设计磨块的配置方案。但是对一个具体的企业来讲，一旦设计出一个方案，并经过实践证明是可行的，便可以运用一个较长的时间，而不必经常改变。只有当生产状况发生变化、使用要求发生变化，技术参数也相应改变的时候才有必要重新设计磨块的配置方案。

连续磨机上各磨头磨块号的配置是提高磨抛效率、改善磨抛效果、降低磨抛成本的有效措施，实施时应当根据各自的具体情况，通过计算来确定，并在实践中考察其实用性，及时地进行调整，以期达到最佳的效果。切忌不顾具体情况生搬别人的经验配置方式。

除了磨块号的选择配置，连续磨机上磨块的组织结构也应进行合理的选择。通常粗磨工序选用紧密组织结构的磨块，以提高磨光效率；细磨和精磨选用中等至较疏松组织的磨块以提高磨光质量。

磨块硬度的选择原则一般是精磨选用中（Z）～中硬度（ZY）的磨块；细磨用中等硬度（Z）的磨块；粗磨用中（Z）～中软（ZR）的磨块。

3. 磨削工艺参数

合理选择磨削的工艺参数是十分重要的，磨削工艺参数通常包括磨削压力、板材的进给速度和横梁往返摆动的速度、磨盘的旋转速度。根据国际机械生产工程研究组织（CIRP）提出的"当量切削厚度"的概念，可表示为以下关系：

$$A = \frac{t \cdot V_1}{V_2} \tag{5-8}$$

式中，A 为磨具以一定速度从石材上切削下的切屑的厚度；t 为切削深度；V_1 为磨盘相对于石材的移动速度；V_2 为磨盘转速。

由以上关系式中可以看出，如果要改善磨削质量，提高光泽度应当减小 A；如果要提高磨削效率，刚应当提高 A。所以粗磨时应增大磨盘压力，提高磨削深度（即增大 t），同时降低磨盘转速（即减小 V_2），加快磨盘相对于石材的移动速度（即增大 V_1），即可提高磨削效率；反之细磨和精磨时，为了提高磨削质量应当减小磨盘压力，提高磨盘转速和降低磨盘相对于石板的移动速度。

以上分析是从理论上来说明的，实际上在连续磨机上无论是粗磨还是精磨，磨盘相对于石板的运动速度都是相同的。因此磨削工艺参数的选择主要考虑以下几点：

（1）磨削压力的大小与磨石的消耗成正比，也与磨削效率成正比。粗磨工序的磨头压力约为 5～8bar，细磨和精磨时磨头压力约为 3～6bar。

（2）传送带的前进速度与磨抛质量有关，应当按毛板的粗糙程度和石材的类型性质来选择，一般磨抛花岗石类中硬板材时传送带的进给速度为 0.2～0.6m/min；磨抛辉长岩、玄武岩类软板材时传送带的进给速度为 0.5～0.8m/min。

（3）磨机横梁的往复摆动速度约为 4～10m/min，当石板较宽时取高值，石板较窄时取低值。

连续磨机的每个磨头前方都有一个控制盘，用以控制单个磨头的转动、停止、升起、下降、工作压力的调控与显示并指示磨头电机的电流大小等。连续磨机还有一个总的控制屏用以控制磨机的开动或停止、传送带的进给速度、大梁的摆动速度、停顿时间、液压系统、供水系统以及紧急停机按钮和各种安全保护系统等。自动化程度较高的连续磨机还能测量石板的几何形状和厚度偏差自动地调控相关的磨头做有效的加工。例如自动控制系统测量到某一块石板的厚度超标了，控制系统则会自动地调控用于铣磨和粗磨的磨头增大压力，增加磨削量，使经过加工后的厚度符合要求。

连续磨机的冷却水用量应根据磨头数、被加工的石材宽度和岩石类型来确定，通常 12～18 头的磨机的耗水量为 300～500L/min。对水质的要求是杂质粒度应小于 0.01mm，杂质含量应少于 0.5g/L，水的酸碱度以中性为宜。

5.3.4　花岗石大板的切断

经过锯切、磨光后的花岗石大板也叫做毛边大板，它的四边不平整、板的大小也不一致还不能被使用。要使毛边大板成为可使用的规格板材，就要根据使用要求把毛边大板切割成各种形状的板材。板材的切断工序对于成品率的高低和生产成本的高低至关重要，因为它是石材生产的最后一道工序，所以切断工序的质量效果和成品率高低将对石材整体的生产质量和生产成本产生重要的影响。

用于花岗石大板的切断设备主要是桥式切机，它不但具有自动化程度高、操作简便、加工质量好、生产效率高的优点，而且桥式切机的加工尺寸也比其他切断设备大，这也是其他切断设备无法比拟的。桥式切机与其他切机一样，也属于一种低功率的精密切割加工设备，在金刚石圆锯片的选用、安装和检测上都与其他类型的切割设备一样。

要把一片片面积 3m² 以上的大板切割成不同规格的工程用料，就像裁缝裁布一样，只有通过认真的规划计算，进行"配色""放线"，才能有效地提高板材利用率和使用效果。"配色"与"放线"都是大板切割之前必须规划好的工作。"放线"是切割的规划，合理的放线对于大板的规格尺寸和工程用料的规格尺寸，进行认真的计算与规划使得大板可以被切割成更多的工程用料，充分利用材料、减少浪费、降低成本。"配色"是提高使用效果的关键，一项装饰工程可能使用数千至上万平方米的石材，要使这些石材在工程的各个部位上尽可能地做到颜色花纹协调，提高装饰效果，认真地根据工程要求和使用要求进行"配色"是十分必要的。对工程用料的"配色"应注意以下几点：

（1）作为外墙立面装饰的材料，每个立面的石材花色必须尽量一致，当墙面的面积较大而且选用的石材品种花色变化不稳定时，必须使颜色花纹的变化自然过渡，颜色的过渡变化应尽量安排在垂直方向上，并使颜色的变化由下向上由深而浅地逐渐过渡。

同一建筑不同外墙立面的石材颜色必须尽量协调，并注意根据自然光线的差异来协调石材颜色的差异。

（2）柱面装饰用材的要求比墙面用材的要求高，同一柱子相同立面上石材的颜色必须一致。

（3）50m^2 以下的小面积的地面装饰用料应做到花色一致；50m^2 上的地面装饰用料应使颜色花纹的变化协调过渡。颜色的深浅变化除了必须考虑的自然光线的差异变化外，还必须考虑到装饰部位的使用条件。例如门厅的入口处、休息室、电梯间的地面，则不宜使用颜色花纹差异较明显的材料。

（4）楼梯的用料以一列为一个配色单位，包括立板、踏板的颜色花纹应当协调一致，花色的差异过渡应安排在拐弯处。

（5）门套：同一门套的花色应当协调一致，一个大厅或房间有多个门套时，应使同一方向的门套用料花色一致。

（6）内墙用料：用于内墙装饰的石材单一立面的面积都较小，因此应当使颜色花纹协调一致。

（7）电梯间用料：电梯间的面积也较小，而且是人们等候电梯的地方，来往的人多而且有停留的时间，任何微小的缺陷都容易被发现，因此电梯间的装饰用材的花色也应十分协调一致。不同电梯间的用料可以有较大的差别。

（8）卫生间是使用石材较普遍的地方，由于面积小、用材少，可以把在大面积使用中不协调的材料用到这里。

（9）厨房也是使用石材较普遍的地方，厨房用的石材主要是满足其使用要求（如抗折强度、吸水性），人们在厨房中主要是工作，对于石材装饰性能的要求相对较低，因此用于厨房的石材在颜色与花纹的要求可以稍低些。

不同用途的石材对"配色"的要求也不一样，因此必须了解石材的用途与使用要求并根据石材的品种特征进行"配色"。还必须注意的是，经过切断并配好色的石材应当及时地进行工程编号，并按编号进行包装，以免在使用时无法根据规划施工，影响使用效果。

对于大多数的石材来说，经过锯切、磨光、切断加工后就完成了全部的加工过程，但是随着石材用途的不断扩大和对装饰效果要求的不断提高，对石材的边部加工已经越来越普遍了。一般的石材的边部加工包括磨边、倒角、切槽和钻孔等。石材的磨边与倒角的加工工艺与石材薄板的加工工艺基本相同，不同之处主要在于花岗石大板的厚度一般都大于 2cm，虽经切断成规格板，但厚度并未改变，因此倒角的宽度一般＞2mm。薄板的倒角宽度一般为 1～1.2mm，由于倒角宽度较小、磨削量少，因此薄板的倒角通常使用磨轮磨削的方法。大板的厚度大、倒角宽度也大，因此通常是先切削后研磨的方法，即先用圆锯片以 45°倾角沿石板的边缘切削一定的宽度后再用磨轮磨光。

　　板材的切槽或钻孔主要是用于干挂板的加工，是在厚度为 25～30mm 的切割后的规格板的边部锯切一道 6mm 左右、深约 12mm 的切槽或钻凿 2 个以上直径为 6～8mm、深 20mm 的孔。对有些用途的石材还要求把边部铣磨成不同的形状，随着人们生活水平的提高和审美观念的进步，对石材加工工艺的要求也越来越高，石材的精加工和异型加工已经成为一项专门的加工工艺在工材加工行业中逐渐发展起来了。

第6章 石材加工工具

在石材的开采与加工中除了需要各种设备外，还需要不同的材料与工具，这些材料与工具的性能以及如何正确、科学地使用它们，不但关系到这些开采与加工设备能否正常地发挥效能，还关系到加工的质量效果、生产效率与材料、工具、电力的消耗。要使石材的开采与加工能够实现高效、优质、低耗的目的，合理选择高性能的工具材料并科学地使用它们是至关重要的。本章主要对金刚石工具和磨料磨具的技术性能和应用做简要介绍。

6.1 磨 料

可用于切削、研磨或抛光的材料称为磨料。磨料是构成刀具、磨具的主体，磨料的性能直接影响着刀具、磨具的切削、研磨性能，所以应当根据被加工材料的类型与性能以及加工质量要求来选择磨料。

磨料按照性能可以分为普通磨料和超硬磨料，按照来源又可以分为天然磨料和人造磨料，如图 6-1 所示。

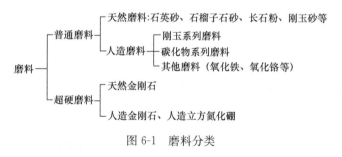

图 6-1 磨料分类

天然磨料是在自然条件下形成的矿物，其结晶程度不均匀，磨削能力差别较大，质量不稳定，但因价格低廉，所以仍有一定的使用价值。人造磨料可以通过人为地控制其生成条件来控制其质量，并可不断地改善其性能，因此得到广泛应用。本节对可用于石材加工的主要磨料及其基本性能做简单介绍。

6.1.1 常用天然磨料的主要品种

1. 天然金刚石

金刚石的化学成分为碳，与石墨同是碳的同质多象变体。纯净金刚石无色透明，含有 Si、Mg、Ca、B、N 等杂质元素及石墨、辉石等包裹体时，则呈蓝、黄、棕、褐、黑等色。工业上根据金刚石晶体的形状和完整程度、粒度、透明度、颜色、光泽以及晶体中包裹体和裂隙发育情况来划分金刚石的质量品级和用途。天然金刚石按用途分成工艺品用金刚石、拉丝模用金刚石、刀具用金刚石、硬度计压头用金刚石、修正工具用金刚石、玻璃刀用金刚石和地质钻头用金刚石。凡不能满足上述用途的金刚石均可作为磨料用金刚石。金刚石以克拉为质量单位，1 克拉等于 0.2 克。天然金刚石粒度通常用每克拉颗粒数来表示，可分为粗粒（5～20 粒/克拉）、中粒（20～40 粒/克拉）、细粒（40～100 粒/克拉）、更细粒（100～1000 粒/克拉）。

1）金刚石晶体结构

金刚石是碳的一种结晶形式，其晶体结构如图 6-2 所示。在金刚石晶体中，每个碳原子均有 4 个等距离（0.154nm）的最近邻原子，原子之间的结合键为共价键，故其强度很高。其晶体结构属于面心立方结构，常见晶形为八面体，其次为菱形十二面体，立方体较少见。

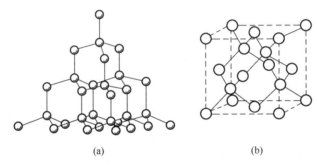

图 6-2　金刚石晶体结构

（a）共价键；（b）晶胞

2）金刚石特性

金刚石是目前自然界中已知的最硬的一种物质，其莫氏硬度为 10，绝对硬度为石英的 1000 倍，为刚玉的 150 倍。因不同晶面上原子排列密度不同，导致不同晶面的硬度存在差异，金刚石晶面的硬度由高到低依次为（111）、（110）与（100）晶面。

金刚石具有标准的金刚光泽，性脆、耐冲击力小，易沿晶面劈开，相对密度 3.52 g/cm³。金刚石具有极高的弹性模量，因而机械强度高，耐磨性好。绝大多数金刚石都不会发生塑性变形。金刚石还具有抗腐性（甚至在很高的温度下对所有的酸都是稳定的）、抗辐射和良好的光学性能。有些晶体还具有良好的半导体和导热性能。

金刚石的抗压强度是衡量其质量的主要指标之一，其大小取决于金刚石的晶形、结晶程度、晶体中包裹体和裂隙发育情况。金刚石的抗压强度通常在 3061～9183MPa 之间，约为大理石抗压强度的 40～60 倍，花岗石抗压强度的 20～40 倍，因此金刚石具有很高的切削、磨削能力。

金刚石是所有磨料中耐磨性最强的一种，其耐磨能力大约是碳化硅的 4 倍、刚玉的 10 倍、石英砂的 50 倍，所以金刚石磨具具有效率高、寿命长、成本低、研磨质量好等优点。

金刚石和其他几种高硬度磨料的物理力学性能对比列于表 6-1 中。锯、磨、切、钻、抛等加工工具主要利用金刚石的特殊的高硬度、高强性和耐磨性能。

表 6-1　高硬度磨料的物理力学性能

磨料	金刚石	立方氮化硼	碳化硼	碳化硅	刚玉
相对密度（g/cm³）	3.47～3.56	3.44～3.49	2.50	3.20	3.94～4.05
显微硬度（HV）	10000～10100	7300～10000	4150～5300	3100～3400	1800
抗折强度（10^2MPa）	21～49（天然） 30（人造）	30	30	15.5	8.27
抗压强度（10^2MPa）	200	80～100	180	150	75.7
线膨胀系数（K^{-1}）	0.9～1.18	2.1～2.3	4.5	6.5	7.5
热稳定性（℃）	700～860	1500	700～800	1300～1400	1200

国外将天然磨料级金刚石经技术处理后，按质量和用途分成系列品种，例如 De Beers 公司将石材锯、磨、切工具用的天然金刚石分成 EMB、EMBS、SNDMB 等几个品种系列，以适应不同类型、不同性质的石材加工。

2. 石英砂

石英砂又称硅砂，是由 95% 以上的石英颗粒组成的砂，其中含少量的长石颗粒（＜5%）和极少量重矿物及有机质。石英颗粒大小均匀（0.5～0.15mm）表面光滑、磨圆度及分选性较好，质地纯净的石英砂为白色，含有铁质时呈红色、淡黄、浅灰或褐色。石英砂的化学成分主要为 SiO_2，还有 Al_2O_3、Fe_2O_3、TiO_2、Cr_2O_3、K_2O 和 Na_2O 等。石英砂是由石英岩、石英砂岩、石英脉及其含硅高的岩石（如花岗岩）风化而成的碎屑，经流水搬运，在湖泊、河流、海滨沉积而成。高品级的石英砂是制造玻璃和硅质耐火材料的原料。磨料用的石英砂有直接由河沙和海沙筛选的，也有用石英岩、石英砂岩经破碎筛选处理后使用。在石材生产中石英砂是作为散粒状的磨料使用的，例如在部分大理石砂锯、圆盘式磨机中就使用石英砂作为磨削材料或与其他磨料混合使用。

3. 石榴子石砂

由石榴子石族矿物组成，以镁（锰或铁）铝榴石为主的石榴石砂呈红色，也叫做红砂。石榴子石的相对密度为 2.4～4.3g/cm³，莫氏硬度为 7～7.5，铁铝榴石的显微硬度 HK＝1150～1400。以石榴子石砂为磨料用于软大理石荒料的锯切，可避免用钢砂为磨料锯切大理石时造成的铁锈污染。我国的石榴子石砂主要产于河北邢台、四川乐山等地。

4. 天然刚玉

主要成分为 Al_2O_3，有时含微量 Fe、Ti 和 Cr 等元素，晶体常呈完好的短柱状。常见颜色有蓝灰色或黄灰色，透明度好的可作为宝石，相对密度 3.95～4.1g/cm³。我国的刚玉矿床主要产于河北平山、山东蓬莱、河南镇平、新疆天山、广东番禺以及海南、广西等地。人造刚玉的许多物理力学性能甚至优于天然刚玉。

6.1.2　人造磨料的主要品种

由于人造磨料可以人为地控制质量，因此性能也比天然的好。所以人造磨料的应用越来越广泛。石材工业常用的人造磨料有绿碳化硅、黑碳化硅、棕刚玉、白刚玉和金刚石磨料等。人造磨料的品种及代号如表 6-2 所示。

表 6-2　人造磨料的品种代号

磨料名称	代号	
	新	旧
棕刚玉	A	GZ
白刚玉	WA	GR
铬刚玉	PA	GG
锆刚玉	ZA	GA
黑刚玉	RA	GE
单晶刚玉	SA	GD
微晶刚玉	MA	GV
绿碳化硅	GC	TL
黑碳化硅	NC	TB
立方碳化硅	SC	TL
碳化硼	DC	TP
金刚石	JR	—
铁砂、钢砂	主要用于石材锯切，不用于磨具中	—

1. 棕刚玉

棕刚玉又称普通刚玉（或称普通电熔刚玉），棕褐色、相对密度 $3.95\sim3.97g/cm^3$，其研磨能力为金刚石的 1/10。人造棕刚玉是用铝矾土、无烟煤、铁屑在电弧炉中经过熔融、还原而制得。其化学成分除含有 Al_2O_3（92.5%～97%）外，还含有少量 TiO_2（1.5%～3.8%）、SiO_2、Fe_2O_3、CaO 和 MgO 等杂质。矿物成分主要是 $\alpha\text{-}Al_2O_3$（物理刚玉），其硬度虽低于碳化硅，但韧性较好，可承受较大的剪应力，抗破碎能力较强。

2. 白刚玉

白色，是用含 Al_2O_3 95% 以上的氧化铝粉在电弧炉中经熔融结晶制得。相对密度 $3.98g/cm^3$，研磨能力为金刚石的 12%。主要矿物成分为 $\alpha\text{-}Al_2O_3$。

3. 铬刚玉

紫色或玫瑰红色，是用 Al_2O_3 和 Cr_2O_3（1.5%～2.0%）在电弧炉中经熔融结晶制得。相对密度为 $3.97 g/cm^3$，硬度与白刚玉相似，而韧性优于白刚玉，研磨能力为金刚石的 13%。

4. 碳化硅

碳化硅也叫金刚砂。分子式为 SiC，相对密度为 $3.1\sim3.2g/cm^3$。含 SiC 95%～95.5% 和少量游离碳、Fe_2O_3、Si、SiO_2。按颜色可分为绿碳化硅与黑碳化硅两类。按结晶类型分有 $\alpha\text{-}SiC$ 和 $\beta\text{-}SiC$。通常以石英、石油焦为主要原料，在电弧炉中经高温冶炼，再经破碎、筛分后制成一定的粒度的成品。作为磨料，其研磨能力为金刚石的 0.25%～0.28%，是用途很广的一种磨料，常用于石材磨石的制作或作为散粒磨料。

1）黑碳化硅

呈黑色光泽结晶，相对密度 $3.2g/cm^3$。以石英砂、石油焦为原料添加少量木屑，在电弧炉内以 1800℃ 以上的高温冶炼而成，化学反应式为：

$$SiO_2 + 3C \Longrightarrow SiC + 2CO$$

碳化硅可用于磨削非金属材料和延展性较好的有色金属，也适于磨削各种铸铁，广泛用于石材、玛瑙、玉石、玻璃和陶瓷等非金属材料的研磨。

2）绿碳化硅

呈绿色光泽结晶，相对密度 $3.2g/cm^3$，以石英砂、焦炭为原料，添加木屑并添加少量食盐。在电阻炉内由 1800℃ 以上的高温冶炼而成。绿碳化硅杂质少，切削力强，自锐性好，硬度比黑碳化硅高，但脆性更大。常用于磨削硬质合金刀具、量具、宝石、玻璃、陶瓷的精密磨削。大量用于石材研磨加工用的磨石的制作。

各种不同粒径的碳化硅的化学成分应符合如下要求：

（1）SiC 含量在 94%～99%。粒径越粗，SiC 的含量越高。

（2）游离碳含量不多于 0.20%～0.50%。粒径越粗，游离碳的含量越低。

（3）Fe_2O_3 含量不多于 0.20%～0.70%。粒径越粗，Fe_2O_3 的含量越低。

5. 人造金刚石

人造金刚石是用人工的方法使石墨在高温高压下发生相变而成的金刚石。人造金刚石的合成方法多达十几种，在工业上有生产价值的主要是静压触媒法，其次是动压爆炸法。用静压触媒法合成金刚石，一般需要 5～8GPa 的压力和 1100～1700℃ 的温度，所得到的金刚石颗粒的粒径通常在 0.5mm 以下，称磨料级金刚石。

我国人工合成金刚石工业经过几十年的生产实践，工艺日趋完善，品种规格日益增多，已形成相当规模的生产能力。表 6-3 为我国人造金刚石的品种，用于石材加工锯切、钻探工具的人造金刚石品种主要为 SMD 系列。SMD 品种系列中常用粒度号金刚石的抗压强度平均值可参见国家标准《超硬磨料　人造金刚石品种》（GB/T 23536）。锯切工具使用的人造金刚石，粒度为 35/40～70/80。铣磨工具使用的金刚石粒度按粗磨、细磨、精磨、抛光分布在很宽的范围内。

表 6-3　我国人造金刚石品种系列

品种代号	粒度 窄范围（目）	用途
RVD	35/40～325/400	树脂、陶瓷结合剂磨具或研磨用
MBD	35/40～325/400	金属结合剂磨具、电镀制品钻探工具或研磨用
SMD	16/18～70/80	锯切、钻探及修正工具等
DMD	30/35 及以粗	修正工具或其他单粒工具等
MPD	M0/0.5～M36/54	精磨、研磨、抛光工具等

国外专用于加工石材、耐火材料和混凝土制品等的人造金刚石主要由西欧的戴比尔公司（De Beers）、美国的通用电气公司（GE）和英国 Element six 公司提供。戴比尔生产的主要是 SDA 系列、EDC，按强度比较，其品级顺序为 SDA100S＞SDA100＞SDA85＞SDA 和 EDC，其中 SDA 经镀钛处理，用于铁基和钴基结合剂，可防止高温下

金刚石石墨化；EDC 是经技术处理后的高强度人造金刚石，用于制造金刚石框架锯锯条及电镀工具。GE 公司生产的主要是 MBS 系列，包括 MBS、MBS720（相当于SDA）、MBS730、MBS740（相当于 SDA85）、MBS750、MBS760（相当于 SDA100）、MSD（相当于 SDA100）、MSD（相当于 SDA100S）。英国 Element six 公司主要为SDA85、SDA100、SDA100S 等。国外这些高品级金刚石的粒度可正常供到 20/25，而30/35、35/40 粒度是常规产品。

目前国内生产的高品级金刚石主要为 SMD 系列（包括 SMD、SMD25、SMD30、SMD35、SMD40），它们对应于美国的 MBS-900、MBS-910、MBS-950、MBS-960 和英国 Element six 公司的 SDA85、SDA100、SDA100S 等，粒度多数以 40/45、50/60 为主，也有少量的 35/40、30/35 优质产品，这些高品级金刚石主要用于石材切割地质钻探、矿山开采等工作环境恶劣的条件下。

6.1.3 磨料的性能

1. 磨料应当具备的基本性质

由以上的介绍可知，磨料的种类有很多，用于石材加工的这些磨料应当具备以下最基本的性质：

（1）磨料应具有很高的硬度

磨料硬度越高，它的耐磨性能和切削性能越好。在石材粗磨中，为了保证一定的研磨效率，磨料的硬度一般应高于石材硬度的 3～4 倍，如果低于这个硬度，要想通过改变磨具性能和使用参数来提高研磨效率是困难的。磨料的硬度与它的化学成分、结晶构造的完整程度、所含杂质以及其他因素有关。

（2）具备一定的韧性、有适当的抗破碎性及自锐性

在锯切、研磨过程中磨料要有足够的抗压、抗折和抗冲击能力。如果磨料抗破碎能力太弱，即脆性过大，加工过程中磨料很快碎裂，就难以进行有效的锯切、磨削；相反，磨料的抗破碎能力太强，磨料磨钝后也不破碎，不能出新刃，使加工效率大大降低，甚至无法继续进行。所以要求磨料磨钝后，在加工应力的作用力下，能自行破碎形成新的切削刃或磨刃，即要求自锐性良好。如果磨料脆性过大，那么就有可能在磨料尚未充分发挥其磨削作用之前就破碎掉，也将大大降低加工效率。磨料的韧性在很大程度上取决于它的结晶状态、缺陷、晶体大小和磨料的宏观几何形状以及制粒方法等因素。例如：在棕刚玉磨料中随着 TiO_2 含量的增加，集合体的玻璃质增多而使刚玉的韧性降低；晶粒增大和孔隙率的增大也将降低韧性。反之，使磨粒微晶化则能提高韧性，磨粒的形状也影响其韧性，等积状磨粒比片状或针状磨粒韧性好。

（3）磨料应具备一定机械强度

磨料在锯切、磨削过程中要反复受到切（磨）削力作用，并在接触工件时，要承受冲击载荷，受磨削温度的影响磨粒还将产生热应力。因此磨粒必须具备一定的机械强度，才能保证其磨削作用。磨粒的强度与其材质及晶形有直接关系，一般来讲，刚玉系磨粒的强度高于碳化物系的磨粒，在刚玉系磨粒中，锆刚玉和烧结型刚玉的强度最高，棕刚玉的强度高于白刚玉。在碳化物系磨粒中，黑碳化硅的强度高于绿碳化硅。对于金

刚石磨粒，强度更是一项重要指标，它以金刚石的抗压能力来表示。晶形完整的磨粒强度较高，在使用中，强度高的材料需要用强度较高的磨料加工。例如，加工钢件时，一般选用强度较高的刚玉系磨料，而硬脆材料，如石材、宝石、**陶瓷玻璃**等，一般选用碳化物系磨料效果好。

（4）高温下保持固有的硬度和强度（即热稳定性良好）

锯切工具、磨具工作时会产生大量的热，局部可达到很高的温度。因此要求磨料具有良好的热稳定性。例如金刚石在常温下硬度最高，但超过 $800°C$ 就会碳化变为石墨（即石墨化），硬度和强度急剧下降。所以金刚石铣磨工具的冷却水量通常比普通磨料的冷却水量要多 $2\sim3$ 倍。

（5）与被加工材料不产生化学反应

磨料与被加工石材之间应该不起化学反应，以免造成磨粒钝化、磨具堵塞或石材表面颜色、光泽等性质的改变。

（6）可被生产或加工成不同的形状和粒度

石材加工中磨料的利用方式有：一种是以微砂状态直接使用。如砂锯及圆盘研磨机及抛光粉的使用等；第二种方式是磨料以不同粒度的颗粒状加入结合剂中制成刀齿或磨块使用。不论哪种使用方式，都要把磨料加工成所需要的粒度，因此要求作为磨料的材料具有容易生产或加工成各种不同粒度颗粒的性能。此外，磨粒形状会影响磨粒或磨具的力学性能和使用性能，这也要求作为磨料的材料可被生产或加工成一定的形状。

2. 磨料的物理力学性能

磨料的基本性能主要取决于磨料的硬度、强度、韧性和相对密度等物理力学性能。

1）磨料的硬度

通常表示磨料硬度的方法有两种：一种方法是相对硬度即莫氏硬度，以标准矿物表示硬度由小到大的顺序，它可以用刻划法简单地进行判断，所以也称划痕硬度。莫氏硬度分为 10 级。后来因为一些人工合成的硬度较高的材料的出现，又将莫氏硬度分为 15 级，以便比较，称为新莫氏硬度，如表 6-4 所示。第二种方法是显微硬度，它是在显微硬度计上，把四棱锥角的金刚压头以一定的负荷压入被检材料中，并用精确的光学透光网放大后测量被检材料上的压痕尺寸，通过换算求得硬度值。

2）磨料的强度与韧性

磨料的抗压强度和抗拉强度，是磨料抵抗压力或拉力的极限。磨料的抗压强度用单颗粒测定，表示方法有两种：一种是用单位面积承受压力表示；另一种是用单颗粒受压破坏的压力表示。磨料的抗拉强度也是用受压破坏来测定，但计算方法不一样，因为颗粒受压之后，破碎成两半，其内部是拉应力起作用。

表 6-4　莫氏硬度表

标准矿物	莫氏硬度	新莫氏硬度	相对于滑石的硬度	显微硬度 （10^2 MPa）	简易刻划判断
滑石	1	1	1	2.1	指甲可以刻划
石膏	2	2	15	36	—

续表

标准矿物	莫氏硬度	新莫氏硬度	相对于滑石的硬度	显微硬度 （10^2 MPa）	简易刻划判断
方解石	3	3	66	109	小刀可刻伤
萤石	4	4	95.7	189	—
磷灰石	5	5	199	536	瓷片可刻伤
正长石	6	6	292.6	795	—
石英玻璃	6.5	7	—	—	
石英	7	8	421.4	820～1100	
黄玉	8	9	611	1427	
石榴子石	8.3	10	—	—	
熔融氧化锆	8.7	11	—	—	可刻划玻璃、 可刻划钢材
刚玉	9	12	9.04	2000～2300	
碳化硅	9.3	13	—	2900～3300	
碳化硼	9.6	14	—	3700～4300	
金刚石	10	15	3915	3600～10600	

金刚石不仅硬度极高，而且也是目前已知的强度最高的材料。因此对它进行强度测量比较困难，测量结果差异较大。各种晶形的金刚石强度不同，可相差 2～4 倍。金刚石强度受其所包含的包裹体、杂质、晶体缺陷的影响很大。小颗粒的金刚石往往比大的金刚石显示出较大的强度，即存在尺寸效应。

一般磨料级金刚石抗压强度在 1.5×10^4 MPa 左右，晶形完整的高品级金刚石的抗压强度大约为（3～5）$\times 10^4$ MPa。

磨料的韧性，通常是用一定数量某种磨料的颗粒在定型模子中受规定压力之后，未被压碎的颗粒（静压法）所占百分率来反映的，它受颗粒形状、大小等许多因素的影响。

3）磨料的密度

磨料的密度可分为真密度和假密度，真密度即通常所称的密度，它不包括物体的空隙体积，而假密度是包含物体空隙在内的体积，所以真密度的数值始终大于假密度。在工业上用的假密度称为堆积密度，即物体堆积的单位体积所具有质量，一般称为体积密度。

碳化硅系磨料的真密度比较一致，工业计算时可取 3.20g/cm³，各种粒度的碳化硅磨料的自然堆积密度在 1.3～1.6g/cm³ 之间。棕刚玉磨料的堆积密度在 1.66～1.99g/cm³ 之间。金刚石磨料理论密度为 3.519 g/cm³，实际密度为 3.47～3.56 g/cm³ 左右。

真密度取决于粒度号和颗粒形状，通常以 30～46 号的磨粉的真密度值为最大，颗粒愈近等积形，其数值也愈大。

6.1.4　磨料的粒度及粒度组成

磨料的粒度是指磨料颗粒的尺寸，制造磨具或作研磨用的磨料的粒度按粒度大小分为 4 类 41 号。

第一类：磨料，4～80 号；第二类：磨粉，100～240 号；

第三类：微粉，W63～W65；第四类：精微粉，W3.5～W0.5。

4～240 号磨料粒径的大小用筛分法检测，我国习惯上沿用英制筛分法，颗粒的号数以筛子的筛孔数来表示，即在 1 英寸的长度上排列的筛孔数定义为目数，也称粒度号。磨料粒度号及其对应的基本粒的尺寸范围列于表 6-5 中。

表 6-5　磨料的粒径　　　　　　　　（μm）

粒度号	粒径范围	粒度号	粒径范围	粒 度 号	粒径范围	粒 度 号	粒径范围
4	5600～4750	24	850～710	120	125～106	1000(w7)	7.0～5.0
5	4750～4000	30	710～600	150	106～90	1200(w5)	5.0～3.5
6	4000～3350	36	600～500	180	90～75	1400(w3.5)	3.5～3.0
7	3350～2800	40	500～425	220	75～63	1600(w3.0)	3.0～2.5
8	2800～2360	46	425～355	240(w63)	63～53	1800(w2.5)	2.5～2.0
10	2360～2000	54	355～300	280(w50)	53～45	2000(w2.0)	2.0～1.5
12	2000～1700	60	300～250	320(w40)	45～28	2500(w1.5)	1.5～1.0
14	1700～1400	70	250～212	400(w28)	28～20	3000(w1.0)	1.0～0.5
16	1400～1180	80	212～180	500(w20)	20～14	3500(w0.5)	0.5～0.1
20	1180～1000	90	180～150	600(w14)	14～10	—	—
22	1000～850	100	150～125	800(w10)	10～7	—	—

在实际生产中各粒度号的磨粒尺寸不可能完全控制在表 6-5 所列的粒径范围内，各粒度号的磨料的粒度组成包括最粗粒、粗粒、基本粒、混合粒和细粒，尽管 1998 年颁布的《固结磨具用磨料　粒度组成的检测和标记》（GB/T 2481.1，GB/T 2481.2）已替代《磨料粒度及其组成》（GB 2477），但在业内仍常见磨料粒度用旧标准方法表示。

6.1.5　磨料的几何形状

磨料颗粒的几何形状和粒度大小在一定程度上影响着磨料的韧性和机械强度，同时也影响着磨料的堆积密度。适宜的几何形状和粒度大小能够保证磨粒具有足够的切削刃数，因而能获得相应的切削性能，但因磨料没有严格的几何形状，一般都以宏观外形切削刃的尖锐性和磨料的表面状况进行比较。磨粒表面状况是指磨粒表面的粗糙程度，它与磨粒的化学成分和结晶情况有关，如刚玉磨粒的表面就比碳化硅磨粒的表面粗糙。

磨料的形状很不规则，一般按长、宽、高之间的比例关系分为等积状、片状和针状等几种形状，如图 6-3 所示。一般希望磨粒的形状为等积形，因为它比片状、针状磨粒具有较高的抗压、抗折、抗冲击能力，可以

(a)　　　　　　（b）　　　　　　（c）

图 6-3　磨料的宏观外形

(a) 等积状；（b）片状；（c）针状

提高磨具的切削能力。如用于加工韧性较大的工件，宜采用等积形较多的颗粒；而制造涂附磨具，则希望是针形的颗粒，因其棱角锋利，磨削力强。

6.2　金刚石锯切工具

金刚石锯切工具是指用于材料切断、切槽的金刚石工具，按照工具的形状分为圆锯片、锯条、带锯、线锯、绳锯与链锯等。金刚石锯切工具是石材开采与加工中最常用的工具，不同类型的工具在工作方式与锯切原理上存在明显差异。

6.2.1　金刚石圆锯片

金刚石圆锯片由锯片基体和焊接在基体外圆周边上的刀头组成。金刚石圆锯片是石材加工中应用最广的工具，它除了用于石材的锯切、切断、开槽、异型造型等工序的加工外，还广泛应用于混凝土、耐火材料、陶瓷、铸石以及其他非金属制品的切割，因此金刚石圆锯片的种类繁多、性能各异，以适应各种不同材料和不同工艺的加工。

1. 金刚石刀头

刀头为金刚石与胎体材料一起构成的复合烧结体，其中金刚石起到切削刃的作用，胎体起到固定金刚石的结合剂作用，通常由金属单质粉末或金属合金粉末构成。

金刚石锯片切割石材时，金刚石刀头会受到磨损，在设计金刚石圆锯片时要兼顾其在使用过程中的切割效率与寿命。这两个指标主要与锯片刀头配方相关，也与锯切工艺有关。

1）金刚石参数的选择

金刚石的品级、粒度、浓度等参数应根据锯切对象与锯切要求进行选择。

金刚石的品级，即金刚石的强度和耐磨性，严重影响金刚石的平均出刃值（金刚石磨料的出刃高度）。在结合剂及金刚石粒度、浓度一致的前提下，金刚石品级越高，抗冲击能力越强，金刚石越耐磨，其平均出刃值也就越高，反之则越低。通常，高硬度、难以加工的石材应选择高品级金刚石；低硬度、易于加工的石材选择低品级金刚石。

当金刚石浓度不变时，采用较细的金刚石则可以使金刚石刀头单位工作端面上的切削点增多，因而有利于提高锯片的使用寿命。锯切效率要求低，岩石锯切截面要求光滑时，宜选用较细的粒度；要求锯切效率高时，宜选取较粗的粒度，但寿命下降。岩石愈坚硬，宜选取较细的粒度。

金刚石浓度是指金刚石在工作层胎体中分布的密度，通常采用体积百分比浓度表示，即单位体积内所含金刚石的质量，以每立方厘米含有 4.4 克拉金刚石时的浓度为 100%。由于金刚石的密度为 3.52 g/cm³，相当于 17.6 ct/cm³，所以体积百分比浓度为 400% 时，达到金刚石的理论密度。而当体积百分比浓度为 100% 时，金刚石所占的体积为胎体总体积的 25%。金刚石浓度具有一个合适的范围，其浓度通常为 40%～60%。在胎体结合剂及金刚石的粒度、品级一致的前提下，降低金刚石浓度，可提高锯切速度。但同时，由于工作面上单位面积可工作的金刚石颗粒数也会减少，因此在相同锯切参数的条件下，作用在单颗金刚石上的载荷会增大，容易导致金刚石破碎，锯切寿命降低。反之，加大金刚石浓度，可望延长锯片的寿命。在一定范围内，当金刚石浓度由低到高变化时，锯片的锋利性和锯切效率逐渐下降，而使用寿命则逐渐延长；但浓度过高，则胎体成分相对减少，金刚石易形成"搭桥"现象，在切割过程中容易脱落，锯片的耐磨性反而下降，但金刚石浓度过低，参加切割的金刚石少，锯片的效率低、寿命短，而采用低浓度、粗粒度，效率则会提高。在满足锯切效率的前提下，应尽可能地提高锯切寿命，以获得最佳使用效果。

2）胎体的选择

胎体对金刚石能否充分、有效地发挥作用起着决定性的作用，它直接影响锯片的使用寿命、切割效率与质量。作为胎体，其不但要有效"包镶"金刚石，而且还应具有高的强度和抗冲击韧性，切割过程中能与金刚石"匹配"磨损，保证锯片的最佳工作状态。

传统的金刚石工具的刀头由金刚石与胎体金属合金粉末经热压烧结而成。由于金刚石在高温下易碳化，为了使金刚石不受热损伤，目前国内所用的烧结温度一般不超过900℃，且烧结时间短，通常在 5min 之内，大多在非真空中进行。在这种烧结工艺条件下，为提高胎体包镶能力，很多生产者与研究者试图通过金刚石的表面金属化技术使胎体中的强碳化物元素在烧结过程中与金刚石形成化学键连接，从而实现胎体与金刚石的强力结合。

胎体配方应根据不同的切割对象和使用要求来选择。铜基胎体烧结温度低，强度、硬度较低，韧性较高，与金刚石结合强度低，一般用于制作低寿命高效率的锯片。对于大理石等软质石材，要求刀头的力学性能相对低些，可选用铜基胎体。在胎体中加入一定量碳化钨（WC）或配以适量的钴可以提高胎体强度、硬度及结合特性，可用于硬花岗石的锯切。铁基胎体硬度较钴基的低，但其性能调整范围大，且成本低，可用作花岗石、大理石的锯切片。

2. 金刚石圆锯片的结构形式与规格尺寸

金刚石圆锯片的结构按照金刚石刀头（或称金刚石节块）在锯片上的分布形式可分为连续型（无水槽型）、窄槽型和宽槽型锯片，其结构如图 6-4 所示。图中锯片的各部分尺寸列于表 6-6 和表 6-7 中。

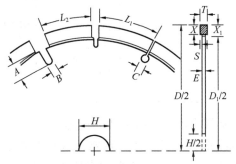

图 6-4 金刚石圆锯片结构形式

A—槽深；B—槽宽；C—钥匙孔直径；D—锯片名义直径；D_1—基体直径；E—基体厚度；

L_1—基体齿长；L_2—金刚石节块长；X—节块金刚石层高；X_1—节块总高；S—侧隙；

Z—齿数；H—基体内孔直径

表 6-6　窄槽型锯片结构规格　　　　　　　　　　　　　　（mm）

D	D₁		H	E		Z	A	B	C	L₂	T	X₁	X	S
200	190		50	1.6		14			8	40	2.5	8	6	0.45
250	240		50	1.6	±0.07	18	14±0.5		8	40	2.5	8	6	0.45
300	290	±0.3	50	1.6		21			8	40	2.5	8	6	0.45
350	340		50;80	2.2		24			8	40	3.2	8	6	0.50
400	390		50;80	2.8		28		3±0.5	8	40	4	8	6	0.60
450	440		50;80	2.8		32			8	40	4	8	6	0.60
500	490	±0.5	50;80	2.8	±0.10	36	16±0.5		8	40	4	8	6	0.60
600	590		50;80	3.2		42			8	40	4.5	8	6	0.75
700	690		50;80	3.4		50			8	40	5	8	6	0.80

表 6-7　宽槽型锯片结构规格　　　　　　　　　　　　　　（mm）

D	D₁		H	E	Z	A	C	L₂	T	X₁	X
400	390	±0.3	50;80	2.6;2.8	24		10	40	4	8.0	6.0
450	440		50;80	2.8;3.0	28		10	40	4	8.0	6.0
500	490	±0.5	50;80	2.8;3.0;3.2	30	16±0.5	10	40	4.2	8.0	6.0
600	590		50;80	3.2;3.6;4.0	36		10	40	4.5	8.0	6.0
700	690		50;80	3.4;4.0;4.5	42		10	40	5.0	8.0	6.0
800	790		80;100	4.2;4.5	46		10	40	5.2	8.0	6.0
900	890	±0.7	80;100	5.0	64		18	24	5.5	8.0	6.0
1000	990		80;100	5.5;6.0	70		18	24	6.0	9.0	7.0
1100	1090		80;100	5.5;6.0	74		20	24	7.5	10	8.0
1200	1184		80;100	5.5;6.0	80	20±0.5	20	24	7.5	10	8.0
1400	1384		100;120	6.2	92		20	24	9.0	10	8.0
1600	1584	±1.0	100;120	7.0;7.2	108		20	24	9.2	10	8.0
1800	1784		150	7.5;8.0	120		20	24	9.5	10	8.0
2000	1984		150	8.0;8.5;9.0	126		22	28	10.6	10	8.0
2200	2184		150	8.5;9.0	136	22±0.5	22	28	11.5	10	8.0
2500	2484	±2.0	150	9.5;10.0	142		22	30	11.8	12	10
3000	2984		150	10.5;12.0	160		22	30	14.5	12	10

　　连续型圆锯片的基体不带水槽，外缘节块为连续金刚石层刃口，直径较小，一般为φ100～300mm，锯切时锯缝窄、光泽度好，通常为修边和切边用。窄槽圆锯片的基体带窄水槽，直径一般为φ200～800mm，通常用来切边和切小规格板材用，特别适合切削花岗岩和大理石毛光板。宽槽型圆锯片的基体带宽水槽，锯切速度高，排屑、冷却效果好，基体使用寿命长，通常用来开采或锯切荒料。图6-5为不同类型的金刚石圆锯片照片。

图 6-5　金刚石圆锯片

3. 金刚石圆锯片的选用原则

合理地选用金刚石锯片，对提高工作效率、降低加工成本具有重要意义。根据锯片的设计原理和石材加工的实践经验，锯片的选用应着重考虑以下 3 个方面的因素，即性能因素、几何尺寸因素及加工设备因素。

性能因素是指锯片的功能适应加工石材的性能。不同类型锯片的功能主要由金刚石的强度、粒度和浓度及结合剂的硬度和耐磨性所决定。石材的性能主要指石材的矿物成分、硬度、结构构造和磨蚀性。这方面国内外学者进行了广泛的研究，取得了一定的进展，但由于因素复杂且互相影响，至今仍难以找到定量的关系，现将国内外学者研究石材性能与金刚石锯片的功能关系及选用原则列于表 6-8，以供参考。

表 6-8　金刚石圆锯片的选用

锯片类型与使用条件		金刚石强度、浓度、粒度选用原则	结合剂的选用原则
锯片类型	切面用的大直径锯片	选用低浓度、高强度、粗粒度的金刚石，以提高锯切效率	选用耐磨性好的结合剂，以提高锯片的使用寿命
	切边用的小锯片	选用中强度金刚石，既可保证切割效率，又能提高切割质量	选用出刃快的结合剂以保证切割质量（切割面平整、不崩边掉角）
石材性能	硬度高结构致密	使用高强度和较低浓度的金刚石，以保证切割效率	选用易出刃的较软的结合剂
	硬度低	使用中等强度的金刚石、浓度略高，以保证锯切效率和锯片的使用寿命	选用较耐磨的结合剂以提高锯片的使用寿命
	磨蚀性较强	造用高强度、高浓度的较粗的金刚石	选用耐磨型的较硬的结合剂

所谓几何尺寸因素，就是根据切割材料的规格和质量要求选定圆锯片的尺寸及类型。例如圆锯片的直径一般应大于被锯切工件的 3 倍，同时根据加工精度要求选定锯片结构形式，当要求锯切表面平整光滑或加工较薄且易崩边的石材时，应选用窄槽型或连续型锯片，以保证切割质量；当加工对锯切表面要求不高或较厚的材料，选用宽槽型锯片可提高锯切效率。

此外，还应根据使用设备条件选用锯片。对偏摆超标的或精度较差的锯切设备最好选用耐磨型结合剂，以保证锯片的使用寿命；对于较新的精度好的锯切设备，可采用快速型结合剂，以提高锯切效率；线速度过低的锯切设备最好采用耐磨型锯片。

4. 金刚石圆锯片基体的预应力处理

锯片基体是锯片质量的基本保证，金刚石圆锯片的质量在很大程度上取决于锯片基体性能的优劣。在锯切过程中，锯片承受离心力、锯切热以及锯切力等载荷的复合作用。这些外载荷在锯片内形成不同的应力区。锯片的直径与厚度比（径厚比）一般都在 200 以上，属于典型的超薄零件，在工作过程中会产生轴向变形。如果在锯片外边缘处圆周方向上存在着压应力区，轴向变形后使锯片呈波浪状；在半径方向上存在压应力时，发生变形后呈碟状。锯片发生这两种变形都会造成石材锯切面不平直、锯缝加宽、造成出材率下降、锯切噪声增大、振动加剧，导致锯片刀头磨损加快、锯片寿命降低。为提高切割质量和锯片使用寿命，也就是减小切割时的两种变形，锯片在使用前应预应力处理，即张力处理。所谓预应力处理，就是锯片在使用前先使锯片内部形成一分布适当的张应力，理想的情况就是该应力能完全抵消锯片工作应力中的压应力，并在整个锯片内形成分布适当的张应力，即适张度，以提高锯片轴向刚性和稳定性，抑制锯片的轴向变形。国内外锯片制造厂家在锯片生产过程中都使用了张力处理技术，虽然不同的张力系统所采用的力学模型和张力处理方法各有所异，但都有一个共同之处：设备高效自动化，机构部件完美合理化，检测装置与处理执行机构融为一体，采用一定的力学模型和检测原理编制的软件，实现了快速、准确、适时的检测与处理，实现了锯片质量最优控制的自动化。

我国在锯片质量控制方面研究起步较晚，其研究重点侧重于锯片热处理方面的较多，而对锯片张力处理和检测系统研究则较少。在很多锯片生产企业中，还是靠手锤和人工目测手段检测锯片质量，这就带有经验性和检测结果分散性。为了改变这种状况，自 20 世纪 90 年代晚期我国的锯片制造企业和科学研究机构对张力处理与检测原理进行了深入的研究，研制出张力处理机和微机检测系统。其性能已达到同类的进口产品的性能，而造价远低于进口产品价格。

1）张力处理原理与方法

由于锯片为圆形，在锯切过程中受压应力作用产生变形时，周向压应力使锯片产生变形后呈"裙边"状，对锯片切割质量和使用寿命影响最大。因此，张力处理的目的主要是消除或抑制周向压应力的影响。对锯片进行张力处理的方法是在锯片上某一环形区域进行滚压，使该区域内的应力超过锯片材料的屈服极限 δ_S，发生塑性变形而膨胀，锯片上处于环形滚压区之外的与滚压区之内的环形区域的应力仍低于 δ_S，所以只发生弹性变形。停止滚压后，由于滚压区内的变形是不可恢复的，而滚压区以外的区域中的材料力图恢复到变形前的位置，滚压区中的材料由于塑性变形不能恢复到原来位置而阻碍其恢复，于是在两层材料的分界面上便产生了相互压紧力、被滚压区以外的环形区（称外环）受推挤力，被滚压区以内的环形区（称内环）受到压缩力。被滚压区域（称中环）则受到外环和内环的反作用，受力如图 6-6 所示。

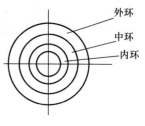

图 6-6　锯片滚压受力示意图

根据弹塑性理论，外环受推挤力，相当于圆筒受内压，因而产生环向残余受拉应力，这就是通常希望的预应力状态。内环受压力，相当于圆筒受外压，因而产生残余压应力，这也是通常所希望的预应力状态，它可抑制提高锯片转速后所产生的内环拉伸力破坏。

经过张力处理后，锯片边缘及其邻近区域的环向残余拉应力将抵消或大部分抵消锯切时产生的环向压应力，从而起到降低锯片中实际工作压应力、提高锯片承载能力、改善加工质量的效果。

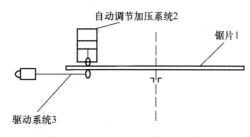

图 6-7　张力处理机原理示意图

2）张力处理机原理

我国研制的张力处理机原理简图如图 6-7 所示，锯片 1 装在带有轴承的轴上，由自动调节加压系统 2 加压，使之达到所需的单位压力 q，再由驱动系统 3 中的驱动辊带动锯片旋动，锯片又带动加压辊转动，从而完成一周的张力滚压运动。自动调节压力系统 3 的控制信号可以由自动检测系统提供，可以用手动调节。检测系统根据锯片的应力分布会自动计算出所施加的单位压力 q 值。

6.2.2　金刚石锯条

金刚石锯条是金刚石框架锯的工具。金刚石框架锯用于大理石的锯切，具有效率高、质量好、出材率高、劳动强度低、技术经济指标好的优点，这种设备在我国的大理石加工行业中已得到普遍的推广。

1. 金刚石锯条的结构与规格

金刚石锯条是由长 2.5～4.5m，宽度 15～20cm 的钢带与焊在上面的金刚石刀头组成的。根据锯条的长短，决定刀头的块数，最多可以达到 45 块。锯条的两端各固定有两块铣或 60°角的端板，刀头一般采用不等距的交错排列，中部的金刚石刀头较密，两端的金刚石刀较稀，这样能有效地消除刀头与锯条之间的共振。锯条的结构、规格分别如图 6-8 和表 6-9 所示。

锯条的材质常用 65Mn 或 75Cr1。锯条钢带的强度为 850～980MPa。锯条钢带硬度为 HRC38～42。

锯条厚度约 3.0～3.5mm，通常 3m 以上的锯条选用 3.5mm 厚的钢带；3m 以下的钢条选用 3.0mm 厚的钢带。锯齿的长度较短，一般为 20 mm，高度一般为 7 mm。过高的锯齿在锯切时切割力对锯齿焊接面的扭矩较大，影响锯齿的焊接强度。

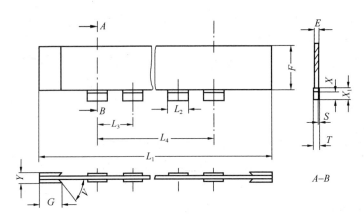

图 6-8 锯条的结构

表 6-9 金刚石锯条的规格尺寸 （mm）

锯条尺寸 长×宽×厚 $L_1 \times F \times E$	焊接刀头		可锯切荒料长度	刀头规格	
	长度 L_4	间隔 L_3		长×宽×高度 $L_2 \times S \times (X_1 + X)$	含金刚石部分高度 X_1
2700×180×3.0	1700	由	1700	20×4.5×7.0	5.0
2800×180×3.0	1900	经	1800	20×4.5×7.0	5.0
3000×180×3.0	2100	验	2100	20×4.5×7.0	5.0
3500×180×3.5	2600	确	2600	20×5.0×7.0	5.0
4000×180×3.5	3050	定	3050	20×5.0×7.0	5.0

2. 金刚石节块技术要求

与金刚石圆锯片相同，使用金刚石锯条必须根据石材的类型与性质合理地选择金刚石节块参数。

金刚石节块的性能由金刚石的粒度、强度、浓度以及结合剂的性能等因素所决定。金刚石节块性能的选择应根据所要锯切的石材的类型和性能来确定。由于金刚石锯条的工作状况与金刚石圆锯片不同，它是随锯框做往复运动，切割过程中金刚石刀头受到更大的冲击力作用，所以除了要求有较强把持力的结合剂外，还要求金刚石的强度高且具有较好的表面粗糙度，以利于较长时间地被把持。

制造金刚石锯条所用金刚石浓度为 6%～20%，金刚石的粒度一般选择 50/60、60/70、70/80 等。浓度低的锯条最好用于锯切大理石，浓度较高的锯条最好用于锯切坚硬而具有磨蚀性的岩石。金刚石节块主要采用两种金属结合剂：铜锡结合剂，用于锯切软质非磨蚀性岩石（白云石、大理石等）；硬质铜合金，用于锯切硬质或高磨蚀性岩石（花岗岩、玄武岩、凝灰岩等）。

6.2.3 金刚石串珠绳

金刚石串珠锯绳是采用烧结或电镀等方法将含有人造金刚石颗粒的胎体固结在金属钢体上制成金刚石串珠，再将串珠穿在钢丝绳上，通过专用设备和模具进行注胶、注塑

（或用弹簧及卡环卡紧）固定，制造而成的条形柔性金刚石切割工具。

目前，金刚石串珠绳锯已广泛应用于大理石、花岗石、板岩、砂岩等石材矿山的开采，此外也在花岗岩大板切割、异型切割、荒料整型、建筑混凝土锯切、金属或钢构件切割等众多领域得到普遍应用。

1. 金刚石串珠绳结构及工作原理

金刚石串珠绳的结构如图 6-9 所示，多股交互捻的钢丝绳上套若干串珠，以注塑或注胶方式将相互间隔的串珠固定，若为大理石开采用绳，只用弹簧隔开钢丝绳上的串珠，不需注塑或注胶。每米串珠绳通常含金刚石串珠 28～42 粒，钢丝绳长度不一，从十几米到近百米，取决于切割的实际需要。

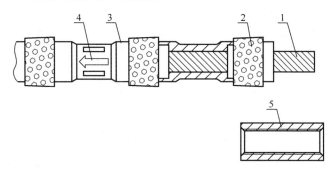

图 6-9　金刚石串珠绳结构示意图
1—钢丝绳；2—绳锯串珠；3—支撑橡胶（塑料）；4—箭头；5—接头

金刚石串珠包括胎体和珠芯两部分，胎体粉末首先压制到珠芯外圆表面，经过热压烧结，胎体与珠芯牢固粘结，串珠烧结后以胎体外径定心，加工珠芯内孔，内孔比钢丝绳直径大 0.3～0.4 mm，并用特制丝锥攻螺纹，以便于储存塑料或橡胶，增加与钢丝绳的粘结能力。串珠胎体为长筒薄壁粉末冶金零件，壁厚只有 1～1.5 mm，为保证串珠有高的切割效率和较高的工作寿命，胎体应对金刚石有较强的包镶能力，同时与珠芯必须有足够的粘结强度，保证绳锯在切割过程中，串珠能承受住轴向力和回转扭矩，不致脱离珠芯。胎体中的金刚石粒度以 40/50 为主，针对不同的切割对象和使用要求，辅之 30/40、50/60 粒度的金刚石，金刚石浓度通常在 35%～40%。图 6-10 为福州天石源材料工具有限公司生产的金刚石串珠及金刚石绳锯产品照片。

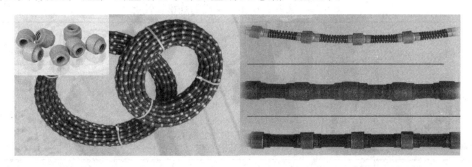

图 6-10　金刚石串珠及串珠绳

金刚石绳锯对石材进行切割时，每根绳均要首尾相接，用钢套扣压，形成闭环，安装在绳锯机的主动飞轮上，主动轮旋转，带动串珠绳围绕被切割石材做高速直线运动，同时对被切割物体施以一定的压力。串珠表面的金刚石是起磨削作用的主体，锯切过程中，外层金刚石在切割过程中不断消耗，与此同时，被磨削下来的岩粉混杂在冷却水流中，不断对串珠表面的金属胎体产生冲刷和研磨作用，使串珠表面的金刚石保持一定的出刃高度，并把包镶在串珠内部的金刚石也慢慢地暴露出来，形成新的切割刃，这样就保证了金刚石绳锯正常、持续对石材进行切割，最终达到分离被切割物体的目的。

2. 金刚石串珠绳类型及技术性能

金刚石串珠绳按串珠固定方式可分为：注塑绳锯、注胶绳锯和弹簧隔离绳锯。作为固定材料的塑料或橡胶的作用主要有：

（1）将按一定距离间隔排列在钢丝绳上的串珠牢固地粘结在钢丝绳上，当绳锯做切割运动时，确保串珠不产生相对移动和转动；

（2）保护钢丝绳不磨损、不腐蚀。大理石开采用绳锯不必注塑（或注胶），串珠之间用弹簧隔开，弹簧自由长度有30mm、25mm 2种，用扣压机在每隔5～7粒串珠处压紧压环，以防绳断时，串珠、弹簧不会散落。另外，用于加工硬质岩石或混凝土材料的绳锯，在串珠之间套一矩形截面弹簧，然后注胶或注塑，以增强弹性。

金刚石串珠绳还可按用途分为：异形切割和荒料整形用绳、石材开采用绳以及荒料锯板用绳，其中荒料锯板用绳锯机通常同时安装多组切割绳，也被称为多绳锯，例如国产的 TSY-MM42 金刚石多绳锯机可同时安装42根锯绳。

根据具体的切割对象与用途，金刚石绳锯中的串珠有不同的直径和串珠数量组合，天石源公司提供的金刚石绳锯的规格、用途及性能列于表6-10、表6-11和表6-12。

表 6-10　花岗石矿山开采绳的规格及性能

型号	规格（mm）	固定方式	齿数（pcs/m）	切割对象	效率（mm/h）	寿命（m²/m）	线速度（m/s）
GQR11.4	φ11.4	橡胶	40	class 1-2	20～30	25～35	28～33
				class 3-4	15～25	15～25	28～33
				class 4-5	10～15	10～15	28～30

表 6-11　大理石矿山开采绳的规格及性能

型号	规格（mm）	固定方式	齿数（pcs/m）	切割对象	效率（mm/h）	寿命（m²/m）	线速度（m/s）	备注
MOR114	φ11.4	橡胶	40/36	class A 粗结晶软大理石类、石灰华类；	10～20	30～55	35～40	烧结珠
					8～16	15～35	35～40	
MQR11	φ11	橡胶	40/36	class B 中硬细结晶类；class C-D 硬大理石	5～8	15～25	35～40	
MQRS11/114	φ11/11.4	橡胶＋弹簧	40/36	A-D	10～15	10～30	35～40	电镀珠
DMQS11	φ11	弹簧	30	A-D 干切	7～12	10～15	35～40	烧结珠

表 6-12　多绳锯用串珠绳规格及性能

型号	规格 （mm）	固定方式	齿数 （pcs/m）	切割对象	效率 （mm/min）	寿命 （m²/m）	线速度 （m/s）
GMP6.3	$\phi\,6.3$	注塑	37	混切花岗石	6～10	7～12	26～32

6.3　金刚石铣磨工具

6.3.1　金刚石铣磨工具的类型

在石材加工中难度最高、工作量最大的工序是石材的铣磨，特别是石材的异型铣磨。目前常用的铣磨工具按照用途可分为两大类：一类是用于平面加工的铣磨工具，它是将已锯切成平面状的石板、石料的多余厚度或凹凸不平的部分铣平磨掉；另一类是用于异型加工的仿形铣磨工具，它是机械化、自动化生产异型花边、线条的不可缺少的理想工具。

用于平面铣磨的金刚石工具按形状、结构可分为两种。一种是碟型铣磨盘，另一种是辊式铣磨滚筒，其形状结构如图 6-11 所示。其中图 6-11（a）所示的金刚石滚筒常用于石材薄板生产线中的定厚机上，具有很强的磨削力。图 6-11（b）所示的为连续磨机上用于粗磨的铣磨盘，其外观形状除了圆盘状（用于行星式磨轮）外还有圆柱形（用于圆柱轮）和圆锥形（用于锥形轮）的。图 6-11（c）所示的为碟形平面铣磨盘，可用于石材的定厚、铣平，也可用于石材薄板的磨边倒角。常见的金刚石滚筒、金刚石磨轮和蝶形铣磨盘的规格分别列于表 6-13、表 6-14 和表 6-15。

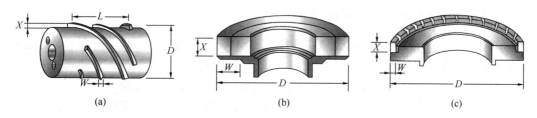

(a)　　　　　　　　　　(b)　　　　　　　　　　(c)

图 6-11　金刚石铣磨工具形状结构图

用于异型加工的仿形铣磨轮的形状、规格除了常用的形状外，通常都可以根据用户的需要加工生产。目前金刚石仿形铣磨轮常用于石材花边线条以及各种台面板边部的铣磨加工。

金刚石铣磨工具由基体和金刚石节块组成，其使用的技术要求、条件与金刚石圆锯片和金刚石锯条相似。这些技术条件包括设备条件和铣磨工具的安装条件以及工作条件（润滑、冷却条件以及圆周线速度、进给速度、磨削深度等）。由于各种铣磨工具的形状复杂、规格繁多，无法一一列举说明，但具体要求可参照前两节的有关内容。

表 6-13　金刚石滚筒规格　　　　　　（mm）

D	L	W	X	螺纹线
235	315	9	12	5；7
235	395	9	12	5；7
235	445	9	12	5；7
235	495	9	12	5；7
235	595	9	12	5；7
235	635	9	12	5；7

表 6-14　金刚石磨轮规格　　　　　　（mm）

D	W	X
150	12	12
150	15	20
180	6	45
180	8	60
180	10	60

表 6-15　蝶形铣磨盘规格　　　　　　（mm）

D	W	X
150	8	12
200	8	12
250	12	12
300	9	12
450	8.5	7.5
500	8.5	7.5
650	10	7.5

6.3.2　金刚石铣磨工具的特点

金刚石铣磨工具在石材加工中的应用晚于金刚石锯、切、钻工具，但由于其优越的加工特点，目前已广泛应用于石材的精加工。其主要优点如下：

（1）磨削效率高，磨削量大，可以大大提高铣磨工序的加工效率。

（2）磨具使用寿命长，不仅大大降低了石材加工成本，而且大大减少由于停机更换磨具所带来的麻烦，从而也提高了生产效率。

（3）加工质量好，废品率低。

（4）减轻了劳动强度，改善了劳动条件。

（5）有利于机械化、自动化加工生产。

（6）可以成批量地加工生产形状复杂的异型石材制品。

6.4　钢砂与锯条

钢砂与锯条都是框架式砂锯使用的最主要的材料，在花岗石大板的生产成本中约占

30%。钢砂与锯条质量的优劣以及使用技术的差异不但关系到花岗石大板的生产成本，也影响砂锯的生产效率与加工质量。有关框架式砂锯的操作技术与砂浆工艺的基本要求在第 5 章中已做过介绍，本节主要介绍钢砂与锯条的规格与技术性能要求。

6.4.1　钢砂

钢砂是框架式砂锯所使用的砂浆中的一种磨料，钢砂质量的优劣不仅与生产效率有关，还影响钢砂的消耗、生产成本以及毛板的锯切质量，因此钢砂的生产工艺和检测标准要求十分严格。钢砂的生产选用优质的碎钢料添加硅、锰等合金，经电炉熔炼成钢水喷入水箱形成钢粒，再经热处理后经破碎成钢砂，最后经筛选分成不同号数的钢砂。根据形状可以把钢砂分为钢丸（形状为圆形或近于圆形的钢砂）、弧形钢砂和棱角状钢砂。砂浆中所使用的钢砂应当包括钢丸与钢砂，两者的数量比例约为 85∶15。

在使用框架式砂锯锯切花岗石的生产过程中，钢砂起"锯齿"的作用，因此钢砂性能的优劣则关系到生产效率的高低和生产成本的高低。对钢砂性能的要求最关键的就是钢砂的硬度、韧性和耐磨性。钢砂的粒径也是钢砂性能指标的关键因素，一般钢砂的粒径在 0.5～0.8mm 时具有最佳的锯切效果，但是由于钢砂生产工艺的限制，在生产钢砂时不可能生产出单一规格粒度的钢砂，每一种型号的钢砂都有其粒度范围，在各种型号钢砂允许的粒度变化范围内的钢砂数量应占有尽可能多的比例。通常情况下评价各种型号的钢砂粒径性能时，各种粒度允许范围内钢砂的数量应当占检测钢砂总量的 80% 以上。表 6-16 为福建龙海多棱钢砂有限公司的钢砂粒度范围，从表 6-16 中可以看到 S230 号钢丸粒度范围在 0.6～1.0mm 的钢砂占总量的 85% 以上，该型号的钢砂适合于使用 4.5mm 厚度锯条的摆式砂锯；而表 6-16 中 S280 号钢丸粒度范围在 0.71～1.19 mm 的钢砂占总量的 85% 以上，这种钢砂适合于锯条厚度为 6.0mm 的平移式砂锯。

表 6-16　钢砂的粒径规格　　　　　　　　　　　　　　（mm）

钢丸			弧形钢砂			棱角钢砂		
型号	含量	粒径范围	型号	含量	粒径范围	型号	含量	粒径范围
S780	85%	2.00～2.80	G12	80%	1.70～2.36	G12	80%	1.70～2.36
S660	85%	1.70～2.36	G14	80%	1.40～2.00	G14	80%	1.40～2.00
S550	85%	1.40～2.00	G16	80%	1.18～1.70	G16	80%	1.18～1.70
S460	85%	1.18～2.00	G18	80%	1.00～1.40	G18	80%	1.00～1.40
S390	85%	1.00～1.70	G25	80%	0.85～1.18	G25	80%	0.85～1.18
S330	85%	0.85～1.40	G40	80%	0.40～0.85	G40	80%	0.40～0.85
S280	85%	0.71～1.19	G50	80%	0.30～0.71	G50	80%	0.30～0.71
S230	85%	0.60～1.00	G60	80%	0.18～0.42	G60	80%	0.18～0.42
S170	85%	0.42～0.85	G80	80%	0.12～0.30	G80	80%	0.12～0.30

6.4.2　锯条

通常框架式砂锯使用的锯条有三种类型：普通平板式钢带锯条、沟纹型锯条与孔洞型锯条。下面对它们的主要规格与性能要求做简单介绍。

1. 普通平板式钢带锯条

框架式砂锯使用采用普通平板式钢带锯条时，工作过程中只有当锯条摆动到两端极限位置的时候才有少量钢砂进入钢带底部缝隙，锯切效率低。锯条规格(长×宽×厚)为(2700~4000)×(110~140)×(3.2~4.5)mm。钢条材质为65~70Mn。钢条抗拉强度σ≥950MPa；洛氏硬度≥HRB91。

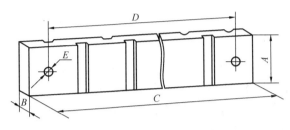

图6-12　沟纹型锯条结构示意图
A、B—锯条宽度、厚度；C—锯条总长度；D—两固定孔之间的距离；E—固定孔直径

2. 沟纹型锯条

沟纹型锯条的厚度为3.5~5mm，宽度90~120mm，长度为3500~4500mm。沟纹深度约0.2mm，宽度约14~16mm。沟纹间距约140~150mm，其结构形式如图6-12所示。沟纹的作用是为了使钢砂能够更顺利地洒落到锯缝的底部，沟纹太浅，不利于钢砂下移，反而造成钢砂夹在锯条与锯缝壁之间，使得毛板面上砂沟的痕迹更深；沟纹太深，则降低了锯条的强度。

3. 孔洞型锯条

孔洞型锯条是平移式砂锯使用的锯条，这种锯条上有规律地分布着直径36mm左右的落砂孔，以使于钢砂进入到锯缝底部。为了使锯条能够更有效地挤压钢砂磨削石材，锯条的厚度较大，常用的为5.8~6.2mm；锯条的宽度一般为180mm。锯条的落砂孔数量随锯条长度的不同而异。目前这种结构的锯条随着平移式砂锯的淘汰已退出市场。

6.5　石材磨抛工具

磨具是用于磨削、研磨、抛光等工作的磨料制品的总称。根据磨具工作方式与使用要求的不同，磨具大致可分为砂轮、油石、砂瓦、磨头、砂纸、砂布与研磨膏六类，其中前四类称为固结磨具，砂纸、砂布与研磨膏称为涂附磨具。石材磨削加工中用到的是固结磨具，即磨料颗粒用胶结材料坚固地粘结成一个整体。

磨具可以按磨料类别、结合剂类别、磨具硬度、磨具组织等进行分类。以金刚石为磨料的磨具称为金刚石磨具，以酚醛树脂、环氧树脂为结合剂的称为有机磨具。

6.5.1　磨具的构成

磨具是由磨粒、结合剂、填料和气孔四要素构成的。磨粒是磨削作用的主导因素。结合剂是指将磨粒与辅助材料粘结在一起，成为具有一定形状和强度的磨具的材料。在磨削过程中，磨粒的切削刃尖端钝化，磨削力增加。当磨削力超过磨粒的强度或结合剂的把持力时，磨粒出现破碎或脱落现象，生成新的切削刃，产生自锐作用。填料是指为了改善磨具某些性能（如改变颜色、增加强度、提高磨削性等）以适应某些特殊磨削加工需要而加入的材料。磨具中的气孔起到排屑或冷却作用。

1. 结合剂

结合剂以机械结合方式固着磨料颗粒，使之成为有一定形状、硬度和强度的磨块。结合剂的性能直接影响磨具的性能，要求结合剂的磨损与磨粒的出刃相适应，以保证磨具的自锐性，即磨粒的不断磨钝、脱落与新磨粒不断裸露的速度相适应。此外结合剂还要求具有一定的耐湿性和耐腐蚀性。

结合剂的品种较多，一般可分为无机结合剂和有机结合剂两类。常用的无机结合剂有菱苦土、硅酸盐水泥、高铝水泥及金属结合剂等。常用的有机结合剂有酚醛树脂、环氧树脂和不饱和聚酯树脂等，还有两种或两种以上结合剂构成的混合结合剂。

1）菱苦土结合剂

菱苦土是一种镁质胶凝材料，它是天然菱镁矿经一定温度煅烧再研细而成的。菱苦土也称苛性苦土，苛性氧化镁或轻烧氧化镁。其化学成分氧化镁（MgO）含量约占 $80\% \sim 90\%$，它可与氯化镁（$MgCl_2 \cdot 6H_2O$）水溶液调制后，经过一系列的物理化学反应呈现胶凝性质，逐渐形成具有一定机械强度的硬化物体。利用它的这种特性作为磨具结合剂，称菱苦土磨具。菱苦土磨具的优点是：原材料丰富、价格便宜、制造工艺简单，成型后常温硬化即可，所以不需要烘箱、高温炉及其他复杂的设备，可节省大量投资和能源。又由于制造工艺简单，对工人的要求不高。磨具使用时自锐性能好，研磨效率高。其缺点是：抗潮能力低，消耗较快。它适合制备粗磨用的 $1 \sim 4$ 号磨石，近些年也逐步扩大应用到精磨和细磨的磨石制作上。

2）水泥结合剂

有普通硅酸盐水泥（一般选用 425 号硅酸盐水泥）和高铝水泥（一般选用 525 号高铝水泥）。高铝水泥的特点是早期强度增长速度极快，制造工艺简单，但性能不够稳定，不能久放，它适用制作 $1 \sim 3$ 号磨石。

3）酚醛树脂结合剂

酚醛树脂是热固性树脂，用它作结合剂制成的磨具强度较高、略有弹性、生产周期短，应用范围广。液体醋酸树脂、粉状酚醛树脂或喷雾干燥的酚醛树脂都可使用。也可以自行配制；由苯酚、甲醛与氨水以 $10:8:5$ 的质量比例配制后盛在容器中在电炉上加热，经缩聚反应而成，适于制造大气孔发泡磨具，主要用于石材的精磨和抛光。

4）环氧树脂结合剂

一般不单独使用，通常与酚醛树脂混合使用。制作磨块时，将一定比例的环氧树脂、酚醛树脂和成孔材料混合后，经浇注、成型、硬化，制作成多孔磨具，用于大理石和花岗石的研磨抛光。

5）不饱和聚酯树脂结合剂

不饱和聚酯树脂结合剂黏度低，可在常温常压下固化，便于施工。色浅、透明度好，容易着成各种颜色。价格比双酚 A 型环氧树脂低，原料易得，所以逐步得到广泛应用，多用于连续磨机的精磨和抛光。

其制作方法是在不饱和聚酯树脂中加入促进剂、引发剂后，经高速搅拌形成一种乳状液，然后加入磨料和发泡剂，搅拌后注入涂有脱模剂的模具中成型，浇注 $15 \sim 20$min即可脱模。

6）金属结合剂

金属结合剂主要用于制造金刚石磨具，可分为青铜、镍钴＋青铜、碳化钨＋青铜＋镍钴等类型，分别适用于制造不同型号规格及用途的磨具。

金属结合剂磨具有较高的耐用度，能承受较大的研磨负荷而不致破裂。但过大的磨削压力会产生磨削热使金刚石碳化、使结合剂塑变和烧伤工件等。所以在使用中要求有充分的冷却条件。金属结合剂适合制造粗磨用的金刚石铣轮、铣盘、铣辊、磨盘等铣磨工具。金属与树脂混合结合剂适合制造精磨、抛光等磨具。

金属结合剂应具有良好的压制和粘结性能。条件允许时应选择烧结温度较低，胎体机械性能较好的结合剂。

2. 填料及附加材料

在磨石制作中加入填料的目的是形成内部气孔和调整磨石组织。

气孔是指磨石内部的孔隙，磨削时具有排屑和容纳冷却水的作用，其组成可分大气孔、微气孔和较紧密三种。在磨石内部形成气孔的方法很多。一种是在制作时加入起泡剂；另一种方法是在制作时加入水溶性填料（如岩盐等）；第三种方法是加入多孔性填料（如加气混凝土、珍珠岩和稻壳等）。

填料还起到调整磨石组织的作用，使磨石的性质软硬适度、松紧恰到好处。还可以提高磨石的强度，缩短树脂的固化时间，减少固化中的变形等。一般从粗到细的系列磨石中，填料的添加量依次增加，硬度和致密度依次递减，从而使磨石具有良好的自锐性，即在磨削过程中由于填料易磨耗掉，磨石表面不断露出新的磨粒而"出刃"，使磨石始终保持良好的磨削效率。

制造磨石除需要结合剂和填料外，还必须使用许多其他的材料，通常称这些材料为附加材料。一般对附加材料的选择原则为：对结合剂和工件无破坏作用；能满足磨石的某些特殊性能要求；基本无毒性。如在菱苦土磨石制作中加入稳定剂，加入亚硝酸盐作防腐剂，加入强电解质盐类作分散剂等。

6.5.2 磨具的使用性能

磨具的使用性能通常包括磨具的硬度、粒度号和组织结构。

1. 磨具的组织

磨具（磨石）组织指磨具中磨粒、结合剂和气孔三者的体积关系。通常用磨粒体积占磨具体积的百分比（即磨粒率）来表示。百分比越大，组织紧密，反之则越疏松。也可以用气孔率表示，气孔率越大则组织越疏松。磨具组织是磨具的重要性能之一，直接影响着磨削加工的效果。以磨粒率表示磨具组织的方法，间接地说明了磨具组织的松紧程度，反映了磨具工作部位单位面积中可能参加磨削的磨粒的多少。按此方法表示磨具组织可把磨具的组织分为紧密、中等和疏松三类、共 15 个组织号，如表 6-17 所示。

表 6-17　磨具的磨粒率类型

组织类型	紧密	中等	疏松
级别	0、1、2、3	4、5、6	7、8、9、10、11、12、13、14
磨粒率（%）	62、60、58、56	54、52、50	48、46、44、42、40、38、36、34

以气孔率表示磨具组织的方法，直接反映了磨具组织的松紧程度，说明磨具气孔在磨削加工中的作用。从磨具使用的角度来看，用气孔的数量和大小以及分布来表示磨具

的松紧程度对难磨削加工的材料更具有直接意义。以气孔率的大小将磨具组织分为高密度（气孔率趋于零）、中等（气孔率 $20\%\sim40\%$）和疏松（气孔率 $40\%\sim60\%$ 或更大）。

磨具组织紧密，磨削效率高，但研磨表面粗糙。磨具组织疏松，磨削质量高，可提高成品的精度和表面光泽度。所以通常重负荷或成型磨削用紧密组织磨具，大接触面磨削以及加工对热敏感的材料或软黏性材料用疏松组织磨具，石材加工中，粗磨用较紧密磨具，精磨、抛光用较疏松组织的磨具。

2. 磨具的硬度

磨具硬度是衡量磨具质量的重要指标之一，在磨具的所有物理机械性能中，它较能正确地反映磨具磨削的性能。磨具的硬度与一般物质（如岩石、金属、磨料等）的硬度含义不同，它是指磨具工作表面上磨粒受外力作用时脱落的难易程度。磨具硬度高，磨粒难脱落，自锐性较差；磨具硬度低，磨粒则易脱落，自锐性较好。磨具的硬度取决于结合剂的性能、用量及磨具的制造工艺，与磨粒和结合剂本身的硬度无关。磨具的硬度与结合剂用量的关系尤为密切，一般结合剂用量较多时，磨具硬度就高；结合剂用量少时，磨具硬度则低。所以，磨具硬度取决于结合剂把持磨粒的能力。硬度不高的磨粒，可以制成硬度高的磨具；硬度高的磨粒，也可以制成硬度低的磨具。

磨具硬度的测定方法有喷砂硬度计测定法、洛氏硬度计测定法和声频法。

喷砂硬度计测定法是利用冲击破碎的原理来测定磨具硬度的，用具有一定压力（$1.5\text{kg}/\text{mm}^2$）的压缩空气，将一定体积的石英砂粒冲击磨具的表面，以磨具表层受砂粒冲击产生的凹坑的深度来表示磨具的硬度。这种方法通常适用于测定粒度号为 $36\sim150$ 号的磨具的硬度。

洛氏硬度计测定法是以一定直径的钢球在一定的压力压入磨具表面，根据压入的深度来表示磨具硬度。一般用来测定较细粒度（180 号～W9）的磨具硬度。

声频法与上述各种测定磨具的方法不同。声频法是一种无损伤检测，由于物体固有振动频率与物体形状、尺寸及其物理性质（弹性模量、密度）有关，利用这个关系，通过测定物体的自振频率，即可知道其弹性模量。由于磨具的弹性模量和磨粒量以及磨块硬度有关，因而可以直接测定磨块硬度。

6.5.3　磨具选择基本原则

磨具是用以对石材进行研磨抛光的工具或材料，磨具的选用应根据石材的岩石类型、物理力学性质和石材的表面质量以及对加工质量的要求，来选择磨具的组织、硬度、磨具号并配合研磨参数的优化组合，达到最佳的研磨效果，是个较复杂的过程。

1. 磨料粒度的选择

磨料粒度的选择（即磨块号的选择）原则是使用最少的工序将板面磨平磨光，使之达到所需要的质量要求。

石材的磨光工序可以分为粗磨、细磨、精磨和抛光等几道工序，每道工序又是由使用由粗到细的不同磨块号的磨块来完成的。较细的磨块在磨掉前一个磨块在磨削时所留下的磨痕时也留下新的磨痕，只不过新的磨痕比旧的磨痕更细，所以使用一系列由粗到细的磨块来完成由粗磨到精磨的整个过程，也就是使板材上的磨痕由粗变细的一个过程。因此选用磨块号的原则也就是使用最少的时间、最少的换用磨块的工序把石材磨光磨平。在"花岗石大板的磨光"部分已经介绍了连续磨机各个磨头上磨块号的配置方法，这种方法对于用各种不同磨头数磨机加工毛板粗糙度不同的石材都是适合的，都能达到所要求的磨光效果。

2. 磨块硬度的选择

在石材的磨抛过程中，如何选择磨具硬度，应根据加工条件来决定，例如石材表面的平整度、粗糙度、石材的类型和性质以及加工设备的类型与自动化程度等因素进行综合考虑。如果磨具硬度太软，则磨料的磨削能力还没有充分发挥作用的时候就脱落了，使磨具损耗增大，造成浪费；如果选择的磨具太硬，则磨料已经磨钝还不脱落，造成磨具与板面之间摩擦力增加，导致板面发热，产生"烧板"现象，严重时磨具工作面被堵塞形成光滑的釉状，失去磨削能力。如果选择的磨具硬度适中，使磨料磨钝就脱落露出新的锋刃来，则可提高磨削效率和加工质量。

3. 磨块组织结构的选择

磨具的组织、松紧程度也直接影响着石材的加工效率。例如：粗粒度、组织紧密的磨具。参加磨削的磨粒较多，磨削效率高，但容易划伤石材表面，因而影响表面质量，这种磨具只适合粗磨；而粒度细、组织疏松的磨具，所磨削的石材表面平整、光泽度高。所以在石材加工的粗磨和半细磨工序，为增大石材的磨削量，提高磨削效率，采用较软的硬度和紧密组织的磨具。在精磨和抛光工序为了提高板材的表面质量，采用硬度高的和组织疏松的磨具。而细磨阶段所采用的磨具硬度和组织介于上述两者之间。即随着磨削工序由粗磨—半细磨—细磨—精磨—抛光的过程，磨具的硬度应逐渐提高，而其组织应逐渐疏松。至于磨具硬度、组织松紧的具体数值应根据所加工石材的类型与性质以及所采用的加工设备和磨抛工艺参数等，通过试验来确定。

石材的研磨抛光包括 5 道或 6 道工序，在手扶磨机上依靠更换不同规格的磨具来完成。如 1 号磨具为 24～30 号粒度碳化硅磨料、菱苦土结合剂、中软级硬度的磨具。一般用于粗磨工序，这一阶段的主要任务是将毛板上的锯痕或砂沟磨去，使毛板材的厚度和平整度符合产品的质量要求，这时所获得的板材表面还相当粗糙，留有较深的磨痕。

2 号磨具为 100～120 号碳化硅磨料、菱苦土结合剂、硬度为中软级的磨具，用以石材的半细磨加工。经过 2 号磨具磨过的板材，表面还存在明显可见的磨痕，但比 1 号磨具留下的磨痕细小得多。

3 号磨具为 W63 以下的碳化硅磨料、菱苦土结合剂、硬度为中级的磨具。用来完成板材的半精磨，能减轻下一道工序的磨削量，可提高磨削效率、改善磨削质量。

4 号磨具由 W10～W20 碳化硅磨料、菱苦土结合剂、中级硬度的磨具。用来进行细磨加工，经过细磨加工的石材，板面上的花纹已很清楚地显示出来了，石板表面平滑、肉眼已经很难观察到磨痕。

5 号磨具由 W7～W10 的碳化硅磨料、菱苦土结合剂、中硬级硬度的磨具。用于石材的精磨，石材表面经过精磨后，细度进一步提高，并具有一定的镜面光泽度。

7 号、8 号磨具主要用于精磨大理石。这种磨具也能精磨其他不同品种的石材。

因为花岗石的硬度比大理石的硬度高，所以磨削花岗石使用的磨具硬度比磨削大理石使用的磨具硬度要软些。这一规律和金属磨削时选择砂轮的道理一样，即硬钢材选用软砂轮，而软钢材使用硬砂轮，目的是提高砂轮的自锐能力、减少修正砂轮次数、提高磨削效率。

石材粗磨（或铣平）工序，国外多使用金刚石铣磨盘，国内在连续磨机上也逐步推广使用。粗磨花岗石使用金刚石铣磨盘或铣磨轮磨削效率比使用菱苦土结合剂的碳化硅 1 号磨具至少提高效率 20 倍，最高可达 70 倍。而用同样的磨具粗磨大理石时，金刚石磨盘与菱苦土碳化硅磨具效率差别则不大，这就说明用金刚石磨具加工花岗石比加工大理石磨削效率更明显。因为大理石较软，用 1 号菱苦土结合剂碳化硅磨具适当加大磨削压力，就可以适应加工要求，不需要选用贵重的金刚石磨具。实践表明，在同样条件下进行磨抛，由于石材矿物成分、结构构造不同、抛光效果亦有明显的不同。如"山西黑"抛光后光泽度达到 115。而江西宜春的"白珍珠"抛光后表面光泽度只能达到 70，说明不同的矿物成分和结构构造的石材，其抛光效果是不同的。

岩石是由矿物组成的，不同矿物的硬度可以相差很大，例如大理石的主要成分是方解石和白云石，当大理石中含有其他矿物如硅灰石、透闪石、石英、符山石时，这些矿物的硬度都比方解石、白云石大得多，当这些高硬度的矿物局部集中或颗粒较大时，在相同的磨削条件下就会造成磨削量的差异而使石材的厚度不均。不同的矿物磨光性能可以相差很大，这样不但造成不同品种的石材磨光效果上的差异，甚至可以使得同一块石板上不同部位磨光效果不同。所以石材的研磨加工必须根据石材的矿物成分、物理力学性质合理地选择磨具的粒度、组织、硬度和磨抛工艺，才能有效地提高石材的磨光效果、减少磨具消耗、提高生产效率。

影响石材研磨抛光质量的因素除了磨具的组织结构、硬度、磨料类型和磨块号的搭配以及磨抛设备外，石材的磨抛工艺也是十分重要的关键因素。如前所述，石材的磨抛工艺包括磨削压力、磨盘转速、磨盘相对于石材的移动速度和冷却水的用量等。只有根据石材的类型和物理力学性质，合理地选择磨抛设备和工具，使用科学的磨抛工艺，才能加工出高质量的石材，同时也能有效地降低磨耗、提高生产效率。

第 7 章 石材的缺陷与修复

7.1 石材缺陷的类型

7.1.1 石材的天然缺陷

石材的天然缺陷主要表现为色斑、色线、砂眼、孔洞、坑窝、裂纹、缝合线等。

1. 色斑

色斑是指与石材基本颜色、花纹不协调的斑状物质，主要是岩石中的包裹体、析离体、残留体或不同成分的集合体所构成的。色斑的存在严重地破坏了石材的装饰性。作为装饰用的石材对色斑的大小有严格的限制。

2. 色线

色线是指与石材基本颜色、花纹不协调的线状物质。色线常由后期穿插于石材中的细脉构成，也可以是岩石中某些矿物溶蚀后的物质浸染而成，例如福建南安锈石中常见有褐黄色的线状物，则是由岩石中含铁矿物风化溶蚀后沿微裂隙浸染而成的。在许多情况下，色线的存在影响石材的可拼性与装饰性，但有时也可以成为具有装饰性的花纹图案，例如湖北通山的"黑白根"和湖南双峰的"双峰黑"，在黑色灰岩中不规则地分布着粗细不同的白色方解石细脉，黑白相映，美感天成，所以色线的存在如不影响装饰性与可拼性时，则不成为缺陷。

3. 色差

石材是一种天然材料，由于岩石形成过程中物理化学条件的变化，使得虽为同一矿体的岩石其颜色也有明显的差异，影响石材的可拼性。

4. 孔洞与砂眼

孔洞与砂眼都是石材板面上的凹陷，它不但影响石材的光泽度，也容易成为存纳污垢的地方而影响装饰性能。砂眼是指天然形成的具有一定深度的凹坑，通常直径在2mm以下。孔洞也是天然形成的具有一定深度的较大的凹坑，通常直径在2mm以上。

孔洞与砂眼一般是晶洞，也可以是易溶矿物溶解后形成的坑窝，或片状矿物在加工时剥落而成凹坑。

5. 裂纹

岩石中的裂纹大多是由于后期的构造运动或爆破开采所造成的。前者所产生的裂纹均匀地分布在岩石中，后者则主要集中于炮孔附近。贯穿性的裂纹破坏了岩体的完整性，影响荒料率与成材率；细小的微裂隙则降低了岩石的强度，特别是当构造裂隙与锯切面成小角度相交时，常在边沿处产生破碎，在板面上形成凹坑，石材加工行业中称之为"鸡爪纹"。这种现象在具有较大长石矿物的石材中较为常见，例如挪威的"蓝珍珠"、巴西的"墨绿麻"、四川的"豹皮花",河北的"承德绿"。

6. 缝合线

缝合线常见于灰岩之中,在板面上呈锯齿状延伸的曲线,在石材行业中常称之为"蚂蚁路"。缝合线一般不破坏板材的完整性,但影响石材的抗折强度,也影响石材的美感。

7.1.2　石材生产与加工中产生的缺陷

石材在生产加工过程中也会产生缺陷,例如在切断石材时造成的板材边角破损;磨光板面上的划痕,石材在生产或存放过程中因设备中的机油或包装物的污染。国家标准《天然花岗石建筑板材》(GB/T 18601)和《天然大理石建筑板材》(GB/T 19766)中对天然花岗石、大理石建筑石材的外观质量中有关规定提出了明确的标准。

1. 崩边与掉角

按照上述规范要求,崩边是指在板材的正面周边长度＞5mm,宽度＞1mm 的缺陷;缺角是指板材正面两条棱线的交汇处长度和宽度＞2mm 的缺陷。

2. 划痕

石材经磨光之后在后继的各道工序中均可产生,特别在磨边倒角和分色包装的搬运时较易产生。划痕在暗色石材中表现较为明显,在浅色石材中较不明显。划痕是磨光板所不允许的缺陷。

3. 污染

生产过程中石材的污染主要发生在磨抛、吊运、存放时,由于设备漏油或存放铁架、木质包装箱、包装绳的潮湿导致石材受污染。

7.1.3　石材使用过程中产生的缺陷

石材在安装和使用过程中都可能产生缺陷,这些缺陷主要表现在以下几个方面:

1. 划痕

石材中矿物的硬度相差很大,大理石中的矿物主要为方解石和白云石,莫氏硬度只有 3～4,比日常用具中的钢铁、玻璃、陶瓷的硬度要低很多,容易被划伤。花岗石的主要矿物为长石、石英、辉石、角闪石,硬度为 5.5～7,虽然硬度较高,但也会被玻璃、陶瓷等高硬度的物品划伤,特别是暗色矿物含量较高的石材更是如此。

2. 污染

石材的用途广泛,接触的媒介复杂,而且石材又是多孔材料,容易吸附液态介质而被污染。例如作为厨房台板的石材就容易被油污染;卫生台板常被化妆品污染;吧台、茶几常被茶水、咖啡污染;墙面、地面铺贴的石材在房屋装修时常被油漆所污染;运输包装石材的包装物也会对石材造成污染;用于建筑物外装饰的石材,或是园林景观的石雕、石塔、牌坊、碑石还可能由于生物作用(苔藓、菌类、爬藤的生长、分泌、霉变的生成物)而污染。

3. 光泽消褪

不同石材的成分与性能差异很大,其硬度与耐酸碱性以及耐候性差别也很大,硬度较低的石材容易被磨损而使光泽消褪；由于空气中酸性气体的腐蚀作用也使耐酸性较差的石材容易失去光泽。通常情况下花岗石的光泽保持的时间要大大高于大理石；同属花岗石中浅颜色的花岗石比暗色花岗石耐酸性、耐候性更为优良，光泽也保持得更长久。

4. 褪色与变色

由于石材致色原因的不同，石材颜色的稳定性也存在明显的差异。由矿物的成分与结构所形成的颜色较为稳定，不易褪变色；由色素离子的浸染或色心致色的石材，在一定的环境条件或使用条件下容易褪变色，例如一些红色花岗岩经日照或加热后，由红色变为粉红色或淡红色；一些蓝绿色的石材如"攀西蓝""中国绿"使用一段时间后变成黄绿色；一些白色、灰白色的石材如美国白麻、珍珠白等石材变黄色。石材的褪变色现象严重地影响了石材的装饰的设计和效果。

5. 水斑与吐白

将石材作为墙面或地面的铺贴材料时常见的缺陷是石材表面出现永不干燥的水斑；在两片石材的缝隙中流出白色流挂物，这两种现象都严重地影响石材的装饰效果。

水斑形成的原因主要是在用湿法粘贴石材时，碱-硅酸凝胶体和盐、碱等吸湿性物质渗入石材内部，使石材表面产生不易干燥的湿痕。预防水斑的措施是避免使用劣质水泥和尽可能降低水泥砂浆的水灰比。

石材表面或缝隙中的"吐白"也称"白华"，它的成因与水斑的成因相同，只是其成分主要为 $CaCO_3$，是水泥砂浆中的可溶性钙质成分随雨水从石材的缝隙中渗出，经与空气中的 CO_2 结合生成的 $CaCO_3$ 结晶。

7.2　石材缺陷的修复与消除

对存在缺陷的石材进行修复，可以有效地降低生产成本、提高成材率，保护石材资源。石材缺陷的修复主要包括对石材的粘结与修补以及对石材的清洗和去污。

7.2.1　石材的粘结与修补

对于石材中的孔洞、砂眼、鸡爪纹、裂纹等天然缺陷，以及在生产加工过程中造成的崩边、掉角、破损等人为缺陷，可以通过粘结修补进行修复。粘结修补石材的这些缺陷所需要的胶粘剂可分为两大类，一类是对裂纹、鸡爪纹等微细缺陷进行填补和加固的渗透胶；另一类是对孔洞、砂眼等较大的坑窝、凹陷进行填补的填补胶。由于石材的成分不一，所以石材用的胶粘剂又可分为大理石用胶和花岗石用胶。石材胶粘剂的基本要求是粘结牢固、硬度高、耐久性好、施工使用方便、可以被磨光，同时胶的折光率应当与被粘结的石材相近，以保证粘结修补后的质感一致。目前石材粘结与渗透用的胶主要有环氧树脂类、丙烯树脂类和不饱和聚酯树脂类。以下简单介绍各种常用胶的成分、使用方法及优缺点。

1. 环氧树脂胶

环氧树脂胶由于其分子链中固有的极性羟基和醚键的存在而具有优良的粘结性能，可用于各类石材的粘结修补，且粘结的牢固性好，但同时环氧树脂又具有黏度高、流动性差的缺点，故只能用于较大孔洞、砂眼的粘结填补，不能用于微裂隙和"鸡爪纹"的渗透粘结；环氧树脂的耐候性较差，使用一段时间后会变黄，所以不适合作为浅色石材表面的填补用胶，但可用于深色石材的填补。

现以较常用的双组分环氧树脂粘补胶的配制与粘结工艺为例介绍此类胶粘剂的用法。

1）配制胶粘剂

（1）将 b101 或 b34 环氧树脂、乙烯多胺、立德粉或白水泥、滑石粉等按比例投入容器中并充分搅拌，使胶合料性能均匀。

胶粘剂配方如下：

环氧树脂 100％，乙烯多胺（冬天 11％～12％；夏季 7％～8％），立德粉或白水泥适量。

（2）根据待填补石材正面的花色掺入适宜的色粉并调和均匀，使胶合料的颜色与石材正面花色接近，使得填补后石材表面无明显痕迹，并使胶合料的黏度适于在填补面上涂抹，以利填补工艺的进行。

（3）粘结胶合料中填充料用量应略多于修补胶合料中填充料用量。

（4）每次配制胶合料量不要过多，随配随用，以防固结造成浪费。

2）粘结工艺

（1）清理待粘结部位，除去尘土、碎屑等杂质，以免影响粘结强度。

（2）将待粘的石材加热至 100℃ 左右，对工艺品则加热至 40～50℃，以加速固化，提高粘结强度。

（3）将待粘的石材置于垫纸的工作台上，对准粘结部位，涂以胶合料，用力挤紧。注意涂层不要过厚，以不超过 0.3mm 为宜，否则，粘接缝明显，影响产品的外观。

（4）常温下固化 2～4h 后，在树脂未完全固化、易于铲除时，把板面多余的树脂用刀片刮平。

（5）将粘结好的产品重行研磨抛光、使其达到成品的质量标准。注意研磨抛光时，应充分加水冷却，同时磨抛压力要小，因为树脂耐热性能差。

3）孔洞填补工艺

（1）清理待修补的部位，清除尘土杂质等。

（2）将胶合料涂于修补部位，填实、刮平，若孔洞位于石材边部则在外侧面贴纸，防止胶合料流淌。

（3）常温下固化 2～4h 后，再将板面铲平，并用酒精擦拭干净。

（4）连续操作时，板间应用木条间隔，以保护板面，防止板间粘合。

（5）为便于配胶，修补应按产品的颜色分类进行，以提高工作效率。

2. 不饱和聚酯树脂

不饱和聚酯树脂胶的力学性能略低于环氧树脂胶，也具有优良的粘结性能，多用于大理石类石材的粘结修补，粘结的牢固性好。不饱和聚酯树脂可以在室温下固化，具有适宜的黏度、流动性好，不但可用于较大孔洞、砂眼的粘结填补，也能用于微裂隙和"鸡爪纹"的渗透粘结；不饱和聚酯树脂比环氧树脂具有更好的耐候性，该树脂颜色浅，适合于各种颜色石材表面的渗透填补。

不饱和聚酯胶粘剂的主要组分有不饱和聚酯、交联剂、引发剂、促进剂、填料等。胶配制过程中，引发剂先与不饱和聚酯树脂混合均匀后，才能放入促进剂。不能把不饱和树脂直接与引发剂、促进剂调和，这样极易产生爆聚，成为黏稠的粥样物，根本不能渗入裂隙；当然更不能把过引发剂和促进剂单独直接混合，否则，会产生爆炸。以下介绍常用的不饱和聚酯树脂胶的配制与使用工艺。

1）胶粘剂的配方

将307-2号或196号、7058号等不饱和聚酯树脂、苯乙烯、过氧化环乙酮、萘酸钴、填充料等材料投入容器中混合搅拌均匀即可。萘酸钴为促进剂，苯乙烯为交联剂，过氧化环乙酮为促进剂。

（1）粘结用307胶配方

307胶配方随粘结固化时的环境温度而改变。其具体配方如表7-1所示。

表7-1 不同环境温度时的307胶配方

环境温度	307-2胶	过氧化环乙酮	萘酸钴苯乙烯溶液	填充料
30℃以上	100%	3%	1%	110%
20～30℃	100%	3%	2%	110%
20℃以下	100%	4%	3%～4%	110%

（2）渗透粘补307胶配方如下：307胶100%，苯乙烯30%～40%，过氧化环乙酮2%～4%，萘酸钴1%～3%。

2）配制工艺

（1）粘结用307胶的配制

①根据307胶粘结固化时的环境温度，按表7-1选择配方。

②按配方称取307胶用量置于容器中，加入过氧化环乙酮，充分搅匀，再加入萘酸钴、苯乙烯溶液充分搅匀，最后加入填充料充分搅匀，以使整个胶合料的性能一致。在配制过程中要严格遵守投料顺序，切忌将过氧化环乙酮与萘酸钴、苯乙烯溶液直接混合，否则会引起爆炸。

③称量要准确。填充料用量为立德粉与色粉用量之和。

（2）渗透用307胶的配制

①渗透粘结时环境温度应在16℃以上，温度太低，胶料流动性差，不利于渗透。

②按配方准确称取307胶用量置于容器中，加入苯乙烯溶液调匀，再加入过氧化环乙酮调匀，最后加入萘酸钴调匀，即可渗透粘结。

3）填补与粘结工艺

（1）将毛板、半成品板待粘的断面进行清洁处理，提高粘结效果。

（2）毛板、半成品板的粘结以立粘为好。这样可以利用板的自重，使粘缝更紧密地吻合。

（3）清理待粘断面，并用酒精擦拭干净，以避免灰尘、微粒等杂质使粘结强度降低。

（4）将配制好的 307 胶均匀地涂抹于待粘断面上，并使待粘的两面紧密接触。

（5）用木槌轻击粘结后板的顶部，使粘结缝的胶液略有挤出，这样，粘结的两边能吻合得更紧密。

（6）有崩缺处，要同时用胶液修补好；若崩缺较大的缺陷，应在胶液中掺入与石材同色的色粉和填充料以提高粘补效果。

（7）渗透粘补在常温下固化，通常需 5～6h，冬季则时间更长，必须等胶液完全固结后才能搬动加工。

（8）待 307 胶完全固化后，才能对粘结的材料进行切割、研磨、抛光等加工。

4）渗透工艺

（1）渗透粘接必须平粘，因此应把待渗透粘结的板背面朝上平置于工作台上或地上，使板面保持水平，以保证胶液能顺利地沿裂缝从背面向正面渗透。

（2）清理板材裂缝中污物，可用清水冲洗和刷子刷扫，一定要待水干后，才能进行渗透粘补作业。

（3）用医疗注射器吸取胶液或用木棍蘸胶液往裂缝中渗透，直至板材的底部有胶液渗出为止。

由上述配方调制的不饱和聚酯树脂胶的折射率约为 1.55～1.60，十分接近大理石的折射率（1.49～1.69），所以由 307 胶填补的大理石具有良好的表观效果。

3. 丙烯树脂

可用于花岗石、大理石的粘结、填补和渗透，具有优良的粘结性能和工艺性能。丙烯树脂用于石材的粘结修补较前两类树脂晚，丙烯树脂也是人造石材常用的胶粘剂。以下介绍常用的丙烯酸树脂胶的配制与使用工艺。

胶粘剂的配方（质量比）：甲基丙烯酸甲酯 35.6%、过氧化环乙酮 6.2%、环烷酸钴 3.5%、氢氧化铝 15.85%、聚苯乙烯 4.5%、颜料和石粉 34.35%。

改变聚苯乙烯和石粉含量可以调整胶的黏度以适应粘补或渗透工艺，丙烯树脂的粘结与渗透工艺与不饱和聚酯树脂相同。

4. 紫外光固化胶

紫外光固化胶是通过一定波长（200～380nm）的紫外光照射，使液态的树脂快速聚合成固态，完成表面裂纹、孔洞的修补。固化时间可以控制在几秒到十几分钟，对孔洞、深缝的修补可达 5mm 深。光固化反应的本质是紫外光引发的聚合、交联反应。

紫外光固化胶包括树脂（或称聚物）、活性稀释剂和光引发剂主 3 个主要组分。

树脂决定光固化胶的基本性能，可选用不饱和聚酯、环氧丙烯酸树脂、聚氨酯丙烯酸树脂、聚酯丙烯酸树脂、聚醚丙烯酸树脂等。

活性稀释剂也称单体，用于调节固化胶的黏度，以利施工作业，活性稀释剂的选用对固化速度和胶体性能有较大的影响。常用的活性稀释剂有三羟甲基丙烷三丙烯酸酯（TMPTA）、α-苯氧基乙基丙烯酸酯（PHEA）或 TMPTA 和三丙二醇二丙烯酸酯（TPGDA）共用。选用单体材料时应充分考虑其稀释性、反应活性、收缩性、表面张力和毒性。

光引发剂用于产生可引发聚合的自由基或离子，是光固化体系的关键组分。常用的有 2-羟烷基苯酮（HMPP）、1-羟基-环乙基苯酮（HCPK）、乙酰磷氧型光引发剂（BA-PO）等。

7.2.2 石材的清洗去污

1. 清洗方法

石材在加工与使用过程中由于不同原因造成石材的污染，严重地影响了石材的美感与装饰效果，清洗与去污是恢复石材原貌的有效措施。石材的清洗去污工艺不但广泛应用于日用石材和建筑装饰石材的更新中，更被广泛运用于石质古迹、文物的保护上。

石材是一种具有微细孔隙的材料，石材中的孔隙非常细小，按照孔径大小可分为 3 个等级，即：微孔（$10^{-7} \sim 10^{-9}$ m）、毛细孔（$10^{-7} \sim 10^{-4}$ m）、细孔（$\geqslant 10^{-4}$ m）。这些孔隙的毛细作用力不仅使污垢与石材之间的结合力得到增强，同时其包裹作用也使得对其清洗的外力难以发挥作用，因此污染物进入石材中的孔隙之后，则很难予以清洗。

石材的清洗去污应包括两个步骤：首先使污染物溶解，然后再将溶解后的污染物转移出来。所以石材的清洗去污的关键在于正确地分析污染物的成分，然后才能正确选择清洗剂中的各种成分，使污染物分解清除。

污染物可按化学组成特点分两大类：有机污染物和无机污染物。有机污染物如厨房台板上的油污，茶几、吧台上的咖啡、果汁、茶水、酒水的污染，装修房子时墙面、地面留下的油漆污斑，纪念碑、石栏杆、基座等室外使用石材中由于苔藓、菌类、爬藤类的生长、分泌而造成的污斑；较常见的无机污染物有铁锈斑、墨水、炭黑等。

清除石材中的有机污染物的过程包括浸润—膨胀—松动—分散—乳化—剥离—清洗；而清除石材中的无机污染物则相对较为简单，其过程包括浸润—溶解—吸附—清洗。为了清除石材孔隙中的污垢必须选用适宜的清洗剂，清洗剂包括溶剂、润湿剂、分散剂、乳化剂、表面活性剂等。石材孔隙内的污垢在清洗剂中溶剂、表面活性剂、润湿剂和分散剂的作用下，通过溶解作用、界面张力、双电层和渗透排斥等作用，使大分子变成小分子，再经乳化剂作用形成热力学稳定体系，使小分子不再聚结，从而易于被转移出石材孔隙。

表面活性剂在清洗剂中起着非常重要的作用，常用的表面活性剂有月桂醇聚氧乙烯醚，它具有湿润、浸透、乳化、增溶的作用，是石材清洗剂中常用的表面活性剂。此外还有碳氢表面活性剂和氟碳表面活性剂，两者都是由亲水基团和憎水基团两部分组成，由于后者的憎水基团是多氟烷基，因而具有更低的表面张力、更高的表面活性和更好的清洗功能。

石材中的污垢经过清洗剂的分解后仍然存在于石材的微孔之中，所以必须使溶解后的污垢由石材的微孔中被吸附出来。吸附剂应当是能被溶剂所浸润的物质，例如纸巾、棉纱、黏土等。

较为先进的石材清洗方法还有阴离子交换树脂法、激光清洗法和微生物转化法等。其中，使用激光对石材进行清洗去污的技术已经取得越来越广泛的应用。它具有安全可靠、可控性强的优点，特别适于对年代久远的石质文物的清洗、修复、保护工作。

激光清洗的关键是选择合适的激光波长和能量密度。当激光的冲击力大于石材对污垢分子的吸附力时，污垢微粒便脱离基体，达到清洗的目的；当激光的光子能量大于污垢分子的键能时，激光的光分解、光剥离作用发挥效应，污垢分子受瞬间高温作用而蒸发、气化或分解。利用激光技术清洗石材的典型例子是 1992 年联合国教科文组织对英国著名的亚眠大教堂的维修保护工程。大教堂西侧圣母门上的大理石雕刻十分精美，但由于年代久远而蒙上一层厚厚的黑色污垢，经过激光清洗后大理石原有的美丽色泽重新呈现出来，使精美的雕塑重现光彩。清洗后的雕塑经过各种高科技测试手段的检测，发现这些石材的结构和成分没有发生变化，被清洗后的雕塑表面既光滑又平坦，没有发现损伤，是利用激光清洗修复石质文物的典型范例。

2. 实例

1）铁锈的去除

铁锈是石材中最常见的无机污染物，铁锈的成分主要是 Fe_2O_3，它的致色成分是 Fe^{3+}，因此清除铁锈斑的关键就是清除其中的 Fe^{3+}。对铁锈斑的清洗主要是使其中的 Fe^{3+} 成为可溶性的盐或使其还原成 Fe^{2+}，再用络合剂络合二价离子，防止发生逆反应而再次返锈。最后清洗二价铁离子达到彻底除锈的目的。其步骤如下：

（1）使 Fe^{3+} 溶解：可选用盐酸或磷酸，这两种酸的铁盐都是可溶性的，而且这两种酸都有辅助络合作用。

$$Fe_2O_3 + 6HCl = 2FeCl_3 + 3H_2O$$

由于 Cl^- 的离子半径较小，可以深入到石材微孔的深部与 Fe_2O_3 反应生成可溶性的铁盐。

（2）将 Fe^{3+} 还原为 Fe^{2+}：可选用草酸，草酸为有机弱酸不能直接与 Fe_2O_3 等反应，但草酸具有还原性可将 Fe^{3+} 还原为 Fe^{2+}，多余的草酸还具有辅助络合作用。

$$2FeCl_3 + H_2C_2O_4 = 2FeCl_2 + 2HCl + 2CO_2$$

三价铁经还原为二价铁后，由锈黄色变为淡绿色，在花岗石中可被矿物的本色掩盖。

（3）络合 Fe^{2+}：用磷酸、柠檬酸、磺基水杨酸或酒石酸为络合剂络合二价铁离子，防止发生逆反应，而再次返锈。

（4）清除 Fe^{2+}：用清水冲洗石材，去除还原后的铁离子和药剂残液。

2）有机污染物的清洗

有机污染物的种类繁多，石材中常见的有机污染物有油脂、油漆、茶水、咖啡的污渍等。以油脂的清洗为例，其过程如下：

（1）湿润、乳化：使用 $RO(CH_2O)_nH$ 为表面活性剂，使油脂可被清洗剂湿润，并使清洗下的油脂乳化。

（2）清洗：使用 EDTA（乙二胺四乙酸）为螯合剂，使油脂溶于清洗液中。

（3）吸附：用黏土、硅藻土等为吸附剂将石材微孔中溶有油脂的清洗液吸附出来，达到彻底清洗的目的。

7.3　石材的染色

7.3.1　石材染色方法

作为建筑装饰材料的天然大理石、花岗石石材，由于其所含的主要造岩矿物成分种类变化不大，因此石材颜色比较单一，比如花岗石多为灰白色、浅肉红色，而深绿色、蓝色、黄色、黑色、深红色等则较为少见。此外，由于结晶时物理化学条件的变化导致了岩性、岩相的差异，使得虽为同一矿体的岩石，其色调也有差异。为增加天然石材的花色品种和弥补天然石材的颜色缺陷，近30年来国内外学者对天然石材的染色技术做了大量的探索和研究，并取得一些成果。这些研究成果可以用来改善和美化天然石材，以满足对石材颜色多样化需要，从而提高天然石材的装饰效果和使用价值。

石材染色方法可根据染料的种类、工艺条件或上染方式来进行分类。不管采用哪一种方法，染色的关键都是染料或色料应充分扩散进入石材内部，并能牢固地附着在石材的矿物表面或孔隙内，因此石材的染色实际上包括了染色与固色两个过程。为确保染料或色料的扩散通道未被堵塞，石材在染色之前应该未经任何防护处理。

1. 不同工艺条件下的染色方法

染色的工艺条件主要包括温度、压力和酸碱度等。工艺条件决定了染色的设备投资大小以及厂房的选址条件。

石材是一种多孔隙的亲水材料，其内部的孔隙充填了大量的水蒸气和空气，甚至还有少量灰尘类的污染物，因此在染色之前要先对石材进行预处理，以清除石材内部水分和污染物，最通常的做法是将石材样品用清水冲洗后再烘干。

染色时，为了促使染料或色料溶液顺利扩散进入石材内部，有时要先对石材抽真空，在其内部形成负压，然后辅以升温来完成染色过程。这种染色方法设备投资比较大，染色成本高。因此，最常见的方法是高温常压染色，在常压和200℃以上温度的条件下将石材浸渍在染料或色料溶液中，但这种染色方法中染料或色料的渗透速度慢，板材不易染透，且长时间的高温处理会损伤石材的强度。最简便的染色方法应该在常温常压下进行，选择合适的渗透剂、染料或色料，在常温常压下即可实现快速染色，染透2.5 cm厚的板材仅需2～4 h。这种方法不需要高温设备，大大降低了能耗。

染色时的酸碱度主要取决于染料或色料。在选择金属盐着色剂时，这些金属盐溶液通常呈较强的酸性，若在染色过程中还辅以高温，石材及与染料接触的设备均会受到严重腐蚀。因此，应尽可能选择中性或近于中性染色剂，并在常温常压下染色。

2. 上染方式

上染方式有喷涂、刷涂、浸染等。喷涂染色是采用喷枪将染色液直接喷涂在石材表面，刷涂是指用涂刷工具将染色液直接涂刷在石材表面，浸染是将石材完全浸渍于染色液中的方法。前两种方法仅限于石材表面或表层的染色，比较适合已铺贴的工程板的色差修复。浸染方法常用于大板和规格板的染色，板材吸附的染料较多，生产过程中需要定时补充染料。

采用浸染法染色时,板材的抛光面与底面的面积大,染料主要由石材的上下表面沿厚度方向向内部扩散,而在后续的烘干过程中,染色剂中的有机或无机溶剂在表面的蒸发速度快于石材内部,这导致石材表面的染料浓度高于石材内部,板材表面的颜色很深,为消除这种色差,通常需要对染板再抛光。

3. 染色剂

选择染色剂时,要充分考虑染色剂所决定的染色工艺与设备。除此之外,染色剂应该环保、安全,染板的颜色能长时间稳定,室外用的石材还应测试石材颜色的耐紫外线照射、耐水和耐温性。

石材染色剂的种类很多,按其化学成分特性,可分为无机染色剂与有机染色剂两大类。无机染色剂是通过引入致色无机离子而使石材着色,其呈色机理与石材的天然颜色成因类似,所以这种方法得到的染板颜色稳定、耐候性好。有机染色剂可采用纺织品染色的染料、带色树脂染料等,这种方法得到的染板的颜色稳定性和耐候性不如无机染色剂方法。下面简单介绍文献或专利中的一些染色剂和染色方法:

1) 有机染料着色法

用作石材染色剂的有机染料主要有偶氮染料、酞菁染料等。这些染料与水或有机溶剂(如乙醇、丙酮)、渗透剂等混合形成染色液,然后对石材进行浸染或喷涂、刷涂。染色后的石材还要浸泡在固色剂溶液中进行固色,或在表面喷涂、刷涂固色。可用作固色剂的有用氯化钙、硫酸铜等。这类染色石材对光的稳定性取决于染料本身的耐晒性,稳定性不好时,可以在染料溶液中掺入适当的防晒剂。

2) 氧化色基着色法

着色溶液主要由氧化色基、醋酸、烷基苯磺酸组成,溶于有机溶剂后,喷涂或涂刷石材表面,溶剂挥发之后再用氧化剂处理以进行发色,冲洗、研磨、抛光后,即可得到希望的颜色。

3) 带色聚合树脂着色法

在这种方法中,聚合树脂起到类似固色剂的作用。将油溶性染料或其复合物与醇、醛等有机溶剂混合后,加入渗透剂、有机硅树脂复配成染色液,石材在染色液中浸泡染色。也有的是先将石材在着色溶液中浸泡,干燥后再放入树脂中浸泡,取出后在一定温度下,使树脂进一步聚合。在研磨和抛光加工过程中,聚合树脂保护了石材的颜色,并能提高石材表面的光泽度。对结构致密的石材,着色深度可达 4mm 左右。

丙烯酸酯树脂、不饱和聚酯树脂是常见的石材孔洞填补用胶,将染料、助剂、溶剂与树脂复配,可以同时完成石材的着色与孔洞填补。

4) 金属络合染料着色法

金属络合染料是含有配位金属原子的染料,与一般的有机颜料或偶氮染料相比,这种着色法不但可使石材获得艳丽的颜色,而且染色石材的耐候性好。染色时可以浸泡、涂刷或喷涂,在对已铺贴到墙面上的石材同样可以施工。在使用金属络合染料对石材染色后,应选用合适的金属盐作固色处理。例如,将红色金属络合染料 C. I. 酸性红与二乙醇乙醚、SiO_2 微粉混匀后,涂在磨光的大理石或花岗石上,静置 30min,用纸或抹布除去残液,用 10% 的硫酸铜水溶液涂刷处理,5min 后擦干、抛光,得到鲜艳的红色,一般可渗入石材 5 mm，对紫外光、水和溶剂不褪色。

5）金属盐着色法

这里的金属盐一般是过渡金属和强酸反应所生成的水溶性盐类，如硝酸铁、硝酸锰、硝酸铜等。通常是将大理石和花岗石加热、抽真空后，置于金属盐水溶液中浸泡一定时间，再在空气或氧化气氛下于 250～300℃下加热 2～3h，使金属盐充分氧化成带色的氧化物，冷却至室温后经研磨、抛光而成，着色深度可达 10mm。这种方法得到的染色石材着色深、耐候性强、稳定性好，但是对容器和热处理设备有一定的腐蚀性，同时也热处理也提高了染色成本，而且显色反应中的高温加热工艺会降低石材的强度。

6）沉淀反应着色法

对吸水率高的浅色石材可以用两种可溶性盐溶液浸泡，使之在石材内部发生反应生成不溶性无机盐，使石材着色。该方法具有操作简便、不易变色且价格低廉的优点，而且不会对石材造成损伤。例如，将白色花岗石在 $CaCl_2$ 溶液中浸泡一定时间，待石材充分吸收了 $CaCl_2$ 溶液后，取出干燥，再浸入 Na_2S 溶液使其反应生成 CaS 黄色沉淀，白色花岗石被染成黄色，且耐水和有机溶剂、耐紫外光照射。

7.3.2　染色石材的工业技术指标

我国目前还没有关于染色石材的相关标准，但是根据石材的工业技术要求可以知道，要满足石材的加工和使用性能必须使染色石材的各项性能满足天然石材的相关标准，并且在颜色的耐候性、稳定性和牢固性上与天然石材接近，以保证染色效果的长期性或永久性。

根据上述几种石材染色工艺的评述可以知道，金属盐着色法是在负压高温下进行的，有可能对石材的强度产生影响，因此应当进行抗折强度和抗压强度的测试，其余的几种染色方法都是在常温、常压下进行的，不会对石材的强度产生影响，但是对石材颜色的耐久性、耐候性、耐酸碱性和牢度应当进行测试。

石材颜色的耐久性也可以通过测试染料对石材的上染率进行分析，上染率在一定程度上反映了染料对石材的亲合力，即吸附能力的大小。上染率越大，表示这种染料对石材的亲合力越大，耐久性就好。上染率可用分光光度计测定，用公式表示为：

$$N = \left(1 - \frac{A_1}{A_0}\right) \times 100\% \tag{7-1}$$

式中，N 为上染率；A_0 为空白染液的吸光度；A_1 为添加石材后染液的吸光度。

石材染色工艺的可操作性及难易程度也是评价染色工艺的重要指标，如上所述，常温常压下的染色工艺要优于高温负压下的染色工艺。使用含有害挥发性组分或对人体、环境有害成分的染色剂的染色工艺是不可选用的方法。染色的成本也是评价染色工艺优劣的重要指标，应当保证染色石材的成本低于同样花色的天然石材的成本。

参 考 文 献

[1] 邱家骧. 岩浆岩岩石学[M]. 北京：地质出版社，1985.

[2] 方邺森，任磊夫. 沉积岩石学教程[M]. 北京：地质出版社，1987.

[3] 游振东，王方正. 变质岩岩石学教程[M]. 北京：地质出版社，1988.

[4] 李忠权，刘顺. 构造地质学[M]. 北京：地质出版社，2010.

[5] 甘理明，杜汉文，刘劲松，等. 中国天然石材[M]. 武汉：中国地质大学出版社，1992.

[6] 希禾，舒士韬，戴增惠，等. 饰面石材的开采与加工[M]. 北京：中国建筑工业出版社，1986.

[7] 张进生，王日君，王志，等. 饰面石材加工技术[M]. 北京：化学工业出版社，2010.

[8] 苏永定，侯建华，王黔丰，等. 石材机械与工具实用手册[M]. 北京：化学工业出版社，2014.

[9] 廖原时. 石材矿山开采技术及设备[M]. 郑州：黄河水利出版社，2009.

[10] 吕智，郑超，莫时雄，等. 超硬材料工具设计与制造[M]. 北京：冶金工业出版社，2008.

[11] 林辉. 花岗石的致色原因与褪变色机理[J]. 福州大学学报（自然科学版），2003，31（3）：317-320.

[12] 林辉. 饰面石材矿床的勘查与评价（一）[J]. 石材，2010(5)：12-16.

[13] 林辉. 饰面石材矿床的勘查与评价（二）[J]. 石材，2010(6)：1-7.

[14] 林辉. 饰面石材矿床的勘查与评价（三）[J]. 石材，2010(7)：4-5.

[15] 陈礼干，廖原时. 石材开采用金刚石串珠锯及配套设备[J]. 石材，2006(12)：30-36.

[16] 姜华九，宋仕忠，姜国森，等. 欧洲花岗石的硬度分级方法[J]. 石材，1999(2)：6-8.

[17] 巢守美. 我所了解的意大利石材加工机械（一）[J]. 石材，2015(4)：37-41.

[18] 晏辉. 金刚石框架锯加工大理石常见技术问题初探[J]. 石材，2014(5)：21-23.

[19] 童恩玉，燕子. 金刚石框架锯切大理石荒料步骤(1)[J]. 石材，2014(11)：31-36.

[20] 童恩玉，燕子. 金刚石框架锯切大理石荒料步骤(2)[J]. 石材，2014(12)：23-26.

[21] 徐捷. 石材的染色与着色[J]. 上海染料，2012，40(6)：28-38.

[22] 侯建华，胡云林. 石材清洗、防护、粘接与深加工[M]. 北京：化学工业出版社，2006.

China Building Materials Press